营邑立城
——中国古代的城市设计
制里划宅

苏则民 著

中国建筑工业出版社

前言

吴良镛先生在《中国建筑与城市文化》中说："对于城市设计的遗产和理论原则，我们固然要从西方的城市遗产中搜索、发掘，无疑，这方面的研究者也颇多，理论亦较成熟。但与此同时，我们还应该从东方的城市规划与城市设计美学上采风，总结规律，并发扬光大"¹。

我国古代城市设计，在各类人居、人居的不同空间层次，都不乏丰富多彩、各具特色的实例。这些实例蕴含了古代城市设计的理念，也展示了多种多样的城市设计手法。

汉代政治家晁错对"营邑立城，制里割宅"有过一段论述，相当完整地说了城邑从选址到规划，到建筑设计的过程："臣闻古之徙远方以实广虚也，相其阴阳之和，尝其水泉之味，审其土地之宜，观其草木之饶，然后营邑立城，制里割宅，通田作之道，正阡陌之界，先为筑室，家有一堂二内，门户之闭，置器物焉，民至有所居，作有所用，此民所以轻去故乡而劝之新邑也。"²

本书正是试图从我国古代的城市设计中"采风"，从中"总结规律"，希望对当今的城市设计有所助益。

究竟什么是"城市设计"，有多种定义。正如王建国院士所言："在不是非常严格的意义上，理解城市设计概念并不复杂。城市设计意指人们为某特定的城市建设目标所进行的对城市外部空间和形体环境的设计和组织。""但是，作为具体的城市建设者和专业研究人员，从不同的视角，对城市设计又有着不尽相同乃至相去甚远的看法和理解。"³

通常的说法是："城市设计"是一种关注城市规划布局、城市功能、城市面貌，并且尤其关注城市公共空间的一门学科。

"城市设计"侧重于空间环境、风貌塑造和人文因素，侧重于与自然的关系。这是就"城市设计"的内容而言。

就"城市设计"与"城市规

---

1 吴良镛. 中国建筑与城市文化·第四章寻找失去的东方城市设计传统. 北京：昆仑出版社，2009
2（汉）班固. 汉书·卷四十九·爰盎晁错传第十九
3 王建国. 城市设计（第二版）·1城市设计概述. 南京：东南大学出版社，2004
4 吴良镛. 中国人居史·第一章绪论·第一节中国人居史释义. 北京：中国建筑工业出版社，2014

划"的关系而言,"城市规划"可以分成"城市设计"和"规划编制"两步。"城市设计"是对人居的一定空间层次作规划意图的表达,"规划编制"则是把规划意图落实到法规层面,以便对人居空间进行规划管控。其实,在进行任何一个层次的"城市规划"时,总是有意图要体现的,即任何一个层次的"城市规划"总是有"城市设计"的,只是不一定单独列为一个步骤而已。

就"城市设计"的空间范围而言,可以把"城市设计"理解为有广义的和狭义的两类。广义的"城市设计",包括人居的各种空间类型和层次的规划设计。狭义的"城市设计"是指人居的局部地段的空间设计。现在规划设计工作中较多的是狭义的"城市设计"。

本书阐述的"城市设计"是广义的,即包含对各类人居、人居的不同空间层次的规划设计:天下——国土,京畿——区域,聚落——城邑(城镇、村落),场所——地段(广场、街巷、建筑群)。"在不同历史时期,在生态、经济、文化、社会、科技等因素影响下,在天下、区域、城邑、闾里、建筑等不同人居层次上,自然、社会、人、居住和支撑五大要素相互作用、相互影响,形成了灿烂辉煌的人居文化。""人居是包括乡村、集镇、城市、区域等在内的所有人类聚落及其环境。"[4]

目 录

第二章 中国古代城市设计理念的显著特征——战略思维和区域观念

第一节 天下 56
一、"择中" 56
二、文化坐标 57
三、支撑体系 58
四、城镇系列 62

第二节 畿 63
一、王畿 63
二、京师城镇群 64
三、直隶 68

第三节 多京制 71
一、长安与洛阳 71
二、北宋四京 73
三、"捺钵"和巡幸制 74

第五节 民族特色的融合 150
一、北魏平城 150
二、辽上京 152
三、辽中京 153
四、金上京 154
五、元上都 155
六、清（后金）兴京、盛京 157

第六节 都城的改建、扩建 160
一、建康 160
二、洛阳 161
三、邺城 164

前言

第一章　中国古代的城市设计理念和方法

第一节　设计理念 2
　一、礼乐秩序 2
　二、因地制宜 5
　三、象天法地 7
　四、耕读文化 8

第二节　设计手法 10
　一、观察 10
　二、立意 12
　三、象征 15
　四、布局 16
　五、统筹 23
　六、造景 26

第三节　技术手段和管理措施 35
　一、技术手段 35
　二、管理措施 40
　三、我国古代的"城市设计者" 43

第三章　体现设计理念和设计手法的典型代表——都城

第一节　都城的变迁与形态演变 78
　一、都城的变迁 78
　二、都城的形态演变 87

第二节　体现礼乐秩序的主要手法——轴线 97
　一、朝对 97
　二、中轴线 97
　三、空间序列 105
　四、轴线上的建筑小品 117

第三节　因地制宜主要在于对山水的处置 119
　一、适应自然 119
　二、利用自然 121
　三、堆山引水 124
　四、就地取材 125

第四节　整体创造 127
　一、周洛邑 127
　二、隋唐长安 129
　三、隋唐洛阳 134
　四、明中都、明南京 136
　五、明北京 143

第五章 耕读文化——村落

第一节 山水田园 216
一、沧源岩画中的村落 216
二、文人笔下的田园生活 216
三、呈坎 219

第二节 乡土风情 220
一、庙上村的地坑院 220
二、郭亮村石头世界 221
三、丁村 222

第三节 耕读传家 224
一、苍坡村 224
二、新叶村 225
三、西湾村 227
四、培田村 230

第四节 聚族而居 231
一、客家村落 231
二、诸葛村 233
三、土坑村 234
四、杨柳村 235

第五节 城门、石桥 278
一、城墙城门 278
二、南京瓮城 279
三、绍兴石桥 283

主要参考文献 290

后记 291

第四章 多样化的「城市设计」——一般城镇

第一节 因循传统 168
一、地方行政中心 168
二、防卫城 173

第二节 因地制宜 184
一、淹城 184
二、交河 185
三、登州 187
四、平江 188
五、常熟 190
六、福州 191
七、新竹 192

第三节 有机更新 194
一、扬州 194
二、太原 196
三、天水 198
四、平凉 200
五、乌鲁木齐 202

第四节 民族地区城市 204
一、黑城 204
二、拉萨 204
三、宁夏（银川）207
四、大理 210

第六章 城市设计手法在特定空间的运用——场所、建筑群

第一节 公共活动场所 238
一、广场 238
二、市 239

第二节 祭祀场所 242
一、郊坛 242
二、明堂、辟雍 243
三、祭祀场所系列 250
四、佛堂、祠堂、牌坊 256

第三节 陵园 266
一、秦始皇陵 266
二、茂陵 267
三、乾陵 268
四、明孝陵 270
五、明十三陵 271

第四节 里坊、街巷 272
一、里坊与街巷 272
二、街巷肌理与界面 274
三、水网地区的街巷 275

第一章 中国古代的城市设计理念和方法

地处北半球的中华先民，以农立国，人们的各种活动与天象、与自然、与节气密切相关。人们的规划设计理念最早从天象、地形地貌中得到灵感和启示。师法自然，"在天成象，在地成形"。

中原大地长期处于中央集权的体制下，皇权至高无上。我国儒家、法家和道家都对建城的理论和实践有过深刻的影响。

长期的农耕文明，形成人们对自然的依附、亲近。耕读文化是中国古代村落的主要设计理念。

我国古代城市设计的不同理念并不是互不相容，而是相互渗透，形成了中国古代城市设计理念的特征：战略思维和整体观念，与自然结合的"天人合一"思想，严格的宗法礼仪。

我国古代有名的或没有留下姓名的城市设计者，自觉地或不自觉地运用各种设计手法，留下了无数城市设计佳作，体现了各种设计理念。

第一节 设计理念

中国古代有极为丰富和杰出的城市设计实例，体现了不同的设计理念。这些理念各有鲜明的内涵，又相互渗透，相辅相成。

一、礼乐秩序

礼乐制度起源于西周时期，相传为周公姬旦（？—前1105年）创建。维系周朝天下的四大制度——分封制、井田制、宗法制、礼乐制，对后世的政治、文化、艺术和思想影响巨大。我国古代典章制度和礼乐理论方面的专著《礼记·乐记》中说："乐者，天地之和也；礼者，天地之序也。和，故百物皆化；序，故群物皆别。乐由天作，礼以地制。过制则乱，过作则暴。明于天地，然后能兴礼乐也。"[1]礼乐制度分礼和乐两个部分。礼的部分主要对人的身份进行划分和社会规范，最终形成等级制度。乐的部分主要是基于礼的等级制度，运用音乐缓解社会矛盾。以"礼"来区别宗法远近等级秩序，同时又以"乐"来和同共融"礼"的等级秩序，两者相辅相成。"礼"是"别异"，"乐"是"和同"。周代的音乐领导机构"大司乐"教育贵族子弟学习音乐并非是让他们真正去表演，而是让他们懂得"礼乐"是一种有效的治国方式。儒家学派创始人孔子（前551—前479年）是"礼乐"的坚决维护者。

《周礼·考工记》是关于"营邑立城"的儒家经典之一。但当时百家争鸣，儒学不过一家之言。

汉武帝推行新政。思想家、政治家董仲舒（前179—前104年）系统地提出了"天人感应""大一统"学说和"推明孔氏抑黜百家"的主张。他提出所谓"天人三策"，以儒家学说为基础，以阴阳五行为框架，兼采"黄老"等诸子百家的思想精华，建立起一个新儒学思想体系。

董仲舒认为有"天命""天志""天意"存在，认为："天者，万物之祖，万物非天不生。""唯天子受命于天，天下受命于天子，一国则受命于君。"[2]

董仲舒主张"德主刑辅、重德远刑"。认为三纲五常可求于天，不能改变。"三纲"即君为臣纲、父为子纲、夫为妻纲；"五常"为仁、义、礼、智、信。

董仲舒提倡"罢黜百家，独尊儒术"，目的是树立一种国家唯一的统治思想，用思想上的统一来为政治上的大一统服务。大一统就是"溥天之下，莫非王土；率土之滨，莫非王臣"[3]，要求高度的集中皇权，完全按儒家的思想治国。

汉武帝之后，儒学逐渐占据统治地位。在城市特别是都城的规划营建中，《周礼·考工记》所体现的礼乐秩序成为我国古代城市设计的主导理念。《逸周书·作雒》记述了营建洛邑的一个实例。

（一）敬天法祖

"万物本乎天，人本乎祖"。[4]天，狭义指与地相对的天；广义的天，即道、大自然、宇宙。祖就是宗庙的祖先神。天也被神化为最高之神，称为皇天、上天等等。敬是敬畏、崇拜，法是仿效、继承。

"仰则观象于天，俯则观法于地"。[5]通过天象观察，探求天人关系。"斗为帝车，运于中央，临制四乡。分阴阳，建四时，均五行，移节度，定诸纪，皆系于斗。"[6]帝车即北斗星。节度指历象上据以推算天体运行、季节变化的度数。

"天者，万物之祖，万物非天不生。"人间的皇帝是天子，宫城对应天上的紫微垣，称紫禁城，建在王城的中心。

将天神化的同时，倡导祭祀祖先，祈求祖先的福泽庇佑，并效法祖先的德和行，继承家风、家法。

（二）尊卑有序

中国古代的城邑、建筑是协调天道与人伦的关系、建立尊卑秩序的载体。

"昔者周公朝诸侯于明堂之位，天子负斧依南乡而立。三公，中阶之前北面东上，诸侯之位，阼阶之东西面北上，诸伯之国，西阶之西东面北上，诸子之国，门东北面东上，诸男之国，门西北面东上，九夷之国，东门之外西面北上，八蛮之国，南门之外北面东上，六戎之国，西门之外东面南上，五狄之国，北门之外南面东上，九采之国，应门之外北面东上。四塞世告至，此周公明堂之位也。明堂也者，明诸侯之尊卑也。"[7]城池、建筑等级分明。

《周礼》一再强调"惟王建国，辨方正位"。洛邑的营建，"宅兹中国""俾中天下"，充分反映了西周以王为中心的理念，都城建在天下之中心。

---

1 礼记·卷十七·乐记第十九
2 （汉）董仲舒. 春秋繁露·第十一卷·为人者天第四十一
3 诗经·小雅·谷风之什·北山
4 （汉）戴圣. 礼记·郊特牲第十一
5 周易·易经·系辞下
6 （汉）司马迁. 史记·卷二十七·天官书第五
7 （汉）戴圣. 礼记·乐记下·明堂位第十四

《礼记》载，"天子之堂九尺，诸侯七尺，大夫五尺，士三尺"。[8]

按照儒学严格的等级观念，城邑分为三级：王所居的王城，王所分封的诸侯城邦国家的国都——诸侯城，宗室和卿大夫的采邑——都城。这是与国家政治体制相一致的城邑体系，是匠人营国的根本制度，决定了所有城邑的规模和形制。

作为城邑的规模和形制的基准，《周礼·考工记·匠人》具体规定了王城的规模和形制：

"匠人营国，方九里，旁三门。国中九经九纬"。可以看出，王城的这种形制是由当时社会的基本政治经济制度——井田制演化而来的。

"左祖右社，面朝后市"；前朝后寝："内有九室，九嫔居之。外有九室，九卿朝焉"。

"市朝一夫"。"夫"即方一百步。

"城方千七百二十丈，郭方七十里。……大县城方王城三之一，小县立城，方王城九之一。都鄙不过百室，以便野事。"[9]内城墙方一千七百二十丈，外城（郭）方七十里。大县筑城是王城的三分之一，小县筑城是王城的九分之一。都邑不超过一百家，以便利耕作。

"国中九经九纬，经涂九轨"，"经涂九轨，环涂七轨，野涂五轨"。据周制，一"轨"为八尺。

"室中度以几，堂上度以筵，宫中度以寻，野度以步，涂度以轨。庙门容大扃七个，闱门容小扃三个。路门不容乘车之五个，应门二彻三个。"据《周礼正义》注解，"大扃，牛鼎之扃，长三尺。每扃为一个。七个，二丈一尺。庙中之门曰闱。小扃，扃鼎之扃，长二尺。三个，六尺。""路门者大寝之门。乘车广六尺六寸，五个，三丈三尺。言不容者，是两门乃容之，则此门半之，丈六尺五寸。""正门谓之应门，谓朝门也。二彻之内八尺，三个，二丈四尺。"[10]按大小，门依次为：应门、庙门、路门、闱门。

"王宫门阿之制五雉，宫隅之制七雉，城隅之制九雉"。"门阿"即门的屋脊，此处指宫城城门屋脊，"宫隅"即宫城城墙的四角，"城隅"即王城城墙的四角，"雉"即高一丈。

秦实行郡县制后，历代仍对城邑、宫室规定了等级制度。明代，"亲王府制：洪武四年定，城高二丈九尺，正殿基高六尺九寸，……九年定亲王宫殿、门庑及城门楼，皆覆以青色琉璃瓦。……弘治八年更定王府之制，颇有所增损。郡王府制：天顺四年定。门楼、厅厢、厨库、米仓等，共数十间而已。……公主第，厅堂九间，十一架，……百官第宅：明初，禁官民房屋不许雕刻古帝后、圣贤人物及日月、龙凤、狻猊、麒麟、犀象之形。……洪武二十六年定制，官员营造房屋，不许歇山转角，重檐重栱，及绘藻井，惟楼居重檐不禁。公侯，前厅七间，两厦，九架。……三品至五品，厅堂五间，七架，屋脊用瓦兽，梁、栋、檐桷青碧绘饰。……三十五年，申明禁制，一品、三品厅堂各七间，六品至九品厅堂梁栋祗用粉青饰之。庶民庐舍：洪武二十六年定制，不过三间，五架，不许用斗栱，饰彩色。"[11]

（三）负阴抱阳

方位是有主次之分的。地处北半球的中国先民按照坐北朝南的方向修建村落房屋。此后，"坐北朝南"一直是古人认定的最佳方位。皇帝"面南称尊"。当主体面南时，左东右西，以东为尊。

"万物负阴而抱阳，冲气以为和。"[12]背阴向阳，阴阳二气互相冲突交融而成为和谐状态，形成新的统一体。山静为阴，水动为阳；北为阴，南为阳；山北、水南为阴，山南、水北为阳。

"坐北朝南"和"背山面水"均是"负阴抱阳"的体现。

（四）内向空间

长期的以我为中心的大国意识、大陆环境和自给自足的生活方式，造就中国文化的内向性。城邑的选址强调"屏障"，最好为四周"群山叠嶂"；人居环境追求"围合感"，民居多为院落式，建筑群也大都由院落组成，京城、皇城、宫城都有围墙，宫殿均各自形成院落。

民间的内外有别和王家的前朝后寝是传统的空间布局。

二、因地制宜

虽然"礼乐秩序"占据着我国古代城邑营建理念的主导地位，但"因地制宜"的思想仍然无处不在地影响着城邑的规划营建，即使是如北京这样的都城也是如此，更不用说其他城邑了，无论是有意识的，抑或是不自觉的。

8（汉）戴圣. 礼记·礼器第十
9 逸周书·卷五作雒解第四十八
10（清）孙诒让. 周礼正义·匠人·注
11（清）张廷玉等. 明史·志第四十四·舆服四
12（春秋）老子. 道德经·第四十二章

《管子》是我国先秦时期关于城市的规划、营建和管理方面最全面的论著；也是提倡"因地制宜"理念的代表。

　　《管子》传说是春秋时期管仲所著。管仲（约前723—前645年）名夷吾，又名敬仲，字仲，春秋时期齐国著名的政治家、军事家，颍上（今安徽颍上）人。管仲为齐国上卿，被称为"春秋第一相"，辅佐齐桓公成为春秋时期的第一霸主。管子曾参与齐国国都临淄的建设。

　　《管子》大约成书于战国时期至秦汉时期，是战国时各学派的言论汇编，内容庞杂，包括法家、儒家、道家、兵家和农家等观点。西汉时由刘向编定的《管子》共86篇，今存76篇，其余10篇仅存目录。

（一）人与天调——人与自然

　　"人与天调，然后天地之美生。"[13]如何处理人与自然的关系，《管子》强调人与天道、人与自然的协调。人事与天道协调了，天地间的美好事物就产生了。

（二）趋利避害——城址选择

　　关于城址的选择，《管子》论述了城市与山、水的关系，趋利避害。

　　"凡立国都，非于大山之下，必于广川之上。高毋近旱，而水用足；下毋近水，而沟防省。"[16]

　　"圣人之处国者，必于不倾之地，而择地形之肥饶者。乡山，左右经水若泽。内为落渠之写，因大川而注焉。""水，一害也；旱，一害也；风雾雹霜，一害也；厉，一害也；虫，一害也。此谓五害。五害之属，水最为大。"[17]

　　"水者，地之血气，如筋脉之通流者也。故曰：水，具材也。"[18]

（三）因天材，就地利——城市布局

　　"因天材，就地利，故城郭不必中规矩，道路不必中准绳。"[14]《管子》与《周礼》不同，主张要依靠天然资源，要凭借地势之利。所以，城郭不必拘泥于方圆；道路不必拘泥于平直。

　　"天子中而处，此谓因天之固，归地之利。"[15]天子居于中央，那是因为可以利用自然资源，获取土地之利。

三、象天法地

《易经·系辞》中说:"在天成象,在地成形,变化见矣。"[19]"成象之谓乾,效法之谓坤"[20]。以天象诠释自然,以自然象征天象。

(一)天象与地形

秦始皇的咸阳,被构想为"象天法地"之都。专记秦、汉都城建设的《三辅黄图》记载:"始皇穷极奢侈,筑咸阳宫,因北陵营殿,端门四达,以则紫宫,象帝居。渭水贯都,以象天汉;横桥南度,以法牵牛。"[21]将"咸阳宫"与天帝居住的"紫宫"相对应。"紫宫"即紫微垣,位于北天中央位置,众星拱之。渭河则象征着天上的银河。后建的阿房宫则象征着天上的营室星。另外,秦咸阳其他重要建筑实体,似乎也都能从天上找到它对应的星宿。

据《新唐书》,宇文恺规划"东都……曲折以象南宫垣,名曰太微城。宫城在皇城北,……以象北辰籓卫,曰紫微城,……都城前直伊阙,后据中山,左瀍右涧,洛水贯其中,以象河汉。"[22]

据明嘉靖《温州府志》记载,晋太宁元年(323年),请客寓温州的郭璞"为卜郡城。"郭璞当时登上南岸的"西郭山"(今郭公山),见数峰错立,状如北斗,华盖山锁斗口,于是城于山,则寇不入斗,可长保安逸,号斗城。华盖、松台、海坛、西郭四山是北斗的"斗魁",积谷、翠微、仁王三山象"斗构";黄土、灵官二山则是辅弼。在城内开凿二十八口水井,以解决城内居民用水,象征天上的二十八星宿。

(二)形势与形胜

"形"是客观存在的地形地貌;"势"指主观对地形地貌的认知。"形"是运动的物质,"势"是物质的运动。

先民对自然有着敬畏、尊崇的情怀,以人文意象观察和处置自然,不仅观其形,亦察其势。所谓"形胜",以"形"相"胜"也。人们将具有气候、物产以及地形、地貌等各方面综合优势的地理格局称之为"形胜"。形胜思想强调山川环境,将城市选址、

---

13 管子·五行第四十一
14 管子·乘马第五·立国
15 管子·度地第五十七
16 管子·乘马第五·立国
17 管子·度地第五十七
18 管子·水地第三十九
19 周易·易经·系辞上传第一章
20 周易·易经·系辞上传第五章
21 三辅黄图·咸阳故城
22 (宋)欧阳修等. 新唐书·志第二十八·地理二

营建的地理环境扩大到宏观的山川形势,强调形与势的契合。选择"形胜"之地和构建融于自然的特色城市也是中国古代的城市设计理念。"形胜"是中国文化中特有的概念。

中国风水学认为:地理脉络与人体脉络具有相同的规律。认为"穴者,山水相交,阴阳融凝,情之所钟处也","冲阳和阴,土厚水深,郁草茂林",故"大聚为都会,中聚为大郡,小聚为乡村"。以穴为中心,以前山为朱雀、后山为玄武、左山为青龙、右山为白虎。风水理论认为,吉地不可无水,地理之道,山水而已。

有学者认为"形胜的要素有三:汭位选址、坐北朝南和巽位排水。这些概念源出于华夏先民对中原大地的全面观察,经过长期的经验积累,逐渐上升为牢固的心理意识。"[23]

荀子(前313—前238年)在谈到入秦观感时说,"其固塞险,形势便,山林川谷美,天材之利多,是形胜也。"[24]《史记》也说:"秦形胜之国也。"[25]

中国古代城市中,屡见"形胜之地"。

南京向来被誉为"龙盘虎踞"之地。据传诸葛亮曾叹曰:"钟山龙盘,石头虎踞,此乃帝王之宅也。"[26]"龙盘虎踞"道出了南京这个地方独特的山川形势。李白在《金陵歌·送别范宣》中对于"龙盘虎踞"形象有过生动的描述:"石头巉岩如虎踞,凌波欲过沧江去。钟山龙盘走势来,秀色横分历阳树。"钟山和石头山从方位上讲,正好一东一西;从形象上讲,钟山绵延数里,犹如卧龙欲腾飞,石头蹲踞江边,恰似猛虎欲跃起。所以"龙盘虎踞"不仅是钟山、石头山等的群山形势,而且也是群山与长江、秦淮河等江河结合在一起的山川形势。将金陵东面的绵延钟山和西面大江边的石头山比作青龙、白虎,天地相应,为金陵成为帝王之宅提供依据。

宋《方舆胜览》记:"泉州形胜,其地濒海,远连二广,川逼溟渤,闽粤领袖,环岛三十六。"嘉靖《钦州志》卷一记:"灵山,三水襟裾,乌江旋带,……重岗叠翠,山川盘郁,地势融结。此一方之形胜也,古人建邑于此,盖不偶然。"

四、耕读文化

中国古代农村读过书的大家富户,不愿做官或不能做官的文人,告老还乡或被贬回乡的官员，以又耕又读为合理的生活方式，以"耕读传家"、耕读结合为价值取向，形成了一种"耕读文化"。明末清初理学家张履祥在《训子语》里说"读而废耕，饥寒交至；耕而废读，礼仪遂亡"。与"书香门第"的"万般皆下品，唯有读书高"不同，"耕读文化"提倡"耕读传家"，"耕为本务，读可荣身"。"孟夏草木长，绕屋树扶疏。众鸟欣有托，吾亦爱吾庐。既耕亦已种，时还读我书"，[27]以既读且耕为荣、为乐。

在这种理念下，追求的就是悠然的田园生活：优美的风景，静谧的环境，"方宅十余亩，草屋八九间。榆柳荫后檐，桃李罗堂前"。陶渊明的《归园田居》表述了田园风光的美好，流露了返乡后耕读结合的愉悦心情。

"耕读文化"成为这类文化人关注的村落的设计理念，有别于一般城镇的设计理念。而很多村落逐步形成，自然成趣，也暗合"耕读文化"的设计理念。

---

23 方拥. 形胜概念在若干古汉字中的痕迹. 新建筑，2002年第01期
24 荀子·疆国
25 (汉) 司马迁. 史记·高祖本纪
26 (唐) 许嵩. 建康实录·卷第二吴中·太祖下. 上海：上海古籍出版社，1987
27 (晋) 陶渊明. 读山海经·孟夏草木长

第二节 设计手法

"规划设计是寻找和建立人居环境空间秩序的过程,天下、地区、城市、建筑,莫不如此,中国人都构建起一套相应的秩序,即对各个层次的空间发展予以协调控制,使人居环境在生态、生活、文化、审美等方面都具有良好的质量和体形秩序。"古代人居"在其发展过程中,既有主动地、有意识地经过规划设计而产生的成果,也有被动地、无意识地积累沉淀而形成的产物,在古代,后者所占的比例甚至更高。"我们要"既认识其主动的一面,也总结其被动的一面,为今天进行人居规划设计和营建提供借鉴,从总结历史走向创造历史。"[28]

各种设计理念都是通过设计手法落实的。设计手法包括两个方面:一是规划设计前期工作,即观察和立意;二是规划设计本身,就是按设计对象的实用需求和美学追求所运用的技术手段。

一、观察

古人通过观察,认识自然,领悟人与自然的关系。"仰以观于天文,俯以察于地理"[29]。"仰则观象于天,俯则观法于地,观鸟兽之文与地之宜"[30]。据唐代司马贞为《史记》补写的《三皇本纪》,在三皇时期,伏羲"有圣德。仰则观象于天,俯则观法于地,旁观鸟兽之文,与地之宜,近取诸身,远取诸物。始画八卦,以通神明之德,以类万物之情。"[31]

中国"风水",就其科学合理部分而言就是相地之术,即现场勘察地理的方法,也称堪舆术,研究环境,研究人与自然的关系,核心思想是人与大自然的和谐,以求"天人合一"。比较完善的风水学问兴起于战国时期,主要关乎宫殿、住宅、村落、墓地的选址、座向、营造等方法及原则。

（一）相土尝水

对于人居而言，水和地是基础，是人居的最基本的要素。

汉代政治家、文学家晁错（前200—前154年）认为，"营邑立城，制里割宅"，要先"相土尝水"："臣闻古之徙远方以实广虚也，相其阴阳之和，尝其水泉之味，审其土地之宜，观其草木之饶，然后营邑立城，制里割宅，通田作之道，正阡陌之界，先为筑室，家有一堂二内，门户之闭，置器物焉，民至有所居，作有所用，此民所以轻去故乡而劝之新邑也。"[32]

民间有用"秤土法"来选址，也就是以比较土的密实程度来选择房屋基址。

先秦时期也用占卜等方法来选择国都的位置。"成王七年二月乙未，王朝步自周，至酆，使太保召公先之洛相土。其三月，周公往营成周洛邑，卜居焉，曰吉，遂国之。"[33]周指镐京，武王之庙所在。成王到武王之庙朝拜，祈告营造成周洛邑之事。酆为文王之庙所在地酆邑。

相传诸葛亮"龙盘虎踞"之叹就是在出使东吴，与孙权联辔秣陵（今南京）石头山、蛇山一带观察山川形势而做出的。"案《吴录》：刘备曾使诸葛亮至京，因观秣陵山阜，曰：'钟山龙盘，石头虎踞，此乃帝王之宅也。'"[34]孙权的谋士张纮也建议建都秣陵。"纮谓权曰：'秣陵，楚武王所置，名为金陵。地势岗阜连石头，访问故老，云昔秦始皇东巡会稽经此县，望气者云金陵地形有王者都邑之气，故掘断连岗，改名秣陵。今处所具存，地有其气，天之所命，宜为都邑。'权善其议，未能从也。后刘备之东，宿于秣陵，周观地形，亦劝权都之。权曰：'智者意同。'遂都焉。"[35]

（二）辨方正位

古代很重视人居的方位、朝向。

《晏子春秋》有一段关于朝向的记述。"景公新成柏寝之台，使师开鼓琴，师开左抚宫，右弹商，曰：'室夕。'公曰：'何以知之？'师开对曰：'东方之声薄，西方之声扬。'公召大匠曰：'室何为夕？'大匠曰：'立室以宫矩为之。'于是召司空曰：'立宫何为夕？'司空曰：'立宫以城矩为之。'明日，晏子朝公，公曰：'先君太公以营丘之封立城，曷为夕？'晏子对曰：'古

---

28 吴良镛. 中国人居史·第八章意匠与范型·第四节人居规划设计. 北京：中国建筑工业出版社，2014
29 周易·易经·系辞上
30 周易·易经·系辞下
31 （唐）司马贞. 三皇本纪
32 （汉）班固. 汉书·卷四十九·爰盎晁错传第十九
33 （汉）司马迁. 史记·三十世家·卷三十三鲁周公世家第三
34 （唐）许嵩. 建康实录·卷第二吴中·太祖下. 上海古籍出版社，1987
35 （晋）陈寿撰、（宋）裴松之注. 三国志·卷五十三·吴书八·张严程阚薛传第八

之立国者，南望南斗，北戴枢星，彼安有朝夕哉！然而以今之夕者，周之建国，国之西方，以尊周也。'公蹴然曰：'古之臣乎！'"[36]意思是说：景公新筑成柏寝台，命师开弹琴。师开根据声音的不同说房子偏西。为什么要偏向西方呢？晏子回答说，古时建都城，南边向着南斗，北面对着北斗，哪有什么东西之说呀。但今天偏向西方的原因，是因为周在西方，国都偏向西方，表示尊崇周天子。

如何确定方位？《诗经》说："定于方中，作于楚宫。揆之以日，作于楚室。"[37]宋李诫《营造法式》注云：定，营室也；方中，昏正四方也。揆，度也。度日出日入以知东西；南视定，北准极，以正南北。"定"指南方天空的营室星。小雪时节，定星昏中当正南之位，即以此星定南北方位。"揆之以日"是说以日影来确定东西。

"匠人建国，水地以县，置槷以县，眡以景，为规，识日出之景与日入之景，昼参诸日中之景，夜考之极星，以正朝夕。"[38]用悬挂准绳的方式来保证土地的水平，用悬挂准绳观察影子的方式来保证柱子的竖直，做一个日晷，观察它的影子，确定日出时和日落时的影子，参考白天中午的影子，晚上看北极星的位置，来确定时间。

先民经过对中原大地的全面观察，长期的经验积累，"坐北朝南"逐渐上升为牢固的心理意识。《诗经》云："即景乃冈，相其阴阳，观其流泉"[39]。北为阴，南为阳，山北水南为阴，山南水北为阳。

（三）综合判断

"相土尝水""辨方正位"正是要经过观察，根据当地的地形地貌，因地制宜来综合判断，选定方位，而非墨守成规，非"坐北朝南"不可。

江苏句容隆昌寺一反常规，坐南朝北的方位正是"相土尝水""辨方正位"后的合理选择。因为隆昌寺选址于宝华山北侧，南侧为山峦，北侧为山谷，方便从龙潭方向登山（图1-1a、1-1b）。

二、立意

"人居环境中精神与物质同时存在，对于精神境界的追求是中国传统规划设计的显著

---

36 （春秋）晏婴. 晏子春秋·内篇·杂下第六·景公成柏寝而师开言室夕晏子辨其所以然第五
37 诗经·鄘风·定之方中
38 周礼·考工记·匠人
39 诗经·大雅·公刘
40 吴良镛. 中国人居史·第八章意匠与范型·第四节人居规划设计. 北京：中国建筑工业出版社，2014

特色，上至都城，下至村寨，莫不如此，因而人居规划设计首先要立意，即在主事者的胸中对即将营建的人居环境的境界追求先有一番揣摩与盘算，正所谓'意在笔先'。"不论是区域、城市或建筑，环境总有其特殊性，立意之关键在于抓住自然环境的特色，再充分运用规划设计者的巧思进行酝酿"。[40]

立意就是以人文眼光观察自然，赋予自然以文化内涵，把城市设计的理念运用到实际的规划设计对象中，在规划设计中体现精神境界，把精神化为物质。

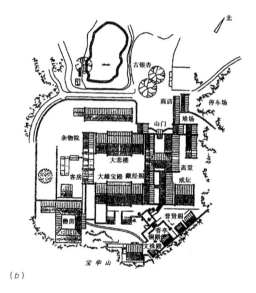

图1-1a 隆昌寺
图1-1b 隆昌寺平面
资料来源：潘谷西. 中国建筑史（第五版）·第七章建筑意匠. 北京：中国建筑工业出版社，2004

西周时，周公为周室长久，让都城建在天下之中心地，在国土中央营建大都邑成周。成周由"武王选址，召公相宅，周公营建，成王定鼎"。五年营成周，到周成王五年（约前1037年）建成迁都。

六朝建康中轴线对着淮水的河湾，使建康城处于"汭位"，有着强烈的汭位意识。对傍水而居的人类来说，河流的凸岸能确保基地无虞，我国古代的城镇选址大多遵循这一原理，将基地选在河流凸岸——汭位。后来在许多重要建筑前，人为地形成"汭位"，如北京正阳门前护城河、天安门和太和门前金水河等。

据唐玄宗时史官韦述所撰《两京新记》记载，"（隋）炀帝登北邙，观伊阙。曰：'此龙门耶？自古何为不建都于此？'""隋炀帝大业元年（605年），诏左仆射杨素、右庶子宇文恺移故都创造也，南直伊阙之口，北倚邙山之塞，东出瀍水之东，西出涧水之西。洛水贯都，有河汉之象。"（图1-2）

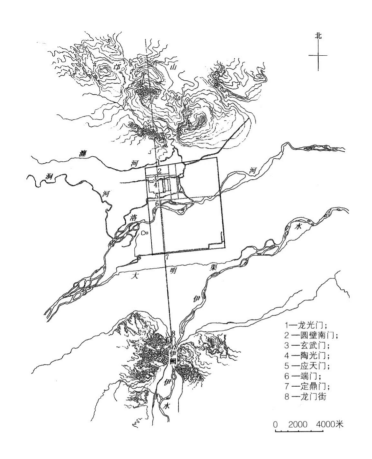

图1-2 隋唐洛阳与邙山、伊阙关系图
资料来源：据吴良镛. 中国人居史·第五章成熟与辉煌——隋唐人居建设·第二节都城人居的创造与发展. 北京：中国建筑工业出版社，2014

1—龙光门；
2—圆壁南门；
3—玄武门；
4—陶光门；
5—应天门；
6—端门；
7—定鼎门；
8—龙门街

唐李吉甫《元和郡县图志》卷一《关内道》载，"隋氏营都，宇文恺以朱雀街南北有六条高坡，为乾卦之象，故以九二置宫殿，以当帝王之居，九三立百司，以应君子之数，九五贵位，不欲常人居之，故置玄都观及兴善寺以镇之。"宇文恺将六条高坡看作上天设在长安城基址的六条乾卦爻辞，每条高坡上的建筑都能在乾卦中获得理论解释与归宿。《周易·上经·乾卦》云："……九二：见龙在田，利见大人，君德也。九三：君子终日乾乾，夕惕若，厉，无咎。"宫城是长安城的核心。既然九二象征真龙天子的出现，宫城就该建在"九二"高坡即龙首原的最高处。政府衙署是行政中心，应建在紧邻"九二"高坡的"九三"高坡上。乾卦六爻的本质在于演示天道人事的盛衰规律。将六爻比作六条巨龙，象征乾卦在变化中孕育飞龙翔天的强健力量，而这正是隋初君临天下的精神写

41 康震. 唐长安城建筑与唐诗的审美、文化内涵. www.djzhj.com，2009
42 周易·易经·系辞上传第一章
43 周易·易经·系辞上传第五章
44 周易·易经·系辞下

照，也是隋文帝君臣营造大兴城的真实意图。宇文恺以乾卦作为隋大兴城营构的理论基点，用意可谓深远。[41]

三、象征

《周易》中说："在天成象，在地成形，变化见矣。"[42] "成象之谓乾，效法之谓坤"[43]。

《周易》"象天法地"是对天体或天文现象形态的模拟，模拟天地所隐含的深层次的文化意义，是一个文化概念。如"天圆地方""天南地北""日东月西""左青龙右白虎"……"象天法地"是我国古代城市设计的一种设计理念，也是城市设计的一种象征手法。

吴阖闾元年（前514年），吴王阖闾和伍子胥"象天法地，造筑大城"。吴王诸樊元年（前560年），姬诸樊将都城迁到吴（今江苏苏州）。吴都阖闾（图1-3）是吴王阖闾和伍子胥"象天法地"造筑的。伍子胥对吴王曰："凡欲安君治民，兴霸成王，从近制远者，必先立城郭，设守备，实仓廪，治兵库。""子胥乃使相土尝水，象天法地，造筑大城。周回四十七里，陆门八，以象天八风，水门八，以法地八聪。筑小城，周十里，陵门三，不开东面者，欲以绝越明也。立闾门者，以象天门通阊阖风也。立蛇门者，以象地户也。阖闾欲西破楚，楚在

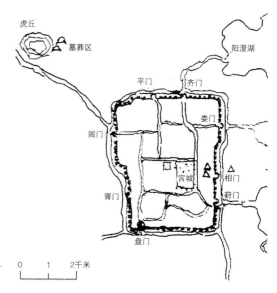

图1-3　吴阖闾
资料来源：汪德华. 中国城市规划史纲.
南京：东南大学出版社，2005

西北，故立阊门以通天气，因复名之破楚门。欲东并大越，越在东南，故立蛇门以制敌国。吴在辰，其位龙也，故小城南门上反羽为两鲵鳙以象龙角。越在巳地，其位蛇也，故南大门上有木蛇，北向首内，示越属于吴也。"[45]

阖闾城东西最宽3.9公里，南北4.5公里。其实，城主要是适应江南水网地带，没有刻意追求规整、方正，而是顺应自然，就势筑城。

越勾践七年（前490年），勾践臣吴归越，"欲筑城立郭，……范蠡乃观天文，拟法于紫宫，筑作小城，周千一百二十二步，一圆三方。西北立龙飞翼之楼，以象天门，东南伏漏石窦，以象地户；陵门四达，以象八风。外郭筑城而缺西北，示服事吴也，不敢壅塞，内以取吴，故缺西北，而吴不知也。"[46]

四、布局

"布局是在一个既定的自然环境中谋划人工环境的空间分布，确定空间的基本骨架。"[47]

空间基本骨架的要素是核心和轴线。

（一）核心

核心即中心，主要部分，焦点所在，借以统领周围的其他所有要素形成一个有机的整体。凡是一个相对完整的有机体均有核心。

对一般的城镇和村落，核心往往是公共活动空间，如祠堂、庙宇；对行政中心城镇，核心就是官署；都城的核心就是宫城（皇城）。

南京的地理环境加上南京六朝特别是南唐的遗存使南京作为明朝京师的总体布局成为难题。宫城是核心，它的位置和形制是整个京师布局的决定因素。朱元璋攻克后的集庆，虽已历经宋、元的改建，但主要基础还是南唐的建康城。"旧内（指朱元璋的吴王府，即南唐的宫城）在城中，因元南台为宫，稍庳隘。上命刘基等卜地，定作新宫于钟山之阳，在旧城东，白下门之外二里许。"[48]朱元璋和刘基等人避开了繁杂的南唐旧城，也避开了早已废弃的六朝旧城，在其东另选新址。这样回避了"六朝国祚不永"的忌讳，更避免了大量的拆房扰民。旧城以东当时是相对开阔的郊野，北部的燕雀湖面积不大，填平可作宫殿，而以龙广山（今富贵山）为中轴线起

45（汉）赵晔. 吴越春秋·阖闾内传第四·阖闾元年
46（汉）赵晔. 吴越春秋·勾践归国外传第八·勾践七年
47 吴良镛. 中国人居史·第八章意匠与范型·第四节人居规划设计. 北京：中国建筑工业出版社，2014
48 明太祖实录·卷二十一·丙午年八月庚戌

点，完全可以实现朱元璋在此"立国"的宏伟蓝图。宫城这个核心既定，中轴线也就确定。按照传统，左祖右社、前朝后寝，皇城的布局也就不难定夺。

（二）轴线

在不同领域，轴线有不同的含义，这里所说的是人居空间的轴线。轴线是组织、串联、引领所有要素以形成有机的空间整体的纲。

不难发现，包括人类自身在内的动物的形体无一例外是左右对称的，这就产生了"轴线"这一概念，虽然它是无形的，却是确实存在的。

轴线在人居领域最简单的作用是使建筑借轴线两侧对称，进而发展为借轴线将多个建筑和空间串联起来，形成空间序列等等复杂的轴线关系。

轴线关系是人居选址的重要手段，是人居空间布局的主要手法。

1. 轴线对称

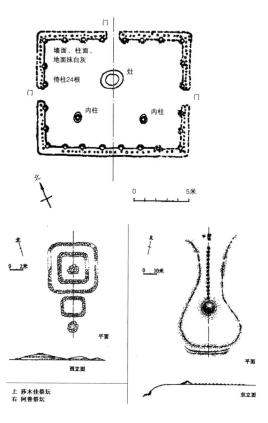

图1-4a 甘肃秦安大地湾仰韶文化晚期房屋
资料来源：潘谷西. 中国建筑史（第五版）·绪论中国古代建筑的特征. 北京：中国建筑工业出版社，2004

图1-4b 内蒙古大青山地区祭坛
资料来源：潘谷西. 中国建筑史（第五版）·绪论中国古代建筑的特征. 北京：中国建筑工业出版社，2004

轴线对称是人类最原始的美学追求。

在远古时期，就有了最简单的轴线对称。如甘肃秦安大地湾仰韶文化晚期房屋和位于内蒙古大青山地区的祭坛（图1-4a、4b）。

到了西周，相当复杂的建筑也按轴线对称布置。陕西岐山凤雏村的西周建筑遗址据推测是一座宗庙，影壁、大门、前堂、后室，明显贯穿着一条轴线（图1-5）。

2. 纵轴与横轴

我国古代早期建筑不仅

很多单体建筑如明堂、辟雍等纵轴、横轴不分主次，建筑群的纵轴和横轴也同等重要（图1-6）。随着中央集权和宗法礼制的强化，使不论是官方建筑还是民间建筑，均越来越强调纵轴。高大的建筑被安排在纵轴上，一条连续的石砌道路，石狮、华表、嘉量、日圭、宝鼎等陈设都安排在纵轴两旁；而横轴相对被弱化，甚至被忽视。西方城市设计中在纵轴、横轴交叉点上放置纪念物的常见手法，在我国古代城市设计中是难觅踪影的。

北京都城形制符合等级礼仪模式，布局规整，结构严谨。中轴线南起永定门，北至钟鼓楼，长达7.8公里。但是，北京城少有两边绝对对称的横轴。

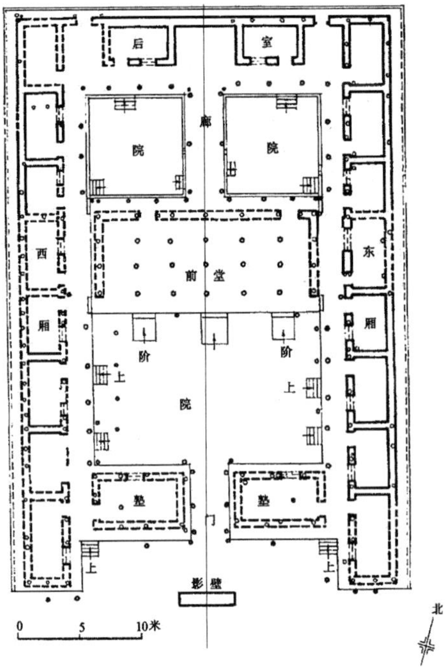

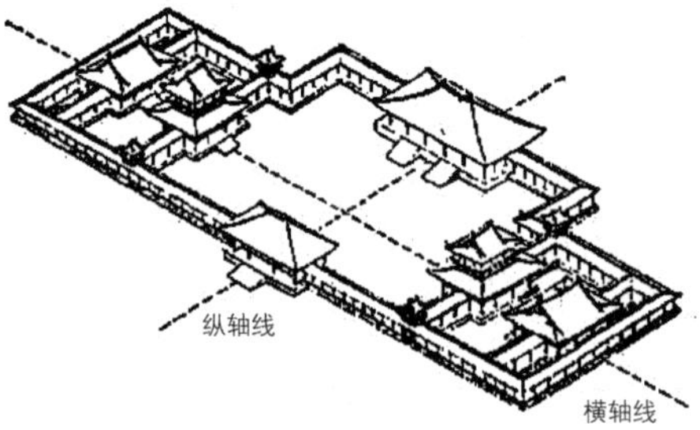

图1-5 陕西岐山西周建筑
资料来源：潘谷西. 中国建筑史（第五版）·第一章古代建筑发展概况. 北京：中国建筑工业出版社，2004

图1-6 莫高窟第148窟南壁弥勒经变寺院鸟瞰图
资料来源：潘谷西. 中国建筑史（第五版）·绪论中国古代建筑的特征. 北京：中国建筑工业出版社，2004

3. 轴线转折

轴线因地形或功能需要等因素而出现转折甚至弯曲，这是常见的设计手法。所以，轴线不总是笔直的。

北京传统的四合院是轴线转折的最简单的例子。由于按风水说法，大门要开在东南，并不直对四合院的正房。进大门先见到影壁，转入屏门，再转向二门（垂花门），才是四合院的中轴线（图1-7）。这也是中国文化的内向性的体现，人们不希望人居空间一览无余，尤其是私密空间。

南宋临安的轴线是一条曲线。御街自宫殿北门和宁门起至城北景灵宫止，全长约4500米，贯穿全城，是临安城的主要轴线，串联了都城功能的主要因素。宫殿在南，御街南段为衙署区，中段为商业区，同时还有若干行业市街及文娱活动集中的"瓦子"，官府商业区则在御街南段东侧。形成了"南朝北市"的格局（图3-24）。

南京明孝陵的轴线是曲折的，绕过孙陵岗（今梅花山），串联起陵前道路、神道和陵区（图6-21）。

山地建筑的轴线转折更为常见。浙江普陀法雨寺进入山门的牌坊，轴线引向放生池上的海会桥，沿着弯曲的步道上坡，前方便是天后阁。进入天后阁，轴线转向东西向，至巨大的照壁，正对天王殿，转向南北向的主轴线。而后天王殿、玉佛殿、九龙观音殿、御碑殿、大雄宝殿、方丈殿，殿殿升高，隐在树荫环绕的香樟林中（图1-8）。

湖北武当山建筑群随着山体的升高，轴线不断转换。步移景易，气势雄伟，景色生动（图1-9*a*、9*b*）。

（三）大范围的轴线关系

中国古代重视整体环境，在选址、定位过程中，一种大范围的轴线关系——轴向朝对既是测量、营建的实际需要，也是对自然环境的人文需求。随

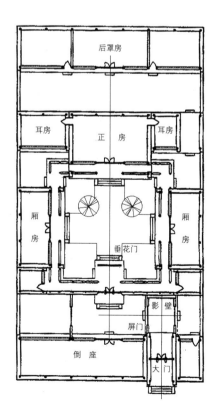

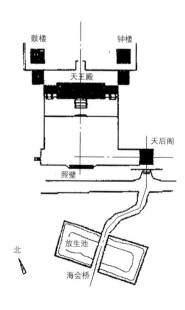

图1-7 北京四合院（左图）
资料来源：据马炳坚. 北京四合院建筑

图1-8 普陀法雨寺轴线转折（右图）
资料来源：据潘谷西. 中国建筑史（第五版）·第七章建筑意匠. 北京：中国建筑工业出版社，2004

着城市设计手法的丰富和娴熟运用,形成空间序列和出现意象对称,也是大范围的轴线关系。

1. 轴向朝对

吴良镛先生认为,"实际上,'轴线'是西方概念,中国传统的规划设计中更多的是讲'朝对'。古人尤其重视人工环境,如官署、学宫、街道、阁塔等与周围特定山水环境要素的朝对关系。""轴向朝对是整体布局中的重要概念和手段。"[49]

轴向朝对是主体与特定山水环境的意象连接,不一定存在明显的一般意义上的轴线,中

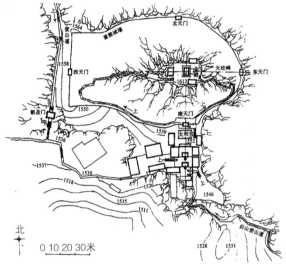

图1-9a 武当山天柱峰

图1-9b 武当山天柱峰紫禁城平面
资料来源:潘谷西. 中国建筑史(第五版)·第五章宗教建筑. 北京:中国建筑工业出版社,2004

间不一定有两相均衡或对称的实体相连,也不同于一般的"对景"。轴向朝对更主要的是崇尚自然山水的心理意念。也就是说,轴向朝对是宏观层面上的轴线关系,体现的是人与自然的关系,"天人合一"的思想。

秦始皇"三十五年(前212年)……始皇以为咸阳人多,先王之宫廷小,吾闻周文王都酆,武王都镐,酆、镐之间,帝王之都也。乃营作朝宫渭南上林苑中。先作前殿阿房,东西五百步,南北五十丈,上可以坐万人,下可以建五丈旗。周驰为阁道,自殿下直抵南山。表南山之巅以为阙。为复道,自阿房渡渭,属之咸阳,以象天极阁道绝汉抵营室也。"[50]

西汉时,以长安城为中心,南端为秦岭的子午谷,经长安城、汉长陵、清

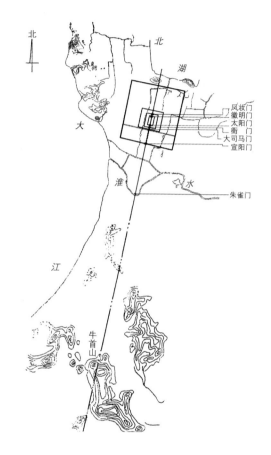

图1-10 建康城的朝对关系
资料来源：苏则民. 南京城市规划史（第二版）·第四章六朝建康. 北京：中国建筑工业出版社，2016

河大湾，北至今北塬阶上西汉建筑遗址（可能为天齐祠），长达74公里。

六朝建康中轴线对着淮水的河湾，也南对牛首山。司马睿听取丞相王茂弘（即王导）的建议，以牛首山两峰为"天阙"。"案《地记》：至今此山名天阙山。自朱雀南出，沿御道四十里到此山。"[51]（图1-10）

隋炀帝大业元年（605），宇文恺为大兴选址，南直伊阙之口，北倚邙山之塞。（参见图1-2）

唐长安大明宫含元殿正对慈恩寺塔（大雁塔）引向更远处的终南山。

2. 空间序列

由轴线将主要建筑串联起来，很早就出现了，在都城的规划设计中更得到了广泛的

---

49 吴良镛. 中国人居史·第八章意匠与范型·第四节人居规划设计. 北京：中国建筑工业出版社，2014
50（汉）司马迁. 史记·卷六·秦始皇本纪第六
51（唐）许嵩. 建康实录·卷第七晋中·显宗成皇帝. 上海古籍出版社，1987

运用和发展。轴线的强化，使皇家城池、宫殿，礼仪建筑和祭祀设施等贯串在一条轴线上，形成轴线上的空间序列。

明清北京城漫长的中轴线上有组织地安排了一系列宫殿和广场，创造了变幻无穷、气象万千的空间序列。

从永定门到正阳门是整个空间序列的前奏。由正阳门至后三宫，是空间序列的重点，安排了天安门、午门及太和殿三个高潮。然后空间序列进入第三段，节奏减弱，最后以钟楼—鼓楼作结束。

这组空间序列运用了各种设计手法，取得了杰出的效果。漫长而不单调，协调而富于变化，重点突出、对比强烈，前后呼应、有机统一。（详见第三章第二节）

3. 意象对称

在中国古代的城市设计中，对称可以有实体的和意象的：在轴线上人的视线所及范围内往往是实体对称；而在视线所及范围之外，存在相对的意象对称。古代都城乃至地方行政中心城市都存在实体对称和意象对称。北京城更为突出：北京城在中轴线上的建筑和广场是实体对称的；而太庙和社稷坛、文华殿和武英殿、日坛和月坛，东四（单）牌楼和西四（单）牌楼，以及都城、皇城、宫城等的城门则是意象对称。由于中文对偶的语文形式，这种意象对称越发鲜明。意象对称没有直接的视觉效果，但在宏观上使人产生联想，从而强化了北京城的中轴线，在大范围体现了"礼乐秩序"的设计理念，也加强了北京作为都城的整体性（图1-11）。

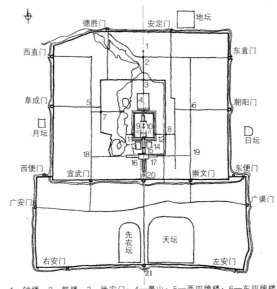

1—钟楼；2—鼓楼；3—地安门；4—景山；5—西四牌楼；6—东四牌楼；7—西安门；8—东安门；9—武英殿；10—文华殿；11—西华门；12—东华门；13—社稷坛；14—太庙；15—天安门；16—长安右门；17—长安左门；18—西单牌楼；19—东单牌楼；20—正阳门；21—永定门

图1-11 明清北京城的意象对称

五、统筹

布局确立人居的大结构、大框架后，就要统筹安排人居的美学体现，以形成自己的特色。变化与统一是美学最基本的原则。我国传统讲"和而不同"，就是统一中有变化，在变化中求统一。没有统一，就是杂乱无章；没有变化，就是单调枯燥。

（一）主次分明、衬托重点

一处人居，无论大小，只有有了统一的风格，才能显现其特色，显现其有别于其他个体的个性，是这个而不是那个。所以，在人居的空间规划设计中，统一是必要条件。

统一的有机整体必然有核心统领，主次分明。一座城池是这样，一组建筑群也是这样。

北京颐和园佛香阁是核心统领的典型实例，对比、衬托等手法运用得淋漓尽致，参见图6-15。这组建筑群是整个颐和园的主体，而建筑群本身也主次分明，重点突出。多姿多彩的建筑掩映在绿树丛中；厚重高大的灰白花岗石台座衬托着体型丰富、色彩艳丽的佛香阁；而在围廊和左右两个亭子对比之下，佛香阁更显得高大；后面的智慧海与佛香阁主从分明，以"从"衬托了"主"。

传说，乾隆修造清漪园（颐和园）时，原准备在此处建一座九层宝塔，当建到第八层，乾隆下旨，把已建了八层的塔拆掉，重新建造了一座八方阁。不管传说是否属实，实际上，建阁确实收到了比建塔好的效果。一来，京西一带，已不缺塔影；二来，阁可以比塔体量大而稳重，与石台座结合，其气势更符合统领全园的"身份"。

（二）重复与韵律

空间规划设计中，不可能不出现重复，重复是从正面维护统一、强化主体的有效手法。重复而有韵律，就产生美。韵律就是同一因素有规律、有节奏的变化。

中国古代建筑的单体相对单一，而其组合则可变化无穷、精彩纷呈。明北京"宫城整体规模及各主要部分规模，以'两后宫'的长宽为模数；主体建筑位于建筑群院落的几何中心；以等级分明、尺度适宜的网络作为建筑群平面布局的基准"[52]，营造了一组严格体现传统礼仪，雄伟庄严，大气磅礴的宫殿建筑群（图1-12）。

有时，重复是为了相对平淡，以突出紧接着出现的重点。北京故宫天安门后形体完全一样的端门的重复是为了突出形体高大、丰富的午门；端门前广场和午门前广场宽度相同的重复是为了突出午门后太和门前广场的开阔（参见图3-11c、图3-15、图3-16、图3-17）。

（三）协调

在一个整体中，多种形式之间的协调是求得统一的不可或缺的手段。协调就是类似的变化，多种形式中存在相同的因素，使它们互相关联。

在中国古代人居的设计中，协调是相对容易做到的，因为建筑的单体特征大多是类似的。但简单的重复不等于协调，完全相同也就无所谓协调，协调的前提是变化，在变化中取得协调才是美。北京城中轴线上的一系列广场就是变化中取得协调的杰出案例。

（四）均衡与对称

对于大尺度的空间规划而言，不一定遇到"均衡"问题，而对于建筑群、广场的城市设计来说，空间构图的"均衡"是很重要的。

不言而喻，绝对对称是一种均衡，常应用于需要庄重、肃穆氛围的空间。而不对称的均衡可以取得更为生动的美感。拉萨布达拉宫依山而建，与山体融为一体，壮丽宏伟。但它并非中轴对称，而是整体均衡，主次分明（参见图4-30b、图4-30c）。承德普陀宗乘之庙仿照布达拉宫，也没有中轴对称，却均衡而重点突出，

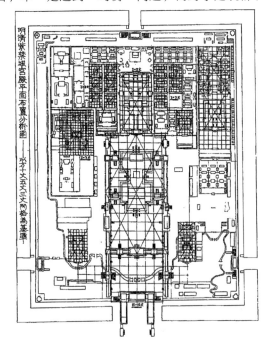

图1-12 明清紫禁城宫殿平面布置分析图
资料来源：傅熹年. 中国古代城市规划、建筑群布局及建筑设计方法研究. 北京：中国建筑工业出版社，2001

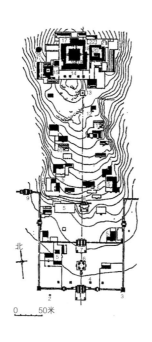

图1-13 承德普陀宗乘之庙
资料来源：潘谷西.中国建筑史（第五版）·第五章宗教建筑.北京：中国建筑工业出版社，2004

1—山门；2—下马碑；3—角楼
4—幡杆；5—白台；6—碑亭；7—五塔门
8—琉璃牌坊；9—三塔水门；10—西五塔台
11—东五塔台；12—钟楼；13—塔台
14—白台；15—千佛阁；16—圆台
17—慈航普渡；18—红台；19—万法归一
20—戏台；21—权衡三界；22—洛迦胜境

与布达拉宫异曲同工（图1-13）。其实，村落、小镇的公共空间，民居、山地建筑等，大多是不对称的，但不乏均衡、形态生动的实例。

（五）对比与烘托

对比是取得变化最常见的手法。古人论画对布局中对比手法有很好的阐述，"至于布局，将欲作结密郁塞，必先之以疏落点缀；将欲作平衍纡徐，必先之以峭拔陡绝；将欲虚灭，必先之以充实；将欲幽邃，必先之以显爽"[53]。

重复、协调是正面强化主体，对比则是以反衬来突出主体。

都城在大量重复的院落中高大的红墙黄瓦的宫殿；一般城市中一片灰色的民居中的寺庙，镇村中低矮的民房中的宗祠，都是在大片居住建筑的烘托中重点突出，是对比手法运用的范例。北京城大片低

---

[52] 傅熹年.中国古代城市规划、建筑群布局及建筑设计方法研究.北京：中国建筑工业出版社，2001
[53]（清）沈宗骞.芥舟学画编·取势

平的民居房舍，陪衬着高大的宫殿、城楼、白塔、人工堆造的景山，尽显北京极为优美壮丽的城市轮廓线。

（六）呼应

群体的组合需要呼应，使各部分互有联系，组成有机的整体。

在一个整体中，类似的元素或个体重复再现，会取得呼应的效果。

在城市的宏观层面，北京中轴线是很好的案例。北京正阳门及其箭楼与钟楼—鼓楼处于北京内城中轴线的一头一尾。两组建筑中，箭楼和钟楼显得与众不同，不仅形体高耸，还是宫殿建筑中少见的砖石建筑，它们分别与正阳门和鼓楼组成两组建筑。这两组建筑有类似的形体变化，彼此正好遥相呼应，加强了中轴线的有机联系（参见图3-13、图3-20）。

六、造景

（一）造景

空间规划设计需要"造景"以"得景"。

1. 城市整体造景

古代中国城市多以城楼、佛塔等高耸在一片低矮、灰色民居之中，以创造丰富的景观，显现城市彼此不同的特色。

河北正定四门四塔的城市整体布局堪称古代城市设计的典范佳作。

正定古城周长24华里，高3丈2尺，宽3丈，设东、南、西、北四座城门：东曰迎旭、南曰长乐、西曰镇远、北曰永安。每座城门设内城、瓮城和月城三道城垣，出入城要经过三道门，此种格局甚是罕见。城外护城河宽10丈多，深2丈多，护城河外，筑有护城堤，长4420丈，高1丈多。每座内城门上都建有高大雄伟的城楼。南门月城上另建城楼，叫"看花楼"，也叫"望河楼"。东南西北四座城门分别通往天津、邯郸、太原和保定方向；四座城门附近各有一塔：东天宁寺凌霄塔、南临济寺澄灵塔、西开元寺须弥塔和北广惠寺华塔（又名多宝塔）四塔均始建于隋唐时期。（图1-14*a*、14*b*）

第二节
设计手法

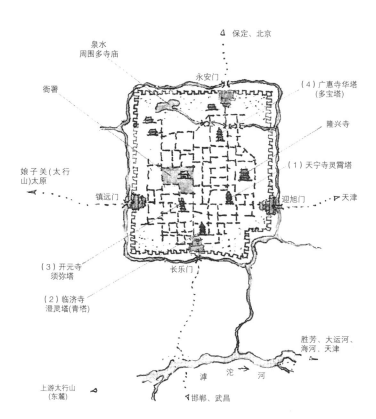

图1-14a 正定四门四塔（上图）
资料来源：汪德华. 中国城市设计文化思想·2城市设计基本方法及评定标准之探讨. 南京：东南大学出版社，2008

图1-14b 正定四塔（下图）
资料来源：孙敬宣提供

2. 局部空间造景

在城市的局部空间处理上，运用附属建筑和建筑小品的处理，以牌楼、券门、影壁等分隔空间，创造不同的空间艺术效果。

宁远（今辽宁省兴城市）古城内东、西、南、北大街呈"十"字相交，一座雄伟壮观的鼓楼，架在道路交叉口之上，基座平面为正方形，下砌通向四条大街的券洞，全部大青砖砌成。鼓楼3层，高17.2米，与四座城门楼遥相呼应，也是四条大街的对景。

南街有明思宗朱由检为表彰辽西都督祖大寿、祖大乐兄弟镇守边陲的功绩而下诏建立的两座石坊。南面的一座为祖大寿石坊，称"忠贞胆智"坊，俗称"头道牌楼"，建于明崇祯四年（1631年），为四柱三间五楼式，高约11米，宽约12米。北面为祖大乐石坊，亦称"登坛骏烈"坊，俗称"二道牌楼"，建于明崇祯十一年（1638年），坊高16.5米，宽13米。南坊距南门108米，北坊距鼓楼194米，两坊相距85米。两座牌坊和鼓楼以及城门使南北大街景色格外丰富（图1-15、参见图4-10）。

北京城的街道上有许多牌楼，牌楼丰富了街景。"崇文门北去里许为单牌楼，曰就日。又北为四牌楼，东曰履仁，西曰行义，南北曰大市街。""宣武门北有单排楼曰瞻云，又北二里有四牌楼，东曰行义，西曰履仁，南北曰大市街。"[54]（图1-16）

3. 尺度

"人是万物的尺度"。事物要以人的感受为标准。不论建筑多么高大，在人接近的部位应该是人需要的尺度。也唯有如此，高大的建筑才显示其高大。天安门城楼，极其雄伟，而金水桥和城楼上的汉白玉栏杆的高度是按人的需要定的。

"千尺为势，百尺为形"[55]，"千尺"即三百米左右，"百尺"即三十几米，人对不同尺度的心理感受是不同的。百尺是能看清人的面目表情和细节，这一空间尺度富于人情味。其视角仰角为45°左右，水平视角54°左右。千尺为合适的远观视距。百尺观其个体特征，千尺观其整体效果。

（二）框景

建筑群中建筑的巧妙安排，能使彼此都有比较好的欣赏角度。建筑的门洞、开间往往成

---

54 （清）英廉等. 钦定日下旧闻考
55 （晋）郭璞. 葬书·因势篇

第二节　设计手法

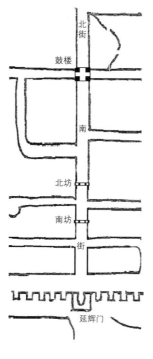

上　南街平面
右上　鼓楼
右下　牌坊

图1-15　宁远南街
资料来源：兴城古城. https://www.image.so.com/

图1-16　西四牌楼

为对面建筑物的景框（图1-17）。

我国古代民居有一种"过白"的处理手法，就是使坐在后进房屋中的人能通过门框看到前面房屋的屋脊，也就是要在处于阴影中的门框和前面屋脊之间看得见一条天光。这也是一种框景的手法（图1-18）。

（三）点景

"物质环境建设并不是人居规划设计的全部，人文因素的点染可以增添其韵味，升华其意境。"[56]我国古代人居的规划设计往往是多种艺术手段的综合，集建筑、文学、绘画、书法、雕塑于一体。

上 由祈年门看祈年殿
左 由成贞门看皇穹宇　图1-17 框景——北京天坛

柳宗元说："美不自美。因人而彰。兰亭也，不遭右军，则清湍修竹，芜没于空山矣。"[57]自然是客观存在，不能"自美"。自然之美因为人的发现、体验、欣赏而使其价值得到呈现。美是自然和人文的结合。

绍兴兰亭数易其地，而且明代后的兰亭，"择平地砌小渠为之，俗儒之不解事如此哉。"（袁宏道《越中杂记》）即使如此，由于兰亭的历史渊源、文化积淀和绍兴的自然风貌，兰亭虽非魏晋原物，但依旧发挥着它独特的文化价值。兰亭这一文化现象，是自然与人文的融合。没有"崇山峻岭，茂林修

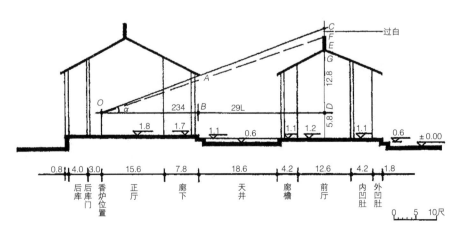

图1-18 过白
资料来源：潘谷西．中国建筑史（第五版）·第七章建筑意匠．北京：中国建筑工业出版社，2004

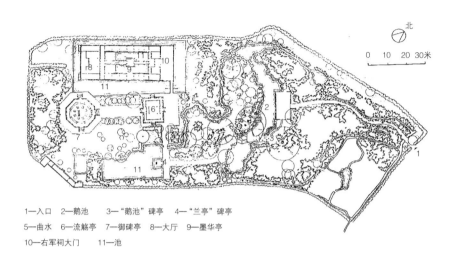

1—入口 2—鹅池 3—"鹅池"碑亭 4—"兰亭"碑亭
5—曲水 6—流觞亭 7—御碑亭 8—大厅 9—墨华亭
10—右军祠大门 11—池

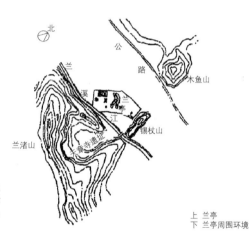

图1-19 兰亭
资料来源：据潘谷西.中国建筑史（第五版）·第六章园林与风景建设、第七章建筑意匠.北京：中国建筑工业出版社，2004

上 兰亭
下 兰亭周围环境

竹""清流激湍"，就不会有《兰亭集序》；而"兰亭也，不遭右军，则清湍修竹，芜没于空山矣。"（图1-19）

白居易在庐山建了庐山草堂，并写下了《庐山草堂记》。文与景相得益彰。

庐山"山北峰曰香炉，峰北寺曰遗爱寺，介峰寺间，其境胜绝，又甲庐山。""（唐）元和十一年（816年）秋，太原人白乐天见而爱之，若远行客过故乡，恋恋不能去。因面峰腋寺，作为草堂。"[58]文章具体介绍草堂的建筑情况及陈设；描写了草堂方池平台、山竹野卉、飞泉悬瀑、杂木异草等迷人景色；表达了自己恬静安适的心情和归隐庐山的愿望（图1-20）。

南京在明代就有金陵八景、十景等说法

---

56 吴良镛. 中国人居史·第八章意匠与范型·第四节人居规划设计. 北京：中国建筑工业出版社，2014
57 （唐）柳宗元. 邕州柳中丞作马退山茅草亭记
58 白居易. 庐山草堂记

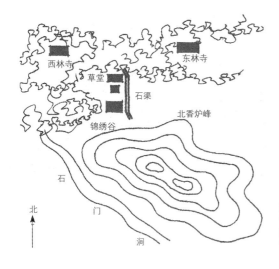

图1-20 庐山草堂想象图
资料来源：汪菊渊. 中国古代园林史（上卷）·白居易庐山草堂想象图. 北京：中国建筑工业出版社，2006

流传，明万历年间，余梦麟约焦竑、朱之蕃、顾起元等文人以金陵诸名胜二十处，著诗纪之，汇集名曰《雅游篇》，刊行于世。朱之蕃兴犹未尽，最后编成《金陵四十景图考诗咏》。清乾隆年间，"金陵四十景"发展成为"金陵四十八景"。南京这些风景名胜经人文点染，更增添其韵味，升华其意境。

中国古典园林，把命名、题咏作为园林艺术的有机组成部分，通过门额、牌匾、对联、石刻等表现出来，恰到好处地起到了点题、点景、点睛和点染的作用，状物写景、抒怀言志，使园林变得更加富有生命力。

江苏吴江同里镇的退思园，清末兵备道任兰生遭弹劾罢官还乡后所建，园名"退思"，语出《左传》"进思尽忠，退思补过"，有退而思过之意。

对联是中国独有的文学艺术形式，被大量应用于我国古代建筑之中。对联因景抒情，片言只语，文辞隽永，却富有哲理，启人心智；书法美妙，往往是名家佳品。对联成为园林建筑艺术不可或缺的组成部分。

苏州沧浪亭是苏州著名园林之一。沧浪亭上的对联"清风明月本无价，近水远山皆有情"与沧浪亭的园林风光相得益彰。

昆明滇池畔的大观楼有一副180字的长联，被誉为"古今第一长联"。长联由清乾隆年间昆明名士孙髯翁登楼有感而作，对仗工整，气势宏大，脍炙人口。联楼交相辉映，融为一体。长联使大观楼名扬四海，大观楼因长联而驰誉九州。孙

59（明）计成著，陈植注释. 园冶注释（第二版）·十一借景. 北京：中国建筑工业出版社，2015

氏长联挂在临水一面的大观楼西门，而大观楼东门还有一副短联："千秋怀抱三杯酒，万里云山一水楼。"同样为大观楼增添了意趣。

（四）借景

借景也是一种造景。明代造园家计成在《园冶》中说"构园无格，借景有因""因借无由，触景俱是"。陈植先生释文："因地借景，并无一定来由；触景生情，到处凭人选取。"[59]

北京颐和园借景西山玉泉山是一个杰出的范例。在昆明湖东岸远眺西山，玉泉山塔影、湖光山色，尽入眼帘，俨然一幅完整的山水画面（图1-21）。

苏州沧浪亭山水之间以曲折的复廊相连。建筑将临池而建的亭榭连成一片。复廊上一百余图案各异的漏窗两面观景，使园外之水与园内之山自然地融为一体，园内、园外山水有机地连在一起。透过漏窗，景区似隔非隔，时隐时现，一步一景，步移景易，是借景的典范。沧浪亭上对联"清风明月本无价，近水远山皆有情"，正好道出了借景手法的诗情画意（图1-22a、22b）。

图1-21　颐和园与玉泉山

第一章
中国古代的城市设计理念和方法

图1-22a 沧浪亭
资料来源：笔者摄

图1-22b 沧浪亭总平面
资料来源：童寯. 江南园林志. 北京：中国工业出版社，1963

第三节 技术手段和管理措施

"工欲善其事,必先利其器"。城市设计是离不开技术手段的,其实施更需要管理措施的保障。

一、技术手段

我国古代用图纸、做法说明和模型三者交互运用进行建筑或建筑群的规划设计。

(一) 规、矩

在古代帛画、画像砖中多次出现古代神话人物伏羲和女娲执握规矩图,表现了伏羲和女娲的形象,也提供了古代作图工具最早的图像资料(图1-23)。规矩是我们至今仍然使用的测绘的基本工具。"矩"即拐尺,"规"即圆规,象征着天圆地方,无规矩不成方圆。

(二) 图

宋代史学家郑樵(1104—1162年)在《通志》中说:"河出图,天地有自然之象,图谱之学由此而兴;洛出书,天地有自然之文,书籍之学由此而出。图成经,书成纬,一经一纬,错综而成文。古之学者左图右书,不可偏废。"[60] "见书不见图,闻其声不见其形;见图不见书,见其人不闻其语。……古之学者为学有要,置图于左,置书于右,索象于图,索理于书"。"凡宫室之属,非图无以作"。"为坛域者,非图不能辨"。"为都邑者,非图不能纪"。"为城筑者,非图无以关明要"。"为田里者,非图无以经别界"。[61]《管子》也说:"凡兵主者,必先审知地图。"[62]

据传说,伏羲得"河图",大禹获"洛书"。人类伊始,图画就是人们记录和传递信息的手段。

图大体有三类。一类图是对"观察"结果的记录,是下一步规划设计的工作基础,也就是今天所说的地形图、现状图;另一类是对"立意""布局"等设想的表述,以指导设想的实施,也就是今天所说

---

60 (宋) 郑樵. 通志・总序
61 (宋) 郑樵 通志・图谱略・索象
62 管子・地图第二十七

图1-23 唐代帛画中伏羲女娲图（左图）
资料来源：新疆维吾尔自治区博物馆．武廷海．六朝建康规划·第一篇规划．北京：清华大学出版社，2011

图1-24 长沙国南部地形图（右图）
资料来源：零陵师专学报．1996．1-2

的规划图、设计图；还有一类则是对已建成的城市或建筑的描绘，相当于今天的地图、建筑竣工图。

湖南马王堆三号汉墓出土的三幅古地图，绘制于汉文帝前元十二年（前168年）以前，是世界上现存较早的具有一定科学水平的地图。根据这三幅图的内容和性质，学术界将其分别定名为长沙国南部的《地形图》《驻军图》和《城邑图》。

《地形图》（图1-24），长97厘米，宽93厘米，上南下北，所绘区域大致为：北纬23度至16度，东经111度至122度30分之间，相当今湖南潇水的中上游流域，地跨今湖南、广东两省和广西壮族自治区各一部分。比例尺约十万分之一。现代地形图上的四大基本要素，水系、山脉、道路和居民点，图上都有比较详细的表示。《驻军图》（图1-25），长98厘米，宽78厘米，是用红、黑、田青三种颜色绘成的守备地图。其范围相当于西汉初期长沙国深平防区图主区的东南隅，大体包括今潇水上源地区，比例尺约五万分之一。此图突出军事内容，山川作衬托，置于第二平面。《城邑图》残破严重，依稀可看出绘有的建筑物。[63、64]

平江图为宋代平江（今苏州城）城市地图，南宋绍定二年（1229年）郡守李寿明刻制于石碑上。刻工为吕梴、张允成等人。后因年

63 零陵师专学报，1996．1-2
64 谭其骧．二千一百多年前的一幅地图．马王堆汉墓研究．长沙：湖南人民出版社，1979

久，图碑模糊，民国6年（1917年）再次深刻，现存苏州市碑刻博物馆（文庙）。图碑高248厘米，宽146厘米，厚30厘米。其比例尺南北方向为1：2500，东西方向为1：3000。平江图刻绘了宋代平江城的平面轮廓和街巷布局，详绘城墙、护城河、平江府、平江军、吴县衙署和街坊、寺院、亭台楼塔、桥梁等各种建筑物，其中桥梁达359座、河道20条、庙宇、殿堂250余处（图1-26）。

到了清末，"样式雷"绘制的图纸已接近现代的建筑设计图了（图1-27）。

（三）绘制地图

晋武帝时宰相、地图学家裴秀（224—271年）校验了魏国留下的旧图，在门客京相璠的帮助下，编制了我国最早的地图集——《禹贡地域图》《地形方丈图》，第一次明确建立了中国古代地图的绘制理论。他总结中国古代地图绘制的经验，在《禹贡地域图》序中提出了著名的具有划时代意义的制图理论"制图六体"。

"今制地图之体有六：一曰分率，所以辨轮广之度也；二曰准望，所以正彼此之体也；三曰道里，所以定所由之数也；四曰高下；五曰方邪；六曰迂直。此三者各因地而制行，校夷险之故

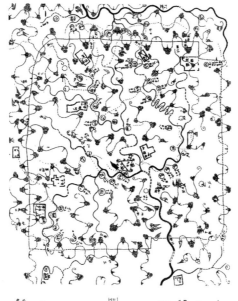

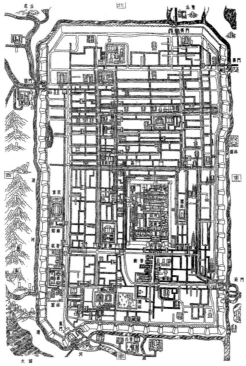

图1-25 马王堆帛画驻军图复原
资料来源：曹婉如等.中国古代地图集（战国—元）.北京：文物出版社，1990. 吴良镛.中国人居史·第三章统一与奠基——秦汉人居建设·第四节基层人居建设.北京：中国建筑工业出版社，2014

图1-26 平江图
资料来源：傅熹年提供.吴良镛.中国人居史·第六章变革与涌现——宋元人居建设·第三节科技发展推动人居建设.北京：中国建筑工业出版社，2014

也。有图像而无分率,则无以审远近之差。有分率而无准望,虽得之一隅,必失之他方。虽有准望而无道里,则施于山海绝隔之地,不能相通。有道里无高下方邪迂直之校,则径路之数,必与远近之实相违矣。此六者,参而考之,然后远近之实,定于分率;彼此之实,定于准望;径道之实,定于道里;度数之实,定于高下。故虽有峻山巨海之隔,绝域殊方之迥,登降诡曲之因,皆可得举而定者也。"[65]

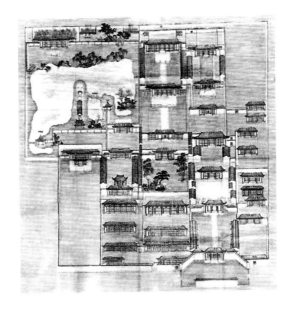

图1-27 样式雷江宁行宫图
资料来源:吴良镛先生提供

"制图六体"就是绘制地图时必须遵守的六项原则,前三条讲的是比例尺、方位和路程距离,是最主要的普遍的绘图原则;后三条是因地形起伏变化而须考虑的问题。裴秀以"一分为十里,一寸为百里"的比例编制了《地形方丈图》。清地理学家胡渭称此为"计里画方"。裴秀的制图六体对后世制图工作的影响十分深远,直到明末西方的地图投影方法传入中国。

(四)烫样

清代宫廷建筑匠师家族"样式雷"进行建筑设计方案,都按1/100或1/200比例先制作模型小样进呈内廷,以供审定。烫样是用纸张、秫秸和木头等加工制作,用特制的小型烙铁熨烫成型,因而名为"烫样"。所用的纸张多为元书纸、麻呈文纸、高丽纸和东昌纸。木头则多用质地松软、较易加工的红、白松之类。

在设计中,烫样、图纸与具体做法说明统以《工程做法》或《内庭工程做法》为依据,三者又互相结合,各有侧重。做法说明以文字为主;烫样示其形象轮廓和区域的群体配置,上面并标签建筑的主要尺寸与做法;图纸则表现平面布局或建筑的立面及装修细部。三者相较为用,既明确易懂,又可少出差错。制作烫样是完成建筑设计的重要步骤。

图1-28 烫样

现存"样式雷"烫样,从内容看,包括圆明园、万春园、颐和园、北海、中南海、大内(故宫)、景山、天坛、东陵等处。

从形式上看,"样式雷"烫样有两种类型:一种是单座建筑烫样;一种是组群建筑烫样。

单座建筑烫样,主要表现拟盖的单座建筑的情况,全面地反映单座建筑的形式、色彩、材料和各类尺寸数据。例如"地安门"烫样,从烫样外观上可以看出地安门是一座单檐歇山顶的建筑。面阔七间,进深两间,明、次间脊缝安实榻大门三槽,门上安门钉九路。砖石台基,砖下肩。直棂窗装修,旋子彩画,三材斗科(斗口单昂),黄琉璃瓦顶。打开烫样的屋顶,可以看到建筑物内部的情况,如梁架结构、内檐彩画式样等。烫样上还贴有表示建筑各部尺寸的标签,屋顶上的标签注明:"地安门一座,面阔七间,宽十一丈四尺二寸,南北通进深三丈七尺六寸。明间面阔二丈二寸,次间面阔一丈七尺四寸,梢间面阔一丈五尺。檐柱高一丈八尺,径一尺八寸。中柱高二丈四尺二寸。九檩歇山式屋顶,斗科单昂"。在烫样其他部位也有标签注明详细尺寸及构件名称。通过详细观察烫样,可以掌握地安门这座建筑从整体到细部的基本情况。

建筑群组烫样,多以一个院落或是一个景区为单位,除表现单座建筑之外,还表现建筑组群的布局和周围环境布置的情况。[66](图1-28)

---

65 (唐)徐坚. 初学记·卷五地理上·总载地第一·西晋裴秀禹贡九州地域图论
66 黄希明、田贵生. 谈谈"样式雷"烫样. 中华雷氏网,2009

二、管理措施

（一）工官制度

工官制度是古代对城市营建和建筑营造的具体掌管和实施的一套制度，负责管理城市和建筑的设计、施工与工程经费的核算。这套制度促进了工程管理的规范和做法标准的统一。

"工"字早在殷墟甲骨卜辞中就已经出现，指当时管理工匠的官吏。《周礼》与《春秋左传》记载周王朝与诸侯都设有掌管营造的机构——司空，"掌营城郭，主司空土以居民"[67]。秦代称将作少府。汉景帝中元六年（前144年），改称将作大匠。南梁称大匠卿，北齐称将作寺大匠。隋代称将作监大匠。唐、宋仍称大匠、少匠。辽为将作监，设监及少监。元代设将作院院使。明初曾设将作司卿，后并其职于工部。承应具体工作的专职官吏，《周礼·考工记》中称作"匠人"，唐朝称为"将作大匠"。古建筑以木构为主，木工掌作则称为"都料匠"。从事设计绘图，主持工程施工的正是这些能工巧匠。"庶人在官"，没有政治地位，所以他们很少被列入史籍，留名于后世。

关于主管者与规划设计师的关系，柳宗元的《梓人传》的话值得借鉴与深思。《梓人传》原意是借梓人说如何做宰相。它既说了主管者不能随意干涉规划设计，也讲了规划设计者要坚持原则。

"'彼主为室者，倘或发其私智，牵制梓人之虑，夺其世守，而道谋是用。虽不能成功，岂其罪耶？亦在任之而已！'余曰：'不然！夫绳墨诚陈，规矩诚设，高者不可抑而下也，狭者不可张而广也。由我则固，不由我则圮。彼将乐去固而就圮也，则卷其术，默其智，悠尔而去。不屈吾道，是诚良梓人耳！其或嗜其货利，忍而不能舍也，丧其制量，屈而不能守也，栋桡屋坏，则曰：非我罪也！可乎哉？可乎哉？'"[68]如果房子的主人，依凭他的知识，而干涉木匠师傅的规划设计，导致房子垮了，难道是木匠师傅的过错吗？那是因为主人不信任木工师傅才造成的呀！因为绳子、墨汁、圆规和尺的测量都很明确，高的地方不能随意变低，狭小的不能随意扩大。如果主人甘于房舍坍塌，木匠师傅只好带着自己的技术和智慧，欣然离去。坚持自己的主张，不妥协，才是真正的好木匠师傅呀！反之，如果贪图钱财，容忍主人的干涉，不坚持房子的建筑原则，有一天，房子倾倒了，木匠师傅就推卸说："这不是我的过错呀！"可以这样吗？

（二）程序

古人在城邑规划设计中已有一定的程序。

规划设计的方式，远在春秋战国时期已用图画表示，汉朝初期已使用图样。隋朝使用百分之一比例尺的图样和木制。

南北朝时，东魏邺南城的"规划和实施过程，即总结前代传统，着重吸收洛阳经验，结合现实需要，进行全面规划，绘制成图，在申奏批准之后才据图实施，这一过程本身，就标志着这时的城市规划已达到了一个新的水平，有了较为固定、科学的程序，减少了随意性。"[69]

"迁邺之始，起部郎中辛术奏曰：'今皇居徒御，百度创始，营构一兴，必宜中制。上则宪章前代，下则模写洛京。今邺都虽旧，基址毁灭，又图记参差，事宜审定。臣虽曰职司，学不稽古，国家大事非敢专之。通直散骑常侍李业兴硕学通儒，博闻多识，万门千户，所宜访询。今求就之披图案记，考定是非，参古杂今，折中为制，召画工并所须调度，具造新图，申奏取定。庶经始之日，执事无疑。'诏从之。（东魏）天平二年（535年），除镇南将军，寻为侍读。于时尚书右仆射、营构大将高隆之被诏缮治三署乐器、衣服及百戏之属，乃奏请业兴共参其事。"[70]

北宋崇宁二年（1103年），朝廷颁布了《营造法式》，作为管理宫室、坛庙、官署、府第等各种建筑的设计、工料估算和施工的规范。清雍正十二年（1734年），工部刊行的《工程做法》也起到了同样的作用。在此前后，还出现了《内庭工程做法》《城垣做法册式》《工部简明做法》等官刊，补充和完善了《工程做法》。

清朝建筑工程，在管理上一如唐以来制度，有内、外工之分。工部营缮司掌管外工，内务府营造司承办内工。乾隆年间又在圆明园临时设内工部，专门办理园工设计事务。内务府营造司设有样房、算房，样房负责设计图纸、制作烫样。

（三）工程做法

宋李诫《营造法式》和清工部《工程做法》被认为是中国古建筑的两部文法课本。

北宋元祐六年（1091年）将作监奉敕编成《元祐法式》，但因为没有规定模数制，也就是"材"的用法，而不能对构建比例、

67（南朝宋）范晔. 后汉书. 志第二十四·百官一
68（唐）柳宗元. 梓人传
69 吴良镛. 中国人居史·第四章交融与创新——魏晋南北朝人居建设·第二节都城人居文化之交融与创新. 北京：中国建筑工业出版社，2014
70（北齐）魏收. 魏书·卷八十四·列传儒林第七十二·李业兴

用料做出严格的规定，建筑设计、施工仍具有很大的随意性。李诫（1035—1110年）于宋绍圣四年（1097年）奉命重新编著《营造法式》。《营造法式》成书于宋元符三年（1100年），宋崇宁二年（1103年）颁行。《营造法式》[71]是当时建筑设计与施工经验的集合与总结，对后世产生深远影响。全书357篇，3555条。分为34卷5个部分：释名、各作制度、功限、料例和图样，前面还有"看样"和目录各1卷。看样主要是说明各种以前的固定数据和做法规定及做法来由，如屋顶曲线的做法。

《营造法式》提出了一整套木构架建筑的模数制设计方法，规定凡设计和建造房屋，都要以"材"作为依据。"材"有八个等级，可以按房屋的种类和规模来选用。《营造法式》不仅内容十分丰富，而且附有非常珍贵的建筑图样，图文并茂。

清代为加强建筑业的管理，于雍正十二年（1734年）由工部编定并刊行了《工程做法》，作为官工预算、做法、工料的依据。全书七十四卷，前二十七卷为二十七种不同之建筑物：大殿、厅堂、箭楼、角楼、仓库、凉亭等每件之结构，依构材之实在尺寸叙述。书中包括有土木瓦石、搭材起重、油画裱糊等十七个专业的内容。此外，清代还组织编写了多种具体工程的做法则例、做法册、物料价值等有关建筑的书籍作为辅助资料。

（四）管理规章

后周显德二年（955年）四月，后周世宗柴荣下《京城别筑罗城诏》，对开封进行有管理、按计划的扩建和改建。

诏书曰："惟王建国，实曰京师，度地居民，固有前则，东京华夷辐辏，水陆会通，时相隆平，日益繁盛，而都城因旧，制度未恢，诸卫军营，或多窄狭，百司公署，无处兴修，加以坊市之中邸店有限，工商外至，络绎无穷，僦赁之资增添不定，贫阙之户，供办实艰。而又屋宇交连，街衢湫溢，入夏有暑湿之苦，冬居常多烟火之忧，将便公私，须广都邑。宜令所司于京城四面，别筑罗城，先立标志，俟将来冬末春初，农务闲时，即量差近甸人夫，渐次修筑，春作才动，便令放散，如或土动未毕，即迤逦次年修筑，所冀宽容办集，今后凡有营葬及兴置宅灶并草市，并须去标志七里外，其标志内，侯官中擘划、定街巷、军营、仓场、诸司公廨院，务了，即任百姓营造。"诏书先阐述了改扩建的重要性，于公于私都是必要之举。进而阐明了扩大城市用地的打算，在旧城之外新建罗城。同时也提出了人员和时间安排，而且明确等新城规划好了，各类公共设施都选址完了，百姓就可以在剩下来的地上自己建造了。

显德三年（956年）六月柴荣又下《许京城街道取便种树掘井诏》，"辇毂之下，谓之浩穰，万国骏奔，四方繁会，此地比为藩翰，近建京都，人物喧哗……""其京城内街道阔五十步者，许两边人户于五步内取便种树掘井，修盖凉棚。其三十步以下至二十五步者，各与三步，其次有差"。"许京城民环汴栽榆柳、起台榭，以为都会之壮。"这份诏书就道路宽度和绿化、建筑退线都列出了要求，此外，柴荣还对汴京的水系景观进行了设想，即允许市民在河边种植绿树，建设建筑小品。

后周世宗柴荣的两份诏书是难得的我国古代城市规划、营建、管理的重要文献。

北宋时期，汴梁侵街现象屡禁不绝。朝廷对此管理逐渐放松。《宋会要辑稿》记载：宋乾德三年（965年）"诏开封府，令京城夜市至三鼓以来，不得禁止。"[72]宋仁宗景祐年间，允许临街开设邸店。宋徽宗时，开始征收"侵街房廊钱"，侵街现象合法化，并对市容、街景进行管理。

三、我国古代的"城市设计者"

"坐而论道，谓之王公；作而行之，谓之士大夫；审曲面执，以饬五材，以辨民器，谓之百工"[73]我国古代众多的城市设计杰出的创造者正是这些"百工"。

中国古代职掌宫室、宗庙、陵寝等的土木营建之官称将作大匠，即使为官受禄，仍然是"匠"。他们既是规划设计者，也是施工的指挥者。历代沿革，名称不一，但职责大致相同。设计与施工没有明确的分工，因而没有形成专业的城市规划师或建筑师。他们是一批"匠师"，被称为"梓人"，被划入"工"的范畴。"吾善度材，视栋宇之制，高深圆方短长之宜，吾指使而群工役焉。舍我，众莫能就一宇。故食于官府，吾受禄三倍；作于私家，吾收其直太半焉。"[74]

我国历史上不乏杰出的"城市设计者"，不论名称是什么。都城的"城市设计者"往

---

[71]《营造法式》的崇宁二年刊行本已失传，南宋绍兴十五年（1145年）曾重刊，但亦未传世。南宋后期平江府曾重刊，但仅留残本且经元代修补。常用的版本有民国8年（1919年）朱启钤先生在南京江南图书馆（今南京图书馆）发现丁氏抄本《营造法式》（后称"丁本"），完整无缺，据以缩小影印，是为石印小本，次年由商务印书馆按原大本影印，是为石印大本。
[72]（清）徐松. 宋会要辑稿·食货六七
[73] 周礼·冬官考工记第六·总叙
[74]（唐）柳宗元. 梓人传

往就是最高统治者及其大臣,当然也有专司规划、营建的"将作大匠"。在地方城市,有许多文人在担任地方官员期间或在被贬后客居期间,参与了城市的规划营建。而一般的城邑,就很难留下这些"匠师"的大名了。

(一)姬旦

姬旦(？—前1105年),采邑在周,爵为上公,故称周公,周文王姬昌第四子,周武王姬发的弟弟。周公在平定武庚叛乱后,于商朝的王畿内伊洛之间营建洛邑以为东都。洛邑又称成周。据《逸周书》《尚书》等记载,成周由"武王选址,召公相宅,周公营建,成王定鼎"。

传说姬旦作《周礼》。《周礼》是儒家经典之一,记载先秦时期社会政治、经济、文化、风俗、礼法诸制,为归纳各家学说创作而成。说《周礼》为周公姬旦所作,说明周公是先秦儒家在礼法诸制方面的代表人物。

(二)管仲

管子(约前723—前645年)名夷吾,又名敬仲,字仲,春秋时期齐国著名的政治家、军事家。

管子强调人与天道、人与自然的协调。"人与天调,然后天地之美生。"[75]管子主张从实际出发,不重形式,不拘一格。要"因天才,就地利",不为宗法礼制所束缚。"城郭不必中规矩,道路不必中准绳"。在城市与山川环境因素的关系上,管子也提出"凡立国都,非于大山之下,必于广川之上。高毋近旱,而水用足。下毋近水,而沟防省"。管子还就城市规模、城市分级、城市分区等提出了主张。管子是"因地制宜"设计理念的代表人物。

管子不仅对城市的规划、营建和管治有相当完整的理论,还参与了齐国国都临淄的营建实践。

(三)伍子胥

伍子胥(前559—前484年),名员,本楚国椒邑人。伍子胥之父伍奢因受费无极谗害,和其长子伍尚一同被楚平王杀害。伍子胥从楚国逃到吴国,成为吴王阖闾重臣。

阖闾元年(前514年),吴王阖闾和伍子胥曾"象天法地,造筑大城"。伍子胥对吴王曰:"凡欲安君治民,兴霸成王,从近制远者,必先立城郭,设守备,实仓廪,治兵库。""子胥乃使相土尝水,象天法地,造筑大城。"[76]

(四)范蠡

范蠡(前536—前448年),字少伯,春秋时期楚国宛地三户(今河南淅川县滔河乡)人。

越勾践七年(前490年),勾践臣吴归越,"欲筑城立郭,……范蠡乃观天文,拟法于紫官,筑作小城,周千一百二十二步,一圆三方。西北立龙飞翼之楼,以象天门,东南伏漏石窦,以象地户;陵门四达,以象八风。外郭筑城而缺西北,示服事吴也,不敢壅塞,内以取吴,故缺西北,而吴不知也。"[77]

(五)商鞅

商鞅(前390年—前338年),战国时期政治家,法家代表人物。秦孝公在秦国国内颁布求贤令后由魏入秦,通过变法改革将秦国改造成富裕强大之国,史称商鞅变法。

商鞅变法,一个重大的事件就是迁都咸阳。咸阳经济环境优越,战略地位重要,交通发达便利,更重要的是迁都咸阳有利于摆脱旧贵族、旧势力的干扰。

秦孝公十二年(前350年),商鞅亲自设计、亲自督察下,开始了咸阳大规模的营建。商鞅先是选定高亢的咸阳原作为都城基址,修筑高大的冀阙,冀阙宏伟壮观,站立其上,远眺终南,俯瞰渭河,八百里秦川尽收眼底。冀阙成为定都的重要标志。

(六)阳成延

阳成延,汉长安城的实际设计、营建者。原系秦之军匠,汉初官为少府。汉高帝五至九年(前202—前198年),丞相萧何奉命营建长乐宫与未央宫,由阳成延负责设计并安排营造。汉长安城的修筑也是由阳成延负责完成的,被封梧齐侯。《史记》载:梧齐侯阳成延,"以军匠从起郏,入汉,后为少府,作长乐、未央宫,筑长安城,先就,功侯,五百户"。[78]

---

[75] 管子·五行第四十一
[76] (汉)赵晔. 吴越春秋·阖闾内传第四·阖闾元年
[77] (汉)赵晔. 吴越春秋·勾践归国外传第八·勾践七年
[78] (汉)司马迁. 史记·十表·卷十九 惠景间侯者年表第七

（七）郭璞

郭璞（276—324年），字景纯，河东郡闻喜县（今山西省闻喜县）人。

东晋建武元年（317年），建康"立宗庙社稷。……按《图经》：晋初置宗庙，在古都城宣阳门外。郭璞卜迁之。左宗庙，右社稷。"[79]有学者认为，郭璞定宗庙、社稷的位置，"已对建康有一个建都规划，将来准备把宫城东移到正对宣阳门的位置"[80]。后来正是按此规划实施的。

据明嘉靖《温州府志》记载，晋明帝太宁元年（323年）修建郡城，请客寓温州的郭璞"为卜郡城。"。郭璞当时登上南岸的"西郭山"（今郭公山），"见数峰错立，状如北斗，华盖山锁斗口，谓父老曰：若城绕山外，当骤富盛。但不免兵戈水火。城于山，则寇不入斗，可长保安逸。因城于山，号斗城。"其中华盖、松台、海坛、西郭四山是北斗的"斗魁"（北斗的四颗斗星称魁），积谷、翠微、仁王三山象"斗构"（斗柄三星称构）。另外黄土、灵官二山则是辅弼。在城内开凿二十八口水井，象征天上的二十八星宿，以解决城内居民用水。更在城内开五个水潭，各潭与河通，最后注入瓯江。"城内五水配于五行，遇潦不溢"。温州府体现郭璞天人合一的理念，既考虑了防御需要，也保证了人民生活方便，是古代人居佳作。

（八）王导

王导（276—339年），字茂弘，琅琊临沂（今山东省临沂市）人。

西晋末，司马睿用王导之谋，移镇建康，以建康为都城。王导为拉拢土著豪门，使土著与侨民各得其所，在南方豪族势力较弱的地区专门设置与侨民原住地同名的州、郡、县，设立侨州、侨郡、侨县，以安置北方士族和移民。都城建康外围的侨县甚至安排到燕子矶附近，形成以建康城为核心的"大建康"。

"文选陆捶石阙铭注云，大兴中，议者皆言汉司徒义兴许彧墓，二阙高壮，可徙施之。王茂弘弗欲。后陪乘出宣阳门，南望牛头山两峰，即曰：此天阙也，岂烦改作。帝从之。"[81]王导建议以牛首山两峰为建康"天阙"，使六朝建康城中轴线对着淮水的河湾，也南对牛首山。

（九）叱干阿利

叱干阿利，鲜卑族。东晋义熙三年（407年，夏龙升元年）赫连勃勃称大夏天王、大单于。夏国初建，不立都城。夏凤翔元年（413年），以叱干阿利领将作大匠，发岭北夷夏十万人，于朔方水（今红柳河）北、黑水（今纳林河）之南营起都城。勃勃自言："朕方统一天下，君临万邦，可以统万为名。"[82]

（十）李冲

李冲（450—498年），北魏名臣，博学多才，精通测量、计算和制图。他曾经主持修复旧都平城太极殿，营建明堂，太庙等工程。

北魏孝文帝命李冲负责营建新都洛阳。孝文帝认为"尚书冲器怀渊博，经度明远，可领将作大匠；司空、长乐公亮，可与大匠共监兴缮。"[83]北魏太和十七年（493年）"诏征司空穆亮与尚书李冲、将作大匠董爵经始洛京。"[84]太和二十二年（498年），洛阳城尚未完全建成，李冲去世。

（十一）蒋少游

蒋少游（？—501年），乐安博昌（今山东博兴）人。北魏有名的建筑家、书法家、画家和雕塑家。

北魏孝文帝太和十五年（南齐永明九年，491年）"诏假通直散骑常侍李彪、假散骑侍郎蒋少游使萧赜（齐武帝）"，"少游有机巧，（魏孝文帝）密令观京师宫殿楷式。……房宫室制度，皆从其出。"[85]。蒋少游是一位"将作大匠"，曾主持营建平城太庙、华林殿、太极殿等重要宫城建筑。蒋少游实地考察了解建康城的汉族传统规制后，太和十六年（492年）二月"坏太华殿，经始太极殿。"十月，"太极殿成，大飨群臣"[86]。

孝文帝在太和十七年（493年）九月到达洛阳，视察了荒废一百八十年之久的魏晋故宫遗址。十月，孝文帝命令穆亮、李冲、董爵三人负责洛阳的重建工程。蒋少游兼将作大匠，运用中原传统文化，营建北魏都城，用平城及建康城的模式构建了洛阳新城。

蒋少游活动的年代，正是北魏皇室先在平城云冈，后在洛阳龙门开窟造像，并先后在平城和洛阳大造寺塔的高潮时期。少林寺，也是北魏孝文帝于太和二十年（496年）敕命创建的。兼将作大匠的蒋少游，领导或参与这些建筑和雕塑工程应是顺理成章的。

79（唐）许嵩. 建康实录·卷第五晋上·中宗元皇帝. 上海古籍出版社，1987
80 傅熹年. 中国古代建筑史第二卷·第二章两晋南北朝建筑. 北京：中国建筑工业出版社，2001
81（明）盛时泰. 牛首山志. 南京文献·第一号. 南京市通志馆，民国36年（1947年）
82（唐）房玄龄等. 晋书·卷一百三十·载记第三十·夏赫连勃勃载记
83（北齐）魏收. 魏书·卷五十三·列传第四十一李宝伯李冲
84（北齐）魏收. 魏书·卷七下·帝纪第七下·高祖纪下
85（梁）萧子显. 南齐书·卷五十七·列传第三十八·魏虏
86（北齐）魏收. 魏书·帝纪第七下·高祖纪下

（十二）李业兴

李业兴（484—549年），上党长子（今山西长子）人。北魏、东魏时著名学者。历任著作郎、光禄大夫等职，学识渊博，通览古今群书。诸子百家、图纬、风角、天文、占候无不精通，尤其擅长天文历算。东魏建立以后，百废待举，起部郎中辛术推荐李业兴"披图案记，考定是非，参古杂今，折中为制"。于是，李业兴被任命为镇南将军、侍读，与尚书右仆射、营构大匠高隆之营建邺都南城。

（十三）高隆之

高隆之（？—554年），本姓徐，字延兴，南北朝时期洛阳人。

东魏孝静帝迁都邺城。实际掌权的高欢以北城窄隘，故令仆射高隆之更筑邺城。东魏孝静帝天平元年（534年）高隆之"领营构大将军，京邑制造，莫不由之。增筑南城，周回二十五里。以漳水近于帝城，起长堤以防泛溢之患。又凿渠引漳水周流城郭，造治水碾硙，并有利于时。"[87]

（十四）宇文恺

宇文恺（555—612年），字安乐，鲜卑人。为武将世家，他却擅长工艺。北周大象二年（580年），杨坚任北周宰相后，宇文恺被任命为上开府、匠师中大夫。"拜营宗庙副监"。隋开皇二年（582年），隋文帝杨坚下诏营建新都大兴城（今陕西西安），以宇文恺为营新都副监。"及迁都，上以恺有巧思，诏领营新都副监。高颎虽总大纲，凡所规画，皆出于恺。后决渭水达河，以通运漕，诏恺总督其事。"[88]杨坚和宇文恺规画营建新都时，放弃了汉长安城，选在汉长安城东南的龙首原高地。

隋开皇三年（583年），新都建成，宇文恺率领水工开凿广通渠，引渭水通黄河，自大兴城东至潼关三百余里。开皇十三年（593年），经右仆射杨素推荐，隋文帝任命恺为检校将作大匠，在岐州（今陕西凤翔）建仁寿宫，后又拜为仁寿宫监、将作少监。仁寿宫非常华丽，成为隋文帝经常临幸的别宫。

隋大业元年（605年）隋炀帝杨广营建洛阳，又以恺为营东都副监，后迁将作大匠，被升为工部尚书。他设计建造大帐，帐下可以容纳数千人。又设计了"观风行殿"，殿上可以容纳侍卫数百人，行殿下装轮轴，可以迅速拆卸和拼合。他建议按古制建筑明堂,"下为方堂,堂有五室,上为圆观,观有四门",并曾用木料制作了百分之一模型。虽然没有兴建,却表现了他的巧思和学识的渊博。

宇文恺总结了东都规划设计等实践经验,"撰《东都图记》二十卷、《明堂图议》二卷、《释疑》一卷,见行于世。"[89]

宇文恺规划设计的长安和洛阳,均规模宏大,气势非凡,是城市规划史上登峰造极的世界名城。

(十五)柳宗元

柳宗元(773—819年),字子厚,河东郡(今山西运城永济)人,人称"柳河东""河东先生"。我国唐朝著名的文学家、哲学家、散文家和思想家。

柳宗元在被贬永州期间,走遍永州山水,发掘和创造风景,整治环境,规划指导了多处风景地区的开发、建设。在任柳州刺史期间,凿井解决饮水问题,修复孔庙、大云寺,植树造林,发展生产。[90]

他的散文《梓人传》原意是借梓人说如何做宰相。但它既说了主管者不能随意干涉规划设计,也讲了规划设计者要坚持原则。

(十六)白居易

白居易(772—846年),字乐天,号香山居士。太原(今属山西)人。唐代三大诗人之一。

唐长庆二年(822年)十月至长庆四年(824年)五月,白居易任杭州刺史。白居易在任期间,对钱塘湖(今西湖)进行了大规模的整治,组织修建拦湖大堤,将原来的湖堤"加高数尺",后世称为"白公堤"(非当时称白沙堤的今日之白堤)。

白居易是杰出的造园师。在他出任江州司马时,在庐山香炉峰和遗爱寺之间修建风景园林——庐山草堂,并专门写下了《庐山草堂记》。

(十七)柴荣

柴荣(921—959年),五代时期后周皇帝。

后周显德二年(955年)四月、显德三

---

87 (隋)李百药. 北齐书·卷十八·列传第十孙腾高隆之司马子如
88 (唐)魏征等. 隋书·高祖本纪·宇文恺传
89 (唐)魏征等. 隋书·高祖本纪·宇文恺传
90 吴良镛. 中国人居史·第五章成熟与辉煌——隋唐人居建设·第四节文人士大夫与人居建设. 北京:中国建筑工业出版社,2014

年（956年）六月，后周世宗柴荣两次下诏对开封的扩建、改建和管治作了具体指导，指出了方向和措施。两份诏书堪称我国古代城市规划、营建、管理的重要文献。

扩建、改建后的开封有三重城墙：罗城、内城、宫城，每重城墙外都环有护城河。这种宫城居中的三重城墙的格局，成为我国古代都城的基本模式，为后来的都城所沿袭。

（十八）李诫

李诫（1035—1110年），字明仲，郑州管城县（今河南新郑）人，北宋著名建筑学家。

李诫自宋元祐七年（1092年）起从事宫廷营造工作，历任将作监主簿、丞、少监等，官至将作监。监掌宫室、城郭、桥梁、舟车营缮事宜。在任期间曾先后主持五王邸、辟雍、尚书省、龙德宫、棣华宅、朱雀门、景龙门、九城殿、开封府廨、太庙、钦慈太后佛寺等十余项重大工程。

李诫总结了大量实践经验，编写了中国第一部详细论述建筑工程做法的著作《营造法式》，记录了当时的官式做法3272条，并附有精致的图样。

（十九）张浩

张浩（1102—1163年），字浩然，籍贯辽阳（今辽宁省辽阳市），渤海人。历仕金太祖至金世宗五朝，官至尚书令。金海陵王和世宗时期，张浩任宰相十余年。

金海陵王完颜亮于天德三年（1151年）决定自上京迁都燕京，任命张浩、苏保衡等"广燕京城，营建宫室。"整个工程"金碧辉煌，规模宏丽"，简直可与汉唐时的长安宫室相比。金贞元元年（1153年）正式迁都，改燕京为中都大兴府。

海陵王迁都燕京，进一步打击了女真贵族保守势力。燕京的营建也奠定了金、元两代京都，对其后北京的建设产生了重大影响。

（二十）刘秉忠

刘秉忠（1216—1274年）名侃，字仲晦。曾为僧，法名子聪。元代政治家、作家。

南宋宝祐四年（1256年），刘秉忠随忽必烈进驻到金莲川（今滦河上游闪电河地区），奉命选择地点兴建城郭宫室。刘秉忠相中桓州（今内蒙古正蓝旗西北）东、滦水北的龙岗，经三年营建而成，名为开平城。忽必烈称帝后改为上都。

元至元三年（南宋咸淳二年，1266年），刘秉忠又受命在原燕京城东北设计建造一座新的都城。至元十一年（1274年）正月，大都宫阙建成。

至元七年（1270年），弘吉剌部的领主孛思乎儿斡罗陈万户和其王妃囊家真公主，奏请在他们封地的驻夏之地建城居住，获忽必烈批准。斡罗陈请刘秉忠规划营建。刘秉忠认为达里诺尔湖西地势平坦，东、西、北三面山峦环抱，恰如龙岗，景色优美，遂选此地建应昌城。

刘秉忠规划营建的城池，尤其是元大都城，皆以汉族传统建都思想为主导，采取京城、皇城、宫城三重城垣，以皇城、宫城的轴线为全城的轴线，遵循前朝、后市、左祖、右社的规划理念，把中国古代都城的规划设计水平提到了新的高度，并直接为明代北京城所继承。

（二十一）刘基

刘基（1311—1375年），字伯温，处州青田（今浙江）人，明朝开国功臣，杰出的政治家、军事家和文学家。

刘基辅佐朱元璋在国都的选址、规划上作出决策。朱元璋在国都选址问题上犹豫不决，在凤阳营建中都。刘基上书说："凤阳四散之地，非天子宜居"。

在如何规划南京问题上，朱元璋和刘基的雄才大略，创造了既继承传统，又不拘泥于旧规的杰出典范——明南京。"旧内（指朱元璋的吴王府，即南唐的宫城）在城中，因元南台为宫，稍庳隘。上命刘基等卜地，定作新宫于钟山之阳，在旧城（南唐城）东，白下门之外二里许。"[91]另《庚己编》载：刘基"尝对御言及道士（刘基拜其为师）。上令驿召至阙，年且八十，而容色甚少。命与诚意（刘基）及张铁冠择建宫之地，初各不相闻，既而皆以图以进，尺寸若一。"[92]朱元璋和刘基等人避开了繁杂的南唐旧城，也避开了早已废弃的六朝旧城，在其东另选新址。这样回避了"六朝国祚不永"的忌讳，更避免了大量的拆房扰民。旧城以东当时是相对开阔的郊野，北部

[91] 明太祖实录·卷二十一·丙午年八月庚戌
[92]（明）陆粲. 庚己编·卷第十·诚意伯. 庚己编·客座赘语. 中华书局，1987

的燕雀湖面积不大，填平可作宫殿，而以龙广山（今富贵山）为中轴线起点，完全可以实现朱元璋在此"立国"的宏伟蓝图。

（二十二）姚广孝

姚广孝（1335—1418年），幼名天僖，法名道衍，字斯道，又字独闇，号独庵老人、逃虚子。长洲（今江苏苏州）人。

姚广孝辅佐明成祖朱棣夺得皇位，后又建议将首都由南京迁往北京，并且亲自主持了北京城的规划和建设。

首先他将北京城的整体中轴线向东移，一东移，北京城就有了两条"龙"：一条从永定门到钟鼓楼，全长7.8公里，南北贯通，龙脉畅达，龙气顺畅；一条"水龙"，南海、中海、北海、后海、什刹海，直至积水潭。

其次人工堆筑了一个景山，以景山作为北京城的玄武位。以永定门外的一个大台山"燕墩"作为案山。

（二十三）蒯祥

蒯祥（1399—1476年）中国明代建筑匠师。今江苏吴县人。蒯祥的父亲蒯富，有高超的技艺，被明王朝选入京师，当了总管建筑皇宫的"木工首"。蒯祥自幼随父学艺，继承父业，出任"木工首"，后任工部侍郎。明景泰七年（1456年）任工部左侍郎。负责建造的主要工程有北京皇宫、长陵、献陵、裕陵，北京西苑（今北海、中海、南海）殿宇、隆福寺等。承天门（清称天安门）就是由蒯祥负责设计和组织施工的。

（二十四）样式雷

中国清代宫廷建筑匠师家族：雷发达，雷金玉，雷家玺，雷家玮，雷家瑞，雷廷昌等，被世人尊称为"样式雷"。

样式雷祖籍江西永修，后移居江宁（今南京）。第一代样式雷雷发达于康熙年间由江宁来到北京。

雷发达被认为是样式雷的鼻祖。而在样式雷家族中，声誉最好，名气最大，最受朝廷赏识的应是第二代的雷金玉。雷金玉因修建圆明园而开始执掌样式房的工作，是雷家第一位任此职务的人。康熙在《畅春园记》里曾经提到他非常牵挂一位杰出的匠师，即指雷金玉。雷金玉以后有6代后人都在样式房任掌案职务，负责过北京故宫、三海、圆明园、颐和园、静宜园，承德避暑山庄，清东陵和西陵等重要工程的设计。雷氏家族进行建筑设计方案，都按1／100或1／200比例先制作模型小样进呈内廷，以供审定。模型用草纸板热压制成，故名烫样。其台基、瓦顶、柱枋、门窗以及床榻桌椅、屏风纱橱等均按比例制成。雷氏家族烫样独树一帜。

第二章 中国古代城市设计理念的显著特征——战略思维和区域观念

中国的传统思维方式，由宏观而微观，由整体而局部。中国古代城市设计不仅从当前情势出发，也着眼于未来；在营建城市时不仅规画设计城市本身，同时着眼于天下，也谋划以城市为中心的周边地域。

战略思维和区域观念是中国古代城市设计理念的显著特征。

"古之王者，择天下之中而立国"。"择中"是"礼乐秩序"理念的体现，也是一种战略思维。

中国古代都城都不是孤立的，首都的功能是都城与其周边地区共同承担的。"王畿""直隶"这种机制，始终存在于历朝历代。两京制甚至多京制有它发展的历史原因，它也适应了中国地域辽阔的现实，由更大范围的地域承载首都功能。

第一节 天下

中国古代在规划设计国都时，心中怀着"天下"，即整个国家的国土，以构建完善的天下人居空间结构。构建天下人居空间结构，"择中"是传统的心理追求，名山大河是天下人居的文化坐标，大型交通设施、防御工程是天下人居的支撑体系，与行政建制相一致的州府都邑是天下的城镇系列。[1]

一、"择中"

"古之王者，择天下之中而立国，择国之中立宫，择宫之中立庙。"[2]"择中"就是"礼乐秩序"理念的体现。作为政治、经济的中心，都城位置"择中"，既是经济、交通等的实际需要，也是追求"天下之中"的心理需要。

西周早期成王时的青铜器何尊铭文提到周武王决定从鄷镐（宗周）迁都洛邑（成周），"宅兹中国"。"唯王初壅，宅于成周。复禀王礼福自天。在四月丙戌，王诰宗小子于京室，曰：'昔在尔考公氏，克逑文王，肆文王受兹命。唯武王既克大邑商，则廷告于天，曰：余其宅兹中国，自兹乂民。……'"武王灭商后告祭于天，以此地——成周作为天下的中心，统治民众（图2-1）。

"召公复营洛邑，如武王意。周公复卜申视，卒营筑，居九鼎焉。曰：此天下之中，四方入贡道里均。"[3]

秦统一天下，以咸阳为都。汉初都洛阳，后定都关中，改咸阳为长安。这些都是"择天下之中而立国"。经过秦汉的不断经营，关中地区成为天下最富庶的地方。"关中之地，于天下三分之一，人众不过什三，然量其富，什居其六。"[4]

隋唐为长安、洛阳两京，京畿地区横跨关中和关东。

随着经济发展情况的变化，少数民族的崛起，政治中心位置趋于多元化，总的趋向是向东、向南。

1 吴良镛. 中国人居史·第三章统一与奠基——秦汉人居建设·第一节 "天下人居"的奠基. 北京：中国建筑工业出版社，2014
2（战国）吕不韦. 吕氏春秋·慎势.
3（汉）司马迁. 史记·卷四·周本纪第四
4（汉）司马迁. 史记·卷一百二十九·列传第六十九·货殖列传
5 吴良镛. 中国人居史·第三章统一与奠基——秦汉人居建设·第一节 "天下人居"的奠基. 北京：中国建筑工业出版社，2014
6（汉）司马迁. 史记·五帝本纪
7（汉）司马迁. 史记·封禅书
8（汉）司马迁. 史记·十二本纪·秦始皇本纪

二、文化坐标

图2-1 何尊铭文

"基于'礼'的文化对天下人居所进行的文化安排，这是中国人居营造的一个显著特点，贯穿了其发展的全过程。……天下文化空间秩序主要是对'礼'在国家层面的一种空间阐释，通过对岳渎、坛庙、神祠秩序的设计来实现。名山大河是天下人居的文化坐标，不同的朝代，根据都城所在的位置，均有各自文化信仰体系的设计。"[5]

《史记·五帝本纪》中说："帝颛顼高阳者，黄帝子孙而昌意之子也。静渊以有谋，疏通而知事；养材以任地，载时以象天，依鬼神以制义，治气以教化，絜诚以祭祀。北至于幽陵，南至于交阯，西至于流沙，东至于蟠木。动静之物，大小之神，日月所照，莫不砥属。""据《正义》，大神指五岳（中岳嵩山、东岳泰山、西岳华山、南岳衡山、北岳恒山）和四渎（江、河、淮、济）之神，小神指小山平地之神。"[6]

秦始皇将"五岳四渎"作为天下人居文化坐标的模式，后逐渐成熟和体系化。

"昔三代之君皆在河洛之间，故嵩高为中岳，而四岳各如其方，四渎咸在山东。至秦称帝，都咸阳，则五岳、四渎皆并在东方。"[7]于是秦始皇重新确定山川体系，封名山十二，大川六，以构建岳渎环绕咸阳的空间秩序。秦始皇还"立石东海上朐界中，以为秦东门"[8]。

汉宣帝神爵元年（前61年）颁诏书正式确立五岳：东岳泰山，西岳华山，南岳霍山（安徽天柱山），北岳恒山，中岳嵩山；同时确定四渎：江、河、淮、济。

"五岳四渎"的调整则确保都城的中心地位，也彰显王朝的正统性。北岳恒山的祭祀地点有两处，一处是山西浑源恒山主峰的恒山庙——北岳上庙；另一处是河北曲阳大茂山的北岳庙——北岳下庙。明朝两个恒山的公案是朝廷的重大争议案之一。有大臣认为秦汉隋唐都是在北岳恒山主峰祭祀，五代以后以及宋朝在曲阳祭祀那是因为当时浑州不在中原朝廷手里，不得已而为之，现在北岳恒山在大明王朝手里的大同府治下，理应明正祀典，在北岳主峰祭祀北岳。明朝嘉靖时期承认了浑源恒山主峰为北岳。但实际上，整个明朝仍然在曲阳祭祀北岳恒山。清代则正式在浑源祭祀（图2-2）。

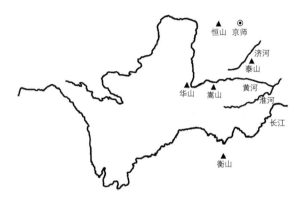

图2-2 清代五岳四渎
资料来源：吴良镛.中国人居史·第七章博大与充实——明清人居建设·第一节统一多民族国家的人居秩序.北京：中国建筑工业出版社，2014

三、支撑体系

自秦统一天下后，历朝历代就在其新的天下构筑支撑体系，筑长城、树榆塞、修道路、置驿传、挖运河、设渡口，巩固边防，开辟交通干线，沟通全国交通网络，以巩固天下秩序。

（一）筑长城

长城修筑的历史可上溯到西周时期，周朝为了防御北方游牧民族的袭扰，筑连续排列的城堡"列城"以作防御。春秋战国时期列国争霸，长城修筑进入第一个高潮。最早建筑的是"楚方城"。"齐宣王乘山岭之上，筑长城，东至海，西至济州，千余里，以备楚。"[9]

秦统一天下后，秦始皇连接和修缮战国长城。"西起临洮，东至辽东，经数千里"[10]。

明朝是最后一个大修长城的朝代，主要是在北魏、北齐、隋长城的基础上，"峻垣深壕，烽堠相接。"重点是北京西北至山西大同的外边长城和山海关至居庸关的沿边关隘。明朝建国，设九大塞王。东起鸭绿江，西抵嘉峪关，绵亘万里的北部边防线上相继设立了辽东镇、蓟州镇、宣府镇、大同镇、太原镇（也称山西镇或三关镇）、延绥镇（也称榆林镇）、宁夏镇、固原镇（也称陕西镇）、甘肃镇九个边防重镇（图2-3）。

据调查，明长城总长度为8851.8公里，秦汉及早期长城超过1万公里，总长超过2.1万公里。

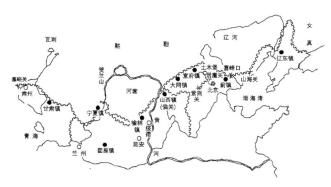

图2-3 明代九边
资料来源：孙大章主编.中国古代建筑史：清代建筑（第二版）.北京：中国建筑工业出版社，2009

（二）树榆塞

在修长城的同时，在长城边上广种榆树，形成"榆塞"。"榆塞"或称"榆谿塞"。所谓榆谿塞，乃是种植榆树，形同一道边塞。"榆塞"是在长城附近的一条绿色"长城"，其纵横宽广远远超过长城。

榆塞始于战国末年，是循当时长城而发展成为林带的。《汉书·韩安国传》："后蒙恬为秦侵胡，辟数千里，以河为竟。累石为城，树榆为塞，匈奴不敢饮马於河。"[11] 这条榆塞是由现在甘肃岷县循洮河而下，又沿黄河而东，再由宁夏贺兰山上而北，至于阴山山脉。

西汉时榆谿塞再经培植扩展，散布于准格尔旗及神木、榆林诸县之北。郦道元在《水经·河水注》中论述了这条榆谿旧塞。他说："诸次之水东经榆林塞，世又谓之榆林山，即《汉书》所谓榆谿旧塞者也。自溪西去，悉榆柳之薮矣。缘历沙陵，届龟兹县西北，故谓广长榆也。""广长榆"就是指汉武帝时对于这条榆谿塞的加长、加广。[12]

（三）修道路

秦始皇统一全国后第二年，下令修筑以咸阳为中心的、通往全国各地的驰道和直道。根据"车同轨"的要求，秦朝对已有的交通路线加以整修和连接，在此基础上修筑了以驰道为主的全国交通干线。《汉书·贾邹枚路传》载："为驰道于天下，东穷燕、齐，南极吴、楚，江湖之上，濒海之观毕至。道广五十步，三丈而树，厚筑其外，隐以金椎，树以青松。为驰道之丽至于此，使其后世曾不得邪径而托足焉。"[13] 驰道道宽50步，约今69米，隔三丈（约今7米）栽一棵树。路边高出地面，路

9（汉）司马迁. 史记·三十世家·卷四十 楚世家第十
10（汉）班固. 汉书·五行志第七下之上
11（汉）班固. 汉书·卷五十二·窦田灌韩列传·韩安国
12 张俊谊. 榆树·榆谿塞·榆林. 榆林日报，2018年10月8日
13（汉）班固. 汉书·卷五十一·贾邹枚路传第二十一

中央宽三丈，是天子行车的道。十里建一亭，作为路段的管理所、行人招呼站和邮传交接处。路中间为专供皇帝出巡车行的部分，车轨的统一宽度为6尺。

秦始皇又修"直道"，自咸阳，经甘泉（今陕西淳化县境）上郡，直达九原（今内蒙古包头市西北）。"直道"不同于"驰道"，路线更直和行驶更快。

著名的驰道有9条，如出函谷关通河南、河北、山东的东方道，出今商洛通东南的武关道，出秦岭通四川的栈道，出今淳化通九原的直道等。

此后，随着经济的发展，城镇不断涌现，水陆交通日趋发达。例如汉阳、武昌、汉口，两水交汇，三镇鼎立，四方辐辏，到明清时期，武汉三镇成为全国交通枢纽。

（四）置驿传

秦朝统一了邮驿的名称，把"邮""传""遽""驲""置"等等不同名目一概统一规定为"邮"。在邮传方式上，秦时大都采用接力传递文书的办法，由官府规定固定的路线，由负责邮递的人员一站一站接力传递下去。

"汉家因秦，大率十里一亭。亭，留也，盖行旅宿会之所馆。"[14]

元代邮驿每十五里为一邮亭，每六十里为一驿馆。

（五）挖运河

隋代开始挖筑大运河，形成运河体系。大运河不仅是交通运输的大动脉，也是一条城镇发展轴。"大运河的建设是隋唐统一、兴盛的基础，也是国家城市网络的枢轴，沿岸兴起了若干发达的城邑，包括扬州、润州（今江苏镇江）、汴州（今开封）、魏州（今河北大名）、涿郡（今北京）等。大运河与万里长城交相辉映，共同构成了中国古代天下人居建设的支撑"[15]。

运河最初开凿的部分是越国都城境内的山阴古水道，始建于春秋时期。胥溪、胥浦也是大运河最早成形的一段，相传是以吴国大夫伍子胥之名命名。吴王夫差为了北伐齐国，争夺中原霸主地位，开挖自今扬州向北，经射阳湖到淮安入淮河的"邗沟"，全长170公里，把长江水引入淮河，成为大运河最早修建的一段。

隋炀帝迁都洛阳，为了控制江南广大地区，使长江以南地区的丰富物资运往洛阳，开广通渠，从长安至潼关东通黄河；开通济渠，从洛阳沟通黄、淮两大河流的水运；开山阳渎，北起淮水南岸的山阳（今江苏淮安市淮安区），径直向南，到江北的江都（今扬州市）西南接长江；开

---

14 （刘宋）范晔. 后汉书·卷一百十八·百官志第二十八·百官五
15 吴良镛. 中国人居史·第五章成熟与辉煌——隋唐人居建设·第一节天下人居机构的完善. 北京：中国建筑工业出版社，2014

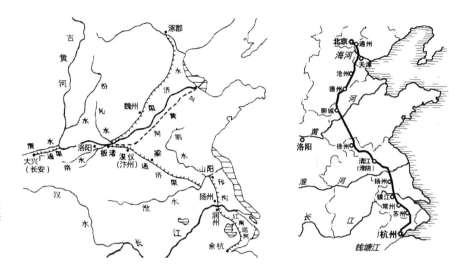

图2-4a 隋代运河
资料来源：据马正林.中国历史地理简论·隋代运河图.西安：陕西人民出版社，1987

图2-4b 大运河

永济渠，从洛阳对岸的沁河口向北，直通涿郡（今北京市境）（图2-4a）。

元朝定都北京后。为了使南北相连，不再绕道洛阳，先后开挖了"洛州河"和"会通河"，把天津至江苏清江之间的天然河道和湖泊连接起来，清江以南接邗沟和江南运河，直达杭州。而北京与天津之间，原有运河已废，又新修"通惠河"。这样，新的京杭大运河比绕道洛阳的隋唐大运河缩短了九百多公里，贯通海河、黄河、淮河、长江、钱塘江五大水系，全长约1797公里（图2-4b）。

（六）通西域

汉武帝派张骞出使西域形成"陆上丝绸之路"的基本干道。"陆上丝绸之路"自公元前2世纪至公元1世纪间形成，直至16世纪仍保留使用，是一条东方与西方之间经济、政治、文化进行交流的主要道路，是连接中国腹地与欧洲诸地的陆上商业贸易通道。它以汉长安为起点（东汉时为洛阳），经河西走廊到敦煌。从敦煌起分为南北两路：南路从敦煌经楼兰、于阗、莎车，穿越葱岭（今帕米尔）到大月氏、安息，往西到达条支、大秦（罗马帝国）；北路从敦煌到交河、龟兹、疏勒，穿越葱岭到大宛（今乌兹别克斯坦），往西经安息到达大秦。

"海上丝绸之路"是古代中国与外国交通贸易和文化交往的海上通道，该路主要以南海为中心，所以又称南海丝绸之路。海上丝绸之路形成于秦汉时期，明初达到顶峰。从明永乐三年（1405年）到宣德八年（1433年），郑和曾率领二百四十多艘海船、二万七千四百名船员的庞大船队远航，七下西洋，跨越东亚地区、印度次大陆、阿拉伯半岛及东非各地，拜访了三十余个西太平洋和印度洋的国家和地区。

南京"宝船厂……洪武、永乐中，造船入海取宝。"[16] "永乐三年（1405年）三月，命太监郑和等行赏赐古里、满剌诸国，……宝船共六十三号，大船长四十四丈四尺（约合139米），阔一十八丈（约合56米）；中船长三十七丈，阔一十五丈。"[17] 南京宝船厂建造的"五千料巨舶"，支撑了郑和、洪保等庞大的船队和伟大的西洋之旅。海上丝路的重要起点有番禺（今广州）、登州（今烟台）、扬州、明州、泉州、刘家港等。

四、城镇系列

秦始皇确立的郡县制的行政系统构筑了全国性的城镇系列。

郡县制是古代中央集权制在地方政权上的体现。中国的县制起源于春秋。春秋中期以后，随着当时土地私有制的发展和世卿制的没落，县制逐步从一种边区防御的权宜之计演变为比较定型的地方行政制度。春秋末期，有的诸侯国在新得到的边远地区设置了郡。战国时，郡所辖的地区逐渐繁荣，人口增多，于是在郡的下面分设了县，产生了郡统辖县的两级地方行政组织。至此，郡县制开始形成。秦始皇采纳廷尉李斯的建议，"不立尺土之封，分天下为郡县"，废除分封制，实行中央集权制，把郡县行政区划制度推行到全国。

秦"分天下以为三十六郡"[18]，以后增至40多个。

《唐六典》记载，唐朝全国大都会为长安、洛阳以及凤翔、江陵、太原、河中、成都；下一级则为：洪州、潭州、大名、苏州、广州。

唐朝另一部史书《通典》则记载了唐开元时期的城镇系列为京都—都督府—都护府—四辅—六雄州—十望州—其余州：

京都：长安、洛阳；都督府：并州、益州、荆州、扬州、潞州；都护府：安东、安西、安南、安北、单于北庭；四辅：同州、华州、岐州、蒲州；六雄州：郑州、陕州、汴州、绛州、怀州、魏州；十望州：宋州、亳州、滑州、许州、汝州、晋州、洺州、虢州、卫州、相州；其余户四万以上为上州，二万五千户以上为中州，不满二万户为下州。

明代地理学家王士性著《广志绎》将全国划分为：两京：南北直隶；江北四省：河南、陕西、山东、山西；江南四省：浙江、江西、湖广、广东；西南诸省：四川、广西、云南、贵州。

16（明）李昭祥. 龙江船厂志·卷之三·官司志. 南京：江苏古籍出版社，1999

17（明）顾起元. 客座赘语·卷一·宝船厂. 庚己编·客座赘语. 北京：中华书局，1987

18（汉）司马迁. 史记·卷六·本纪六·秦始皇本纪

第二节 畿

《周礼》将天下划分为畿内与畿外两大部分。畿内代表中央，畿外代表地方。《周礼·地官》："封人掌设王之社壝，为畿，封而树之。凡封国，设其社稷之壝，封其四疆。造都邑之封域者，亦如之。"[19]《周礼·夏官》："乃辨九服之邦国，方千里曰王畿。"[20]

一、王畿

夏桀居斟寻。"夏桀之居，左河济，右泰华，伊阙在其南，羊肠在其北"。[21] 这相当于是夏的王畿，东至济水，西达华山，南到伊洛，北及长治之壶关。

商时将国土分为"五方"：中央直接统治的区域称"中商"，其余则按方位列为东、西、南、北土。"中商"即以都城为核心的"王畿"。"邦畿千里，维民所止，肇域彼四海。"[22] 王畿应在以殷为核心的黄河中下游地区。

周畿内的中心为王畿，方千里。千里王畿之内，王直接占有的土地称为王田。王田分为乡地、遂地、公邑三类。王城百里之内为乡（三百步为一里），百里之外为遂，遂内未分的土地称为公邑，由王直接指派大夫经营管理。王畿的中心为方九里的王城。王城之外以王城为中心，由近向远辐射，分别为郊、甸、稍、县、畺五级，五者分别以百里为界。

秦时，以咸阳为中心的内史成为秦的京畿。内史曾辖五十一县。内史是秦都城咸阳所在地的郡级行政地理单位，本是周官名，后逐渐成为地方行政区名。

秦始皇迁徙六国贵族和豪富于咸阳及南阳、巴蜀等地。秦始皇在咸阳"写放"（即照样画下）六国宫室，照式建筑在北阪上。"徙天下豪富于咸阳十二万户。诸庙及章台、上林皆在渭南。秦每破诸侯，写放其宫室，作之咸阳北阪上，南临渭，自雍门以东至泾、渭，殿屋复道周阁相属。""乃令咸阳之旁二百里内宫观二百七十复道甬道相连"[23]。

秦始皇"三十五年（前212年），除道，

---

19 周礼·地官·司徒第二
20 周礼·夏官·司马第四职方氏
21（汉）司马迁. 史记·七十列传·卷六十五孙子吴起列传第五
22 诗经·商颂·玄鸟
23（汉）司马迁. 史记·卷六·秦始皇本纪第六

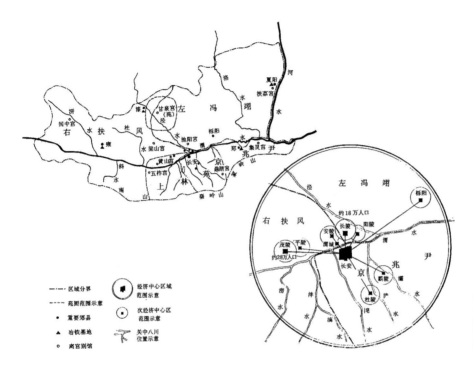

图2-5 汉长安"三辅"
资料来源：贺业钜. 中国古代城市规划史·第4章前期封建社会城市规划. 北京：中国建筑工业出版社，1996

道九原抵云阳，堑山堙谷，直通之。于是始皇以为咸阳人多，先王之宫廷小，吾闻周文王都丰，武王都镐，丰镐之间，帝王之都也。乃营作朝宫渭南上林苑中。……关中计宫三百，关外四百余。于是立石东海上朐界中，以为秦东门。"[24]

二、京师城镇群

虽然汉惠帝后，都城的空间形态相对集中，但作为首都，其功能并不完全局限在都城内，在都城周围有着与首都功能密切相关的城镇群。

（一）汉三辅

"《三辅黄图》云：'武帝太初元年改内史为京兆尹，以渭城以西属右扶风，长安以东属京兆尹，长陵以北属左冯翊，以辅京师，谓之三辅。'"[25]三辅所领地区由长安城、陵邑和郊县组成。

汉代的陵邑制度起源于长陵。将天下富户迁移到关中，围绕帝陵而居，形成陵邑。成为拱卫都城的"城镇群"（图2-5）。

长安郊县中包括曾经是秦国国都的雍和栎阳。在渭南渭水与秦岭之间，还有规模巨大的上林苑。"汉上林苑，即秦之旧苑也。《汉书》云：'武帝建元三年（前138年），开上林苑，东南至蓝田宜春、鼎湖、御宿、昆吾，旁南山而西，至长杨、五柞，北绕黄山，濒渭水而东，周袤三百里。'离宫七十所，皆容千乘万骑。"[26]

（二）五陵原

西汉皇帝为加强对贵族富豪的管理，在经营陵寝时，在近旁建造陵邑，把地方上一些有钱有势的人家迁来，从而使这些陵邑很繁华，甚至长安城中一些达官显贵也以能迁到陵邑居住而感到荣幸。《汉书·地理志》上说："汉兴，立都长安，徙齐诸田，楚昭、屈、景及诸功臣家于长陵。后世世徙吏二千石、高訾富人及豪桀并兼之家于诸陵。盖亦以强干弱支，非独为奉山园也。"[27]可知当时建陵城的目的，不仅是为了有利于守护和祭祀，而主要是汉朝加强中央集权制度的一条具体措施。

汉武帝建元二年（前139年）"初置茂陵邑。"建元三年（前138年）"赐徙茂陵者户钱二十万，田二顷。初作便门桥。"汉武帝元朔二年（前127年）"又徙郡国豪杰及訾（赀）三百万以上于茂陵。"[28]汉宣帝"本始元年（前73年）春正月，募郡国吏民訾（赀）百万以上徙平陵。"[29]汉成帝建始二年（前31年）"以渭城延陵亭部为初陵。"汉成帝鸿嘉二年（前19年）"夏，徙郡国豪杰赀五百万以上五千户于昌陵。"[30]这些陵城都是消费性城市，有人口10～20万，最大的茂陵号称27万人。

在渭河以北的咸阳原上，分布着汉高祖长陵、惠帝安陵、景帝阳陵、武帝茂陵、昭帝平陵的五座陵墓，故称五陵原。五陵原有宫殿：秦都咸阳咸阳宫、六英宫、六国宫室、兰池宫、望夷宫等。五陵原上的陵邑墓葬有：周文王和周武王的秦公陵、秦人墓葬，西汉的11代皇帝中除文帝霸陵和宣帝杜陵在渭河以南外，其余9个帝陵，即高祖长陵、惠帝安陵、景帝阳陵、武帝茂陵、昭帝平陵、元帝渭陵、成帝延陵、哀帝义陵、平帝康陵都分布在渭水以北的咸阳原上（图2-6）。

24（汉）司马迁. 史记·卷六·秦始皇本纪第六
25（宋）李昉. 太平御览·卷一百六十四
26 三辅黄图·苑囿
27（汉）班固. 汉书·卷二十八下·地理志第八下
28（汉）班固. 汉书·武帝纪第六
29（汉）班固. 汉书·宣帝纪第八
30（汉）班固. 汉书·成帝纪第十

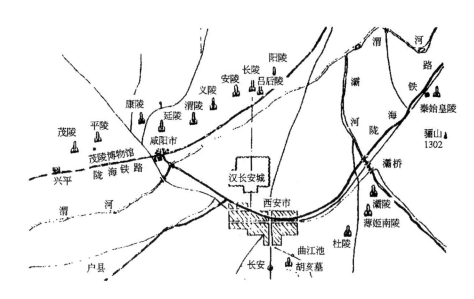

图2-6 五陵原
资料来源:董鉴泓. 中国城市建设史（第三版）·第四章秦汉时代的城市. 北京：中国建筑工业出版社，2004

（三）建康侨县

东晋以建康城（今南京）为核心的"大建康"是当时区域的以至全国的政治、经济、文化中心。六朝时期，特别是东晋时，中国全国的政治、经济和文化重心第一次由黄河流域移到长江流域。自东吴起，为了政权的生存和拓展，在营建以宫城为核心的都城外，同时也着力经营建业（建康）的周围地区，从行政建制、军事防御、产业布局到水陆交通等各个方面，以"区域"的观念作出部署，保障国都的政治稳定和物质供应。

"大建康"包括：建康城，东府城、西州城、石头城等外围城池，周围的郡县治所和安置北方士族和移民的侨县，以及军事城堡。

西晋末，北方人大举南迁，侨居大江南北。建康为东晋立国之都，更是北方人侨居之首选。建康人口大增，风俗、语言都为之一变。为拉拢土著豪门，使土著与侨民各得其所，在南方豪族势力较弱的地区专门设置与侨民原住地同名的州、郡、县，设立侨州、侨郡、侨县，以安置北方士族和移民。建康地区先后设有琅琊、兰陵、东海、东平、魏、广川、高阳、堂邑、淮南、陈留、秦、齐等侨郡12个、侨县30个以上。这些侨郡、侨县地涉六合、高淳等今南京整个辖区。有的郡、县并没有实际的土地，只是侨置于其他郡、县。这种侨县之制始自晋元帝设怀德县、琅琊郡，直至隋灭陈后才废止（图2-7）。

(四)临安与周边市镇

南宋于绍兴十一年(1141年)与金媾和,局势相对稳定,临安有相当规模的城市建设活动,形成了以临安为中心,由周围市镇组成的"首都圈"。

临安为江南水乡,河网密布,西北有大运河,东南有钱塘江。为适应江南繁荣的经济活动,在将临安改建、扩建为都城的同时,还积极利用水道交通发展周边市镇,与临安一起承担首都功能。据记载,临安有十六个这样的周边市镇,它们都临江濒河,与临安连为一体。此外,更有澉浦作为海港,通过钱塘江直达临安。

西湖经过历代整治,不仅具有灌溉、防洪功能;湖光山色,又有园圃别院,也逐渐成为临安的郊外景区。以至"直把杭州作汴州"(图2-8)。

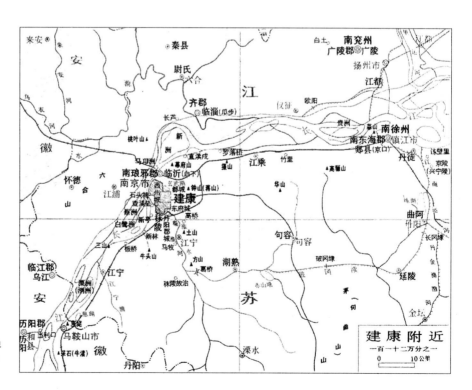

图2-7 南朝建康附近地图
资料来源:谭其骧. 中国历史地图集. 北京:中国地图出版社,1982—1988

三、直隶

明初以南京为京师,以应天等十四府及徐州等四州为京畿。永乐迁都北京,仍以南京为陪都。明英宗"正统六年(1441年),于北京去'行在'字,于南京仍加'南京'字,遂为定制"。[31]

之所以"并建两京",明朝宰辅、著名政治家丘浚说得明白:"天下财赋,出于东南,而金陵为其会;戎马盛于西北,而金台为其枢。并建两京,所以宅中图治,足食足兵,据形势之要,而为四方之极者也。"[32]

由于两京相距遥远,设南直隶和北直隶,形成两京两畿,类似唐之都畿道和京畿道。

清仍以明北直隶为京畿,改北直隶为直隶省。

(一)南直隶

明洪武元年(1368年),以金陵为南京,废江南行省,设应天府,划应天等十四府及徐州等四州为京畿,直隶中书省,即"南直隶"。洪武十一年(1378年)正月,改南京为京师。"南直隶"地域范围相当于今天的上海市、江苏省和安徽省。十四府为:应天、凤阳、苏州、松江、常州、镇江、扬州、淮安、庐州、安庆、太平、宁国、池州、徽州;四州为:广德、滁州、徐州、和州。"国初户一百九十一万二千九百一十四,口一千三十八万八千七百三十八。弘治间户一百五十一万一千九百四十三,口八百八万三千四百二十九。嘉靖年间户

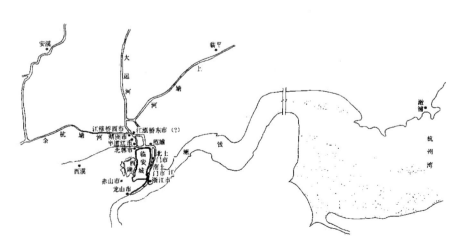

图2-8 临安与周边市镇
资料来源:贺业钜.中国古代城市规划史·第六章后期封建社会城市规划.北京:中国建筑工业出版社,1996

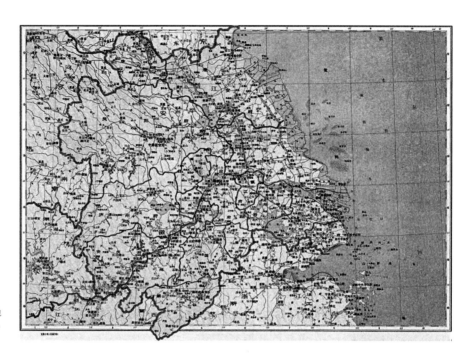

图2-9 明南直隶
资料来源：谭其骧. 中国历史地图集. 北京：中国地图出版社，1982–1988

一百九十七万六千四百八十一，口一千三十二万四千二百五十三。"[33]（图2-9）

（二）北直隶

永乐迁都北京，以顺天等八府及延庆、保安二州为京畿，统辖116县，称为"北直隶"。"北直隶"总面积13.5万平方公里，据万历六年（1578年）统计，有人口426.5万。

北直隶境内有北岳、太行、碣石等名山和卫、易、漳、滦、桑干、滹沱等大川。

北直隶下辖顺天府、保定府、河间府、真定府、顺德府、大名府、广平府、永平府、宣府、延庆直隶州和保安直隶州，包含今北京市、天津市、河北省大部和河南省、山东省的小部分地区。

顺天府是京师所在，辖通、霸、涿、蓟、昌平五州，计22县，是京畿的核心（图2-10）。

---

31 （清）张廷玉等. 明史·志第四十八·职官一
32 （明）顾起元. 客座赘语·卷二·两都. 庚己编·客座赘语. 北京：中华书局，1987
33 （明）陈沂. 南畿志·卷三总志（三）

第二章
中国古代城市设计理念的显著特征
——战略思维和区域观念

● 府(直隶州) ■ 卫 ▲ 所 ・县 X关隘 〰〰长城
府属州常有调整,故图中未说明。

图2-10 明北直隶
资料来源:贺业钜. 中国古代城市规划史・第六章后期封建社会城市规划. 北京: 中国建筑工业出版社,1996

第三节 多京制

中国地域辽阔,除了"择天下之中而立国",把首都选在尽可能中心位置外,还采取"两京制"甚至"多京制"治国理政。少数民族政权在统治中原后,与原发祥地仍有着紧密联系,也往往实行"多京制"。

一、长安与洛阳

长安(今西安)和洛阳的关系,有着悠久的历史渊源。早在西周时,除以酆镐为都外,又营建洛邑以为东都。隋唐时期,长期实行长安和洛阳两京制。

(一)酆镐(宗周)与洛邑(成周)

姬发伐纣灭商,建立周朝。"成周者,周统一大业之始成也;宗周者,周宗族之源也。"

周文王姬昌灭崇国(在今陕西户县境),将周的都城由岐山周原东迁渭水平原,建立酆京(在今陕西西安市西南沣水西岸)。周武王时在沣水东岸建立了镐京。酆、镐相距甚近,隔沣水一桥相通,其实是一个城市(图2-11)。

周文王第四子周公姬旦在平定武庚叛乱后,为了加强对东部地区的管治,于商朝的王畿内伊洛之间营建洛邑以为东都。洛邑又称成周。"成王在酆,使召公复营洛邑,如武王意。周公复卜申视,卒营筑,居九鼎焉。曰:此天下之中,四方入贡道里均。"成王定鼎洛邑后,洛邑成为周的中心。但《史记》记载:"学者皆称周伐纣,居洛邑,综其实不然。武王营之,成王使召公卜居,居九鼎焉,而周复都酆、镐。至犬戎败幽王,周乃东徙于洛邑。"[34]

实际上,在整个西周时期是两京——都城酆镐(宗周)与陪都洛邑(成周)。

(二)隋唐京师与东都

隋建都大兴(长安),设洛阳为东都,形成两京制。

隋京畿地区也横跨关中和关东。"隋炀帝广造宫室,以肆行幸,自西京至东都,离

---

34 (汉)司马迁. 史记·卷四·周本纪第四

宫别馆，相望道次"[35]。馆驿、城邑在两京之间应运而生。

唐朝于武德元年（618年）以长安为京师，唐显庆二年（657年）以河南府（洛阳）为东都。唐武则天天授元年（690年），以太原府为北都，唐天宝元年（742年），以京师为西京，改东都为东京，改北都为北京。唐至德二年（757年）12月置凤翔府，号为西京，与南京成都府，中京京兆府，东京河南府，北京太原府合为五京，形成唐五京。

但唐五京不过是徒有其名，真正实行的还是以长安为京师、洛阳为陪都的两京制。以长安所在之关中地区置京畿道，洛阳所在之河洛地区置都畿道。两道地域相接，两都通坼（图2-12）。

唐玄宗"开元二十六年（738年）……两京路行宫，各造殿宇及屋千间"[36]。

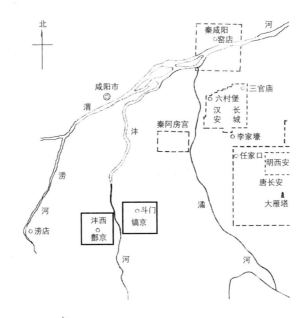

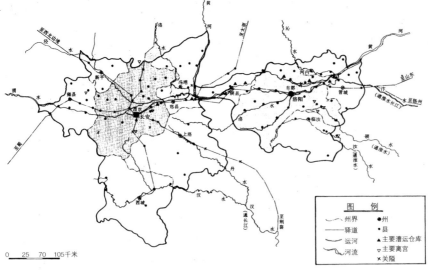

图2-11 酆、镐位置示意图（上图）
图2-12 唐京畿区域示意图（下图）
资料来源：贺业钜. 中国古代城市规划史·第五章中期封建社会城市规划. 北京：中国建筑工业出版社，1996

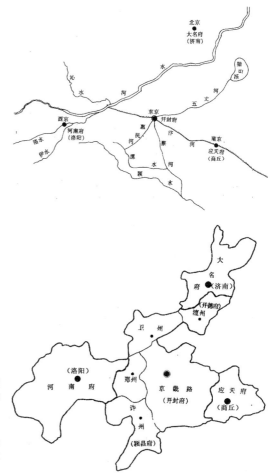

图2-13 北宋四京位置图（上图）
资料来源：贺业钜. 中国古代城市规划史·第五章中期封建社会城市规划. 北京：中国建筑工业出版社，1996

图2-14 北宋京畿区域示意图（下图）
资料来源：贺业钜. 中国古代城市规划史·第五章中期封建社会城市规划. 北京：中国建筑工业出版社，1996

二、北宋四京

北宋都东京（开封），面对辽的威胁，必须考虑战略防卫，在首都之外另设陪都。宋初即以洛阳为陪都，称西京；宋真宗曾驻跸大名府（济南），建为北京；宋仁宗又升应天府宋州（今河南省商丘市）为南京，形成北宋四京（图2-13）。

宋仁宗皇祐五年（1053年）置京畿路，辖开封府及许州、郑州等形成以东京为中心的京畿区域。宋徽宗崇宁四年（1105年）以许州、澶州、郑州、卫州为"四辅"，归属京畿，并以各陪都所在地区为"都畿"，从而形成"四京通圻"之制（图2-14）。

35（唐）吴兢. 贞观政要·卷十·行幸第三十七
36（宋）王溥. 唐会要卷三十·杂记

三、"捺钵"和巡幸制

契丹、女真、蒙古等北方少数民族政权保持着先人在游牧生活中的习俗，居处无常，四时转徙。

（一）辽"四时捺钵"和"五京"

辽朝处理政务并无固定的场所，皇帝一年四季大部分时间都不在皇宫里，政治中心和政权中枢可以说就在马背车帐之上和捺钵之中。

所谓"捺钵"，契丹语，相当于汉语中皇帝出行所居之处的"行营""行在"。"有辽始大，设置犹密，居有宫卫，谓之斡鲁朵，出有行营，谓之捺钵。"[37]"辽国尽有大漠，浸包长城之境，因宜为治。秋冬违寒，春夏避暑，随水草就畋渔，岁以为常。四时各有行在之所，谓之'捺钵'。"[38]大体上，春捺钵设在便于放鹰捕杀天鹅、野鸭、大雁和凿冰钓鱼的场所，最远到混同江（今松花江）和延芳淀（在今北京通州区南部）。夏捺钵设在避暑胜地，通常离上京（今内蒙古巴林左旗）或中京（今内蒙古宁城）不过三百里。秋捺钵设在便于猎鹿、熊和虎的场所，离上京或中京也不很远。冬捺钵设在风寒较不严酷而又便于射猎的场所，通常在上京以南至中京周围。

辽置"五京"，主要是皇帝接见北宋、西夏和高丽使节的地方，具有礼仪性质。"五京"是：上京临潢府、中京大定府、东京辽阳府（今辽宁辽阳）、南京析津府（今北京）、西京大同府（今山西大同）（图2-15）。

（二）金五京

金初，以上京会宁府（今黑龙江阿城）为政治中心。金世宗时上京会宁府与东京辽阳府（今辽宁辽阳）、北京大定府（今内蒙古宁城）、西京大同府（今山西大同）和南京开封府（今河南开封）并为金五京（图2-15）。

金天德五年（1153年），海陵王到达燕京（辽南京，今北京），下诏正式迁都燕京，改燕京为中都大兴府。

（三）元两都巡幸

元世祖忽必烈遵循游牧生活冬夏营地迁徙的风俗，沿袭"四时捺钵"制度，并把它

---

[37] （元）脱脱. 辽史·卷三十一·志一·营卫志上
[38] （元）脱脱. 辽史·卷三十二·志二·营卫志中

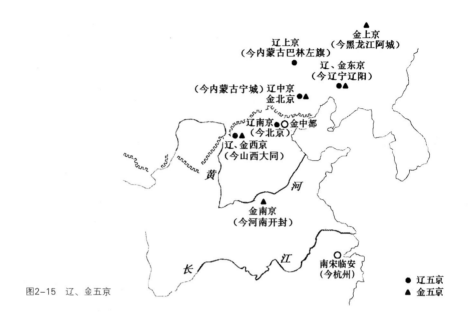

图2-15　辽、金五京

与中原王朝的辅京、陪都传统结合起来，逐渐形成了一套两都巡幸制度。忽必烈以大都（今北京）为正都，上都（今内蒙古自治区锡林郭勒盟正蓝旗）为陪都，对两个都城进行大规模建设，划中书省直辖地域为京畿，南控中原，北连朔漠。

两都巡幸作为一种政治制度，在元代实行近百年。皇帝每年来往于两都之间。巡幸途中，皇帝的旅途便是移动中的朝廷。巡幸到哪里，哪里便是国家的政治中心。大都和上都两地直线距离为270公里左右。在元朝兴盛时，两都之间共有4条驿道相通，其中有两条是元朝皇帝巡幸时所走的路线。巡幸路线大多"东出西还"，即出发时从大都去上都走的是黑谷东路（俗称"輦路"）。这条路全长370多公里，设有18处"行营"，是皇帝行走的专道。从上都返还大都走的是西路，全长540多公里，共设立24处行营，是驿道正路，被人们称为"孛老站道"。两都巡幸制也形成两都通圻。

第三章 体现设计理念和设计手法的典型代表——都城

都城作为一个国家或政权的首府，是政治中心，往往也是文化、经济、交通中心。都城是城市的一个特殊类别。都城的规划建设集中体现了那个时代的城市设计理念，集中反映了那个时代的城市设计手法，集中代表了那个时代的城市设计最高水平，是那个时代城市设计的典型代表。

我国古代经常处于封建割据状态，出现过很多诸侯国，因此做过国都的城市很多。此外还有许多少数民族政权的都城。

我国古代都城的城市设计的主导理念是"礼乐秩序"；当然也不乏"因地制宜"特色鲜明的杰作。全国统一时期的都城更体现了整体创造，造就了无与伦比的辉煌。

第一节 都城的变迁与形态演变

中国古代做过国都的城市众多，变迁频繁，形态各异，反映了时代的更迭，体现了丰富的城市设计理念和多姿多彩的城市设计手法。

一、都城的变迁

唐朝史学家刘知几对历代都城的变迁，及其与外部环境、内在原因的关系有过深刻的阐述："京邑翼翼，四方是则。千门万户，兆庶仰其威神；虎踞龙盘，帝王表其尊极。兼复土阶卑室，好约者所以安人；阿房、未央，穷奢者由其败国。此则其恶可以诫世，其善可以劝后者也。且宫阙制度，朝廷轨仪，前王所为，后王取则。故齐府肇建，颂魏都以立宫；代国初迁，写吴京而树阙。故知经始之义，卜揆之功，经百王而不易，无一日而可废也。至如两汉之都咸、洛，晋、宋之宅金陵，魏徙伊、瀍，齐居漳、滏，隋氏二世，分置两都，此并规模宏远，名号非一。凡为国史者，宜各撰《都邑志》，列于《舆服》之上。"[1]

"古之王者，择天下之中而立国"。随着时代的前进，疆土范围的扩展，生产力发展的不同，生态环境的变化，中国古代都城屡经变迁，总体上呈现逐渐东移南迁的趋势。

传说：三皇五帝

传说中的三皇五帝，为太古时期出现的有卓越贡献的部落首领或部落联盟首领，后人追尊他们为"皇"或"帝"。

《括地志》说："阪泉，今名黄帝泉，在妫州怀戎县东五十六里。出五里至涿鹿东北，与涿水合。又有涿鹿故城，在妫州东南五十里，本黄帝所都也。"[2] 涿鹿故城在今河北涿鹿县矾山镇。

《括地志》又云："河南偃师为西亳，帝喾及汤所都"，"蒲坂故城在蒲州河东县南二里，即尧舜所都也"[3]。蒲坂在今山西省永济县一带。

有学者认为山西临汾市襄汾县陶寺遗址在年代、地理位置、都城内涵、规模等级以及它所反映的文明程度等方面，与文献记载的尧都有相当高的契合度。襄汾陶寺遗址被认为极可能是4000多年前的"唐尧帝都"。

对大量的出土文物结合《诗经》的《陈风宛丘》以及《尔雅》《晋书》等史书记载和地理方位分析，有学者认为河南淮阳平粮台古城址和太昊故墟宛丘是同一个地方，即舜都陈。

夏（约前2070—前1600年）

约公元前2070年，禹立夏朝。据《竹书纪年》等史书记载，夏代几度迁都。

"禹都阳城"。史书《国语》记载了西周太史伯阳父的一段话："昔伊洛竭而夏亡，河竭而商亡。"[4]三国时期著名史学家韦昭注："伊出熊耳，洛出冢岭。禹都阳城，伊洛所近。"

夏朝的第三个帝王太康（启的儿子）统治时期将都城迁到了今洛阳偃师境内。"太康居斟寻"。"太康居斟寻，羿亦居之，桀又居之"。"帝相即位，处商丘"。"相居斟灌"。"帝宁（或作'帝杼'）居原，自迁于老丘"。"胤甲即位，居西河"。[5]

据测定，河南登封县八方村东，告成镇西约1公里的台地上的王城岗遗址是略早于夏代（前21世纪—前17世纪）的龙山文化晚期一个设防的聚落遗址，有可能即为"禹都阳城"。而王城岗遗址新发现的大城，是目前在河南境内发现的最大的河南龙山文化晚期城址，为王城岗是"禹都阳城"之说提供了佐证。[6]

二里头遗址位于洛阳盆地东部的偃师市境内，遗址上的文化遗存属二里头文化，其年代约为距今3800—3500年，相当于夏、商王朝时期。有学者推测二里头遗址为夏末的都城——斟寻。

商（约前1600—前1046年）

成汤建立王朝前，"自契至汤八迁。汤始居亳，从先王居"。"亳"，殷之北亳、南亳、西亳的总称，是商王的都邑所在，它与"京"同义，蒙为北亳，谷熟为南亳（今河南商丘北），偃师为西亳（今河南偃师尸乡沟）。《括地志》云："河南偃师为西亳，帝喾及汤所都，盘庚亦从都之"[7]班固在《汉书·地理志》"河南郡"条自注："偃师尸乡，殷汤所都。"[8]河南偃师尸乡沟距二里头遗址6公里处发现的商代城址

---

1 （唐）刘知几. 史通·内篇·志书第八
2 （唐）李泰等，贺次君辑校. 括地志. 北京：中华书局，1980
3 （唐）李泰等，贺次君辑校. 括地志. 北京：中华书局，1980
4 （春秋）左丘明. 国语·卷一·周语上
5 竹书纪年·夏纪
6 人民日报海外版，2005年01月27日第二版
7 （唐）李泰等，贺次君辑校. 括地志. 北京：中华书局，1980
8 （汉）班固. 汉书·地理志·河南郡

被认为即商初的都城——西亳。

"帝太甲居桐宫三年"。"帝中丁迁于隞。河亶甲居相。祖乙迁于邢。""帝盘庚之时，殷已都河北，盘庚渡河南，复居成汤之故居，乃五迁，无定处。"[9]

坐落在今河南省郑州市区偏东部的郑县旧城及北关一带的郑州商城遗址，被很多学者认为是商代中期"仲丁迁隞"的隞都。

"河亶甲整即位，自嚣（隞）迁於相（今河南内黄县东南）。"商穆王（祖乙）子滕即位，是为中宗，把都城从相迁到耿（今山西省河津市）。祖乙二年，由于河患，将耿都冲毁。于是祖乙再次迁都于邢（今河北省邢台市）。后来，祖乙迁都于庇（今山东省郓城县北肖固堆一带）。"南庚更自庇迁于奄。""盘庚即位，自奄迁于北蒙，曰殷。""盘庚自奄迁于殷。殷在邺南三十里。"[10]

"自盘庚徙殷至纣之灭二百五十三年，更不徙都"[11]。

西周（前1046—前771年）

周文王的祖父古公亶父迁到周原之后，"古公乃贬戎狄之俗，而营筑城郭室屋，而邑别居之。"[12]周原成为周人的早期都邑所在地。周原东起武功、西至凤翔、北至北山、南到渭河，广及数百平方公里。后来，周文王、周武王虽然迁都酆、镐，但周原一带仍是一处重要的活动中心。

周文王姬昌灭崇国（在今陕西户县境），将周的都城由岐山周原东迁渭水平原，建立酆京（在今陕西长安县沣河西岸）。周武王时在沣水东岸建立了镐京。酆京在沣河西岸的马王镇一带，镐京在沣河东岸的斗门镇一带。酆、镐二京一桥相通，实际上是一个城市。酆镐又称宗周，是西周王朝的国都。

周公在平定武庚叛乱后，于商朝的王畿内伊洛之间营建洛邑以为东都。洛邑又称成周。周武王决定迁都洛邑，"宅兹中国"。成王定鼎洛邑后，洛邑成为周的中心。但《史记》记载："武王营之，成王使召公卜居，居九鼎焉，而周复都酆镐"。

在整个西周时期，实际上是两京——酆镐与洛邑。

东周（春秋战国）（前770—前221年）

周幽王十一年（前771年）犬戎攻入西周都城镐京，西周灭亡。其子姬宜臼继位，是为周平王。周平王迁都洛邑，开始了东周时代。

东周时代周王朝逐渐丧失对各方诸侯的

9（汉）司马迁. 史记·卷三·殷本纪第三
10 竹书纪年·殷纪
11（汉）司马迁. 史记·卷三·殷本纪第三
12（汉）司马迁. 史记·卷四·周本纪第四

控制能力，而各诸侯大国却国力日强。"礼崩乐坏"，诸侯争霸。各国争相革新图强，连年争战。西周原有的数百封国最后形成"战国七雄"——魏、赵、韩、齐、秦、燕、楚以及晋、鲁、吴、越、蜀等十几个小国。

封建割据，各国相继"体国经野"，营建国都，或改造扩建，或择地新建。

魏

周贞定王十六年（前453年），魏、赵、韩三家分晋。周威烈王二十三年（魏文侯四十三年，前403年），魏桓子被周天子策命为诸侯，建立魏政权。先后迁徙霍(今山西霍县西南)、安邑(今山西省夏县西北约7公里青龙河畔)、大梁(今河南开封)等地为都。

赵

赵国都初为晋阳（今太原），韩、赵、魏三家分晋后，周威烈王命赵籍为赵烈侯，赵襄子三十三年（周威烈土元年，前425年）迁中牟（今鹤壁），赵敬侯元年（周安王十六年，前386年）定都邯郸（今河北邯郸市邯山区）。

韩

周威烈王二十三年（韩景侯七年，前403年），韩与赵、魏一起正式位列诸侯，建都于阳翟（今河南省许昌市禹州）。韩哀侯三年（周烈王元年，前375年），韩灭郑国，迁都新郑（今河南省郑州新郑）。

齐

周武王二年（约前1045年）封太公姜尚于齐地，建立周代齐国，都治营丘（今山东淄博市）。六世胡公静，为避东方莱夷侵扰，前866年迁都薄姑（今山东博兴县境内）。前859年，七世献公返都营丘，更名临淄。

秦

秦文公四年（周平王九年，前762年），秦获"千渭之会"（今眉县东北15华里处），从此定居周人故地关中，并在此筑城。秦宁公元年（周桓王五年，前715年），秦由"千渭之会"迁都平阳（今宝鸡县阳平镇），营建"平阳宫"（今宝鸡县阳平镇西太公庙）。秦德公元年（周釐王五年，前677年），秦徙都雍（今宝鸡凤翔）。秦献公二年（周安王十九年，前383年），秦国迁都栎阳（今陕西省西安市阎良区武屯镇关庄与御宝村之间）。商鞅变法之后，在商鞅的主持下，秦国营建了咸阳城，秦孝公十二年（周显王十九年，前350年）迁都咸阳。

燕

召公奭封在蓟地（今北京），建立臣属西周的诸侯国燕国（亦称北燕）。燕都城有二，一为蓟（今北京），另一为下都（今河北易县）。

楚

"周成王之时，举文、武勤劳之后嗣，而封熊绎于楚蛮，封以子男之田，姓芈氏，居丹阳。"一般认为古丹阳位于今河南省淅川县丹水和淅水交汇处。楚武王熊通"五十一年（周庄王八年，前689年），……武王卒师中而兵罢。子文王熊赀立，始都郢。"[13]郢又称纪南城，位于荆州以北五公里。

晋

晋国国都初为唐(今山西翼城)，晋献公（前676—前650年在位）迁都绛(今山西翼城东南)，别都为曲沃（今山西闻喜县东）。

鲁

鲁国疆域在今山东省南部。都曲阜。

吴

商朝末年，太伯、仲雍出走"奔荆蛮，自号勾吴"[14]，在今无锡、苏州一带建立其权力中心。"太伯所筑勾吴故城在梅里平墟，今常州无锡县东三十里，故吴城是也。"[15]吴王诸樊元年（周灵王十二年，前560年），姬寿梦之孙姬诸樊将都城迁到吴（今江苏苏州）。

越

史书称越国为夏朝少康庶子于越的后裔，国君为姒姓。"少康恐禹祭之绝祀，乃封其庶子于越，号曰无余……无余传世十余"。越国都城会稽（今浙江绍兴）。

蜀

由蜀族人鱼凫氏建立第一个蜀国开始，到蜀王杜芦（开明氏）瓦解，存在七百二十九年。后人称作古蜀国。蜀国都城为蜀（今四川成都）。

秦（前221—前207年）

周平王元年（前770年），秦襄公派兵护送周平王东迁，被封为诸侯，又被赐封岐山以西之地。商鞅变法，选咸阳为新都城址，开始了咸阳大规模的营建。秦孝公"十二年（周显王十九年，前350年），作为咸阳，筑冀阙，秦徙都之。"[16]秦始皇二十六年（前221年），秦统一中国。在原秦国都城咸阳基础上改造扩建而成秦朝首都。

西汉（前206—25年）

秦末，项羽"烧秦官室，火三月不灭。"[17]汉初在咸阳废墟上营建新的都城。"长安，故咸阳也。"[18]汉高祖七年（前200年），未央宫建成，并筑武库和太仓，由栎阳迁都于此。汉惠帝三年（前192年）开始修筑长安城墙，惠帝五年（前190年）九月城墙修筑完工。

东汉（25—220年）

汉淮阳王刘玄更始三年（25年），刘秀称帝于鄗（今河北柏乡北），定都洛阳。东汉建安元年（196年）八月，曹操至京都洛阳迎汉献帝，迁都许都（今河南许昌东）。

三国（220—265年）

东汉末，在镇压各地起义武装过程中，经过纷争兼并，逐渐形成三国鼎立——曹魏、蜀汉和东吴。

曹魏

东汉建安十八年（213年），汉献帝册封曹操为魏公，建魏国，定都于邺城。建安二十一年（216）四月，曹操被册封为魏王。

东汉延康元年（220年），曹操儿子曹丕逼汉献帝"禅让"，建立曹魏。曹丕初都许县，改称许昌。魏文帝曹丕黄初二年（221年）定都洛阳。

蜀汉

刘备在曹丕称帝的次年（221年），于成都称帝，是为昭烈帝。国号汉，史称"蜀汉"，都城成都。

东吴

吴黄武元年（222年），孙权向魏臣服称藩，接受曹魏封号，称吴王于鄂，改鄂为武昌（曾名江夏，今湖北鄂州），遂成三国鼎立。吴黄龙元年（229年）四月，孙权在武昌称帝，定都建业（今南京）。

西晋（265—316年）

魏咸熙二年（265年），晋王司马炎夺取政权，灭魏，建立晋朝，都洛阳，史称西晋。晋愍帝建兴元年（313年），司马邺在长安被扶立为帝，国都迁至长安。

东晋和十六国（317—420年）

晋惠帝末年的八王之乱和其他外患导致中原沦陷，司马王室南迁。晋建武元年

13（汉）司马迁. 史记·卷四十·三十世家·楚世家第十
14（汉）司马迁. 史记·卷三十一·世家一·吴太伯世家
15（唐）许嵩. 建康实录·卷第一吴上. 上海古籍出版社，1987
16（汉）司马迁. 史记·卷五·秦本纪第五
17（汉）司马迁. 史记·卷七·项羽本纪第七
18（汉）司马迁. 史记·卷九十三·韩信卢绾列传第三十三

（317年）司马睿在建康（今南京）称帝，国号仍为晋，史称东晋。

江南、荆湘地区由东晋控制，而其余地域主要是北方的黄河流域则成为各少数民族逐鹿之地，先后建立了二十多个政权。其中的成汉、前赵、后赵、前凉、北凉、西凉、后凉、南凉、前燕、后燕、南燕、北燕、夏、前秦、西秦、后秦十六个政权实力强劲，被统称为十六国。

十六国建都概况：

成（汉）（303—347年）：成都

汉（前赵）（304—329年）：平阳（今山西临汾），后迁长安（今陕西西安）

前凉（301—376年）：姑臧（今甘肃武威县城）

后赵（319—351年）：襄国（河北邢台），建武元年（335年）迁邺（今河北省临漳县）

前燕（337—370年）：龙城（今辽宁省朝阳市）

前秦（315—394年）：长安（今陕西西安）

后秦（384—417年）：常安（即长安），白雀二年（385年）改名

后燕（384—407年）：中山（今河北唐县、定县之间的王京城），建平元年（398年）改都龙城（今辽宁省朝阳市）

西秦（385—431年）：勇士城（今甘肃榆中东北）

后凉（386—403年）：姑臧（今甘肃武威县）

南凉（397—414年）：初在廉川堡，三年后迁至乐都（今青海乐都县），秃发利鹿孤迁至西平（今青海西宁），秃发傉檀迁回乐都

北凉（397—439年）：初在建康（今甘肃高台县南），后东迁至张掖，沮渠蒙逊迁都姑臧（今甘肃武威县）

南燕（398—410年）：广固（今山东益都县西北）

西凉（400—421年）：敦煌，后迁酒泉

夏（407—431年）：统万（今陕西靖边县北）

北燕（407—436年）：龙城（今辽宁省朝阳市）

南北朝（420—589年）

东晋元熙二年（420年），刘裕废晋恭帝司马德文，自立为帝，建立宋国。宋后，相继出现齐、梁、陈政权。同一时期，北魏于太延五年（439年）统一了北方。后来北魏分裂为东魏、西魏，最后东魏、西魏又分别被北齐、北周所

取代。历史上把南方的宋（420—479年）、齐（479—502年）、梁（502—557年）、陈（557—589年）称为南朝，北方的北魏（386—557年）、东魏（534—550年）、西魏（535—557年）、北齐（550—577年）、北周（557—581年）称为北朝，统称南北朝。

南朝的宋、齐、梁、陈均以建康（今南京）为首都。

北魏建立前，晋永嘉四年（310年）晋怀帝封拓跋猗卢为代公。晋建兴元年（313年）拓跋猗卢定盛乐为北都，修秦汉故平城为南都。北魏建都于盛乐（今内蒙古自治区呼和浩特市和林格尔县土城子村北）、平城（今山西省大同市市区偏北），后迁洛阳。北魏天兴元年（398年）拓跋珪自盛乐迁都平城。北魏太和十九年（495年）孝文帝迁都洛阳。

东魏、北齐建都于邺（今河北省邯郸市临漳县与磁县交界处）。西魏、北周建都于长安。

隋（581—618年）

北周大定元年（581年），隋国公杨坚废周静帝自立，国号隋。隋开皇二年（582年），在渭南汉长安城东南隔龙首原营建大兴城作为都城。第二年即迁入新都。隋炀帝即位，迁都洛阳。称洛阳为东京，大兴（长安）为西京。

唐（618—907年）

隋大业十四年（618年），李渊称帝，建立唐朝，定都长安，以洛阳为陪都。

唐睿宗文明元年（684年），武则天改国号为周，迁都洛阳，史称武周。唐中宗神龙元年（705年）恢复大唐国号，仍以长安为首都。

五代十国（907—960年）

唐天祐四年（907年）朱温废唐哀帝李柷，改名朱晃，自立为帝，国号梁，史称后梁。在以后的50多年间，北方先后出现后梁、后唐、后晋、后汉、后周"五代"；南方及北方的山西地区，出现了杨吴、南唐、吴越、楚、闽、南汉、前蜀、后蜀、南平、北汉等"十国"。史称"五代十国"。

五代的后梁、后晋、后汉、后周均定都开封，称"东京开封府"，又称汴京。后唐以洛阳为都。

"十国"的都城分别是：吴：扬州江都府（今江苏扬州），南唐：江宁府（今江苏南京），吴越：杭州西府（今浙江杭州），楚：潭州长沙府（今湖南长沙），闽：福州长乐府（今福建福州），南汉：广州兴王府（今广东广州），前蜀和后蜀：成都（今四川成都），南平（荆南）：荆州江陵府（今湖北江陵），北汉：太原（今山西太原）。

北宋、辽（960—1127年）

宋统一全国后，以开封为都，称东京。

后汉天福十二年（辽大同元年，947年），耶律德光率军南下中原，攻占东京灭后晋，耶律德光登基改汗称帝，改国号为辽。辽保大五年（1125年）为金国所灭。

"辽之先世，未有城郭、沟池、宫室之固，毡车为营，硬寨为官"[19]。辽神册元年（后梁贞明二年，916年），辽太祖耶律阿保机正式建国称帝，国号"契丹"，定都临潢府（今内蒙古自治区赤峰市巴林左旗林东镇南波罗城），辽太祖神册三年（后梁贞明四年，918年）修建皇都。辽天显三年（后唐天成三年，928年），辽太宗迁渤海居民于东平郡，升号南京。辽会同元年（后晋天福三年，938年），辽太宗名皇都为上京。同年，得后晋所献燕云十六州地，升幽州为南京幽都府，原南京改称东京辽阳府。辽统和二十五年（宋景德四年，1007年），辽圣宗在奚王牙帐建立新都，号中京大定府（今内蒙古自治区赤峰市宁城县）。辽重熙十三年（宋庆历四年，1044年），辽兴宗升大同军为西京大同府。

辽上京临潢府、中京大定府、东京辽阳府、南京析津府、西京大同府总称辽五京。

南宋、金（1127—1279年）

宋靖康二年（1127年），赵构在应天府（今河南商丘）称帝，改元建炎，史称南宋。

赵构在商丘即位后，为避金兵进攻，以巡幸为名，先后南逃至扬州、平江府（今苏州）、杭州、建康府（今南京）、绍兴府等地，所到州府，均名之"行在"。宋绍兴八年（1138年），定都临安（杭州）。

与南宋并存的是金。宋政和五年（1115年），女真族完颜阿骨打（汉名旻，1068—1123年）建国，国号"金"，建都会宁府（今黑龙江省哈尔滨市阿城区），称上京。金世宗时上京会宁府与东京辽阳府、北京大定府、西京大同府和南京开封府并称为金五京。

金天德五年三月（宋绍兴二十三年，1153年），海陵王到达燕京（今北京市西城区西南、丰台区东），下诏正式迁都燕京，

19 （元）脱脱. 辽史·卷四十五·志第十五·百官志一
20 王剑英. 明中都·一、明初营建都城的概况. 北京：中华书局，1992
21 （清）张廷玉等. 明史·卷二·本纪第二·太祖二
22 明太祖实录·卷四十五. 转引自王剑英. 明中都·一、明初营建都城的概况. 北京：中华书局，1992

改燕京为中都大兴府。

元（1271—1368年）

南宋宁宗开禧二年（1206年），铁木真建国，被推举为成吉思汗。南宋景定四年（1263年），成吉思汗之孙忽必烈将开平府升为都城，定名上都。次年又将燕京改名为中都。南宋咸淳七年（元至元八年，1271年），忽必烈自称皇帝，建国号为"大元"。

忽必烈对两个都城进行大规模建设，后将中都改建为大都。以大都为正都，上都为陪都，每年在两都之间"巡幸"。

明（1368—1644年）

明朝初年，出现所谓"国初三都"的局面。[20]

明太祖洪武元年（1368年）八月，朱元璋宣布"以应天为南京，开封为北京"[21]次年九月又"诏以临濠（今安徽凤阳）为中都，……命有司建置城池宫阙，如京师之制焉。"[22]洪武八年（1375年），诏罢中都役作。洪武"十一年（1378年）正月，改南京为京师"。燕王朱棣夺取帝位后于明永乐四年（1406年）立北平为京都并改称北京。永乐十九年（1421年），迁都北京，改京师为南京，作留都。

清（1644—1911年）

明万历四十四年（1616年），努尔哈赤在赫图阿拉（今辽宁省新宾）建大金，史称后金，定都赫图阿拉，称兴京。

明天启元年（后金天命六年，1621年）四月，努尔哈赤由兴京迁都东京（辽宁辽阳）。天启五年（后金天命十年，1625年）又从东京迁到沈阳。明崇祯七年（后金天聪八年，1634年）清太宗皇太极尊沈阳为"盛京"。明崇祯九年（1636年），皇太极改大金为大清。明崇祯十七年（清顺治元年，1644年）五月，迁都北京，沈阳为留都。

二、都城的形态演变

我国古代都城的布局形态的发展大体有三个台阶：分散，集中，典型模式。

（一）分散

人居由"聚"而"邑"，由"邑"而"都"。"聚"是指由简单的一个氏族定居的聚居地，由若干氏族组成一个部落后的聚居地是"邑"，部落首领的居住地就是"都"。这是一个自然的发展过程。"都"的功能不一定集中，更不一定集中在"城"中。

1. 散布中原——先秦

约公元前2070年，禹立夏朝。据《竹书纪年》等史书记载，夏代几度迁都，说明都邑数量增多，规模增大。

从夏朝第三世君主太康开始，到夏桀皆以斟鄩为都。"夏桀之居，左河济，右泰华，伊阙在其南，羊肠在其北。"[23]东至济水，西达华山，南到伊洛，北及长治之壶关。据考证，其位置在洛阳盆地洛州巩县西南五十八里，

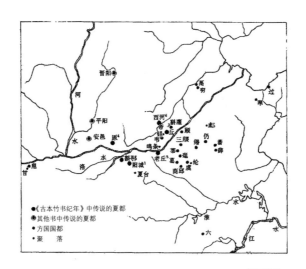

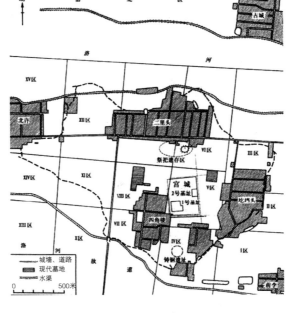

图3-1a 夏代重要都邑分布示意图
资料来源：贺业钜. 中国古代城市规划史·第三章奴隶社会都邑规划. 北京：中国建筑工业出版社，1996

图3-1b 二里头遗址平面图
资料来源：许宏等. 二里头遗址聚落形态的初步考察

也就是今天河南偃师市境内的二里头（图3-1a、1b）。

商前期常迁都，从而形成了"王畿"内若干较大的城。到盘庚迁殷后，除"大邑商"北蒙（殷）外，还有南亳（今河南商丘北）、西亳（今河南偃师尸乡沟）、嚣（即隞，今河南郑州）、相（今河南内黄县东南）、邢（今河北省邢台市）以及耿（今山西省河津市，于祖乙二年，由于河患，被冲毁）（图3-2a）。

"纣时稍大其邑，南据朝歌，北据邯郸及沙丘，皆为离宫别馆。"[24]

位于今河南安阳市西北殷都区小屯村周围的殷墟是中国商朝晚期都城遗

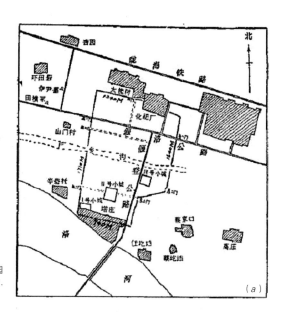

图3-2a 商都西亳（偃师尸乡沟）遗址
资料来源：王锋. 洛阳古代城市与园林. https://eur03.safelinks.protection.outlook.com/

址，古称"北蒙"，甲骨卜辞中又称为"商邑""大邑商"，是中国历史上第一个有文献可考，并为考古学和甲骨文所证实的都城遗址。

殷墟以宫殿宗庙为中心，沿洹河两岸呈环形分布。宫殿宗庙位于洹河南岸的今小屯村、花园庄一带，南北长1000米，东西宽650米，总面积71.5公顷，是商王处理政务和居住的场所，现存宫殿、宗庙等建筑基址80余座。在宫殿宗庙的西、南两面，有一条人工挖掘而成的防御壕沟，将宫殿宗庙环抱其中，类似宫城。

宫殿宗庙区还有商王武丁的配偶妇好墓。

王陵位于洹河北岸侯家庄与武官村北高地，东西长约450米，南北宽约250米，总面积约11.3公顷。东区祭祀坑是殷王室祭祀先祖的一个公共祭祀场地（图3-2b）。

现今为止所发现的最大的古代青铜器后母戊鼎，就是在王陵的东边出土的。

周初，都城的功能分散在整个周原地区，东起武功县、西至凤翔县、北至北山、南到渭河，总面积达数百平方公里；周原核心区即岐山、扶风两县接壤处，东西长70公里，南北宽约20公里，总面积约20平方公里。在这个范围内，有周王室的宗庙、墓葬、府库和文书档案（铜器铭文与甲骨文）。其中西北部是宫殿和宗庙区域（今岐山县凤雏村，扶风县召陈村）。东南部为居住区，也是冶造铜器、烧制陶器、刻制骨器的手工业作坊区（今扶风县齐镇、庄白、齐家黄堆乡

23（汉）司马迁. 史记·七十列传·卷六十五孙子吴起列传第五
24 竹书纪年·殷纪

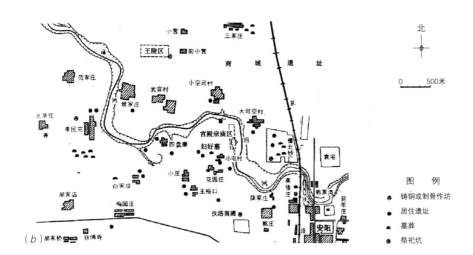

图3-2b 殷墟遗址
资料来源：据考古，1988(10)

云塘村）。西南部为墓葬区（今岐山县京当乡贺家村、礼村）（图3-3）。

周文王将周的都城由岐山周原东迁渭水平原，建立酆京（在今陕西长安县沣河西岸）。周武王时在沣水东岸建立了镐京。酆镐两京所在地域的面积总计也近17平方公里。在这个范围内，安排了周王室的宫殿、宗庙、墓葬、府库以及居住区、手工业作坊。

西周除以酆镐为都外，又营建洛邑为东都，"作大邑成周于中土。……南系于洛水，北因于郏山，以为天下之大凑。制郊甸，方六百里，国西土，为方千里。分以百县，县有四郡，郡有四鄙"[25]。"初，雒邑与宗周通封畿，东西长而南北短，短长相覆为千里。"[26]周的京畿地区包括了关中和关东。

东周时原有数百封国最后形成"战国七雄"和十几个小国。各国相继"体国经野"，营建国都，或改造扩建，或择地新建，形成了数以百计的"国都"。

2. 巨型帝都——秦

秦代"整个咸阳并不是后世所形成的一个集中式都城，而是在天地山河之间，择势营城、立宫、凿池、构庙，在一个大尺度的范围内安排都城的各种功能，把山、河、池、城、宫、庙等共同构成一个自由分散的巨型帝都，充分体现了秦人的气魄与浪漫。这是以天地为象征的'地区设计'概念的伊始。"[27]

秦孝公时，商鞅变法，由栎阳迁都是摆脱老旧势力重大的变法举措之一。

第一节
都城的变迁与形态演变

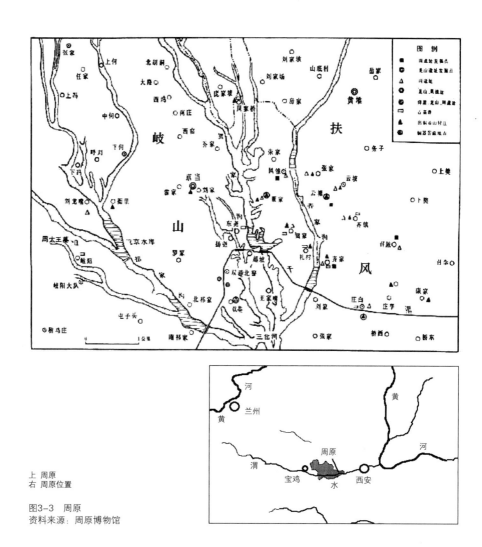

上 周原
右 周原位置

图3-3 周原
资料来源：周原博物馆

商鞅选定高亢的咸阳原作为国都城址，并"大筑冀阙"，向诸侯各国夸耀秦国的强大。随着秦国国力的不断增强，咸阳帝都"北至九嵕（山）、甘泉（山），南至鄠（县）、杜（顺），东至河，西至汧、渭之交，东西八百里南北四百里，离宫别馆，相望联属，木衣绨绣，土被朱紫，宫人不移，乐不改悬，穷年忘归，犹不能遍"[28]。咸阳向北到了九嵕山下的高坡上，向南伸展到渭水岸边，其后又跨过渭水到了渭南。规模之大，范围之广，前所未有（图3-4）。

25 逸周书·卷五·作雒解第四十八
26（汉）班固. 汉书·卷二十八下·地理志第八下
27 吴良镛. 中国人居史·第三章统一与奠基——秦汉人居建设·第二节京畿地区人居建设. 北京：中国建筑工业出版社，2014
28 三辅黄图·阿房宫

王宫修建在咸阳二道原的最高处，多处宫殿及仓、廪、府、库中间用阁道和复道连接起来，形成一个巨大的宫殿群。手工业作坊区多分布在宫殿区的北部和西南部的原下，这里有直接为皇室生产消费品，由中央官署管辖的官营手工业作坊；而民间手工业作坊则以生产普通老百姓的日常用品为主。城市居民手工业者和各类商人，主要居住在咸阳西部和西南部，农业劳动者主要分布在市郊。

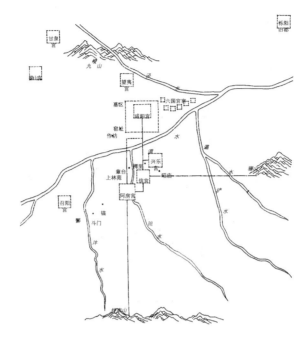

图3-4 秦咸阳
资料来源：据贺业钜. 中国古代城市规划史·第4章前期封建社会城市规划. 北京：中国建筑工业出版社，1996

宫殿，大小不下三百余处，比较著名的宫室有信宫和咸阳宫。据记载：始皇"二十七年（前220年），……作信宫渭南，已更命信宫为极庙，象天极。自极庙道通郦山，作甘泉前殿。筑甬道，自咸阳属之。……治驰道。"[29]《三辅黄图》记载："始皇穷极奢侈，筑咸阳宫，因北陵营殿，端门四达，以则紫宫，象帝居。渭水贯都，以象天汉；横桥南度，以法牵牛。"[30]

"阿房宫，亦曰阿城。惠文王造，宫未成而亡。始皇广其宫，规恢三百余里。离宫别馆，弥山跨谷，辇道相属，阁道通骊山八十余里。表南山之颠以为阙，络樊川以为池。作阿房前殿，东西五十步南北五十丈，上可坐万人，下建五丈旗。以木兰为梁，以磁石为门，怀刃者止之"。[31]但阿房宫始终没有建成。秦始皇去世时，阿房宫尚未完工。秦二世三年（前207年）二世死，阿房宫完全停工。

这期间，囿也得到了进一步发展，除游乐狩猎的活动内容外，囿中开始建"宫"设"馆"，增加了帝王的寝居。

咸阳宫殿各自相对独立，并不集中，更无城池将它们围合起来。宫殿苑囿、离宫别馆分布在"东西八百里南北四百里"的天地山水间，是自由分散的巨型帝都的典型，是当时人们自然朴素的"象天法地"理念的体现。

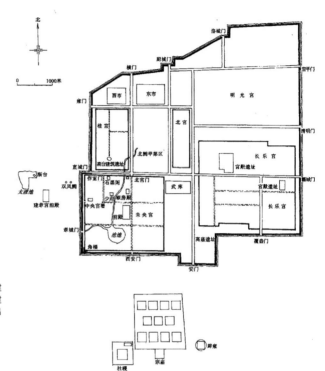

图3-5 汉长安城
资料米源：潘谷西. 中国建筑史(第五版)·第二章城市建设. 北京：中国建筑工业出版社，2004

（二）集中——汉长安城

汉初丞相萧何奉命在咸阳废墟上营建新的国都，由阳成延负责规划设计。汉高祖五年（前202年），兴建长乐宫。汉高祖七年（前200年）建成未央宫，筑武库和太仓，由栎阳迁都长安。新都长安环境优越，水源丰沛。有所谓"八水绕长安"。司马相如《上林赋》描述："终始灞、浐，出入泾、渭，酆、镐、潦、潏，纡馀委蛇，经营乎其内，荡荡乎八川分流，相背而异态。"（参见图3-31a）。

汉惠帝"三年（前192年），方筑长安城，四年就半，五年六年城就。诸侯来会。十月朝贺。""汉宫阙疏'四年筑东面，五年筑北面'。汉旧仪'城方六十三里，经纬各十二里'。三辅旧事云'城形似北斗'也。"[32]汉武帝太初元年（前104年），兴建北宫、桂宫、明光宫和建章宫以及上林苑，开凿昆明池。至此，长安城全部建成（图3-5）。汉长安城的修筑也是由阳成延负责完成的。

长安城周长25.7公里，面积36平方公里，城垣顺地势修筑，因此汉长安城为不规则的方形。城四周各三门，共12门。有主要街道正对各城门，街宽40～50米，均为东西向或南北向。居住地称闾里，据记

---

29 （汉）司马迁. 史记·卷六·秦始皇本纪第六
30 三辅黄图·咸阳故城
31 三辅黄图·阿房宫
32 （汉）司马迁. 史记·卷九·吕太后本纪第九

载，共有闾里160个。城内南北大道两侧有九市，道东六，道西三。城内东北部有手工业作坊。

城南直至曲江池、终南山为上林苑，其中散布着离宫。

汉长安城城墙的围合标志我国都城由自由分散发展到集中布置。"在汉惠帝时，为防止匈奴的威胁，将中心宫城地区用城墙围合。……城墙的出现虽然没有从根本上改变长安人居环境的总体格局，但为自由分散的巨型帝国都邑人居环境向大尺度集中式帝都人居环境迈出了重要的一步。"[33]

（三）典型模式——魏武邺城

都城城市设计的主导理念——儒家礼乐秩序，在东汉基本确立，魏武邺城[34]的规划营建，标志着中国传统都城模式的形成。

曹操（155—220年），东汉建安二十一年（216年）封魏王，去世后，谥号武王。

东汉建安九年（204年），曹操击败袁绍进占邺城（位于今河北省邯郸市临漳县境），开始营建邺都，"览荀卿，采萧相。"[35]荀卿即荀子，在维系儒家礼制的同时，提出了厚今薄古的"法后王"说，批判以复古倒退为目的的"先王"观。而萧何则主张革新。邺城规划思想正是曹操崇尚法治，改革图新的反映。

《水经注》对邺城有具体的记载："魏文侯七年（前440年），始封此地，故曰魏也。汉高祖十二年（前195年），置魏郡，治邺县，王莽更名魏城。……魏武又以郡国之旧，引漳流自城西东入，迳铜雀台下，伏流入城东注，谓之长明沟也。渠水又南，迳止车门下。魏武封于邺，为北宫，宫有文昌殿。""城有七门，南曰凤阳门，中曰中阳门，次曰广阳门，东曰建春门，北曰广德门，次曰厩门，西曰金明门，一曰白门。凤阳门三台洞开，高三十五丈。……北城上有齐斗楼，超出群榭，孤高特立。其城东西七里，南北五里，饰表以砖，百步一楼。凡诸宫殿门台隅雉，皆加观樗，层甍反宇，飞檐拂云，图以丹青，色以轻素。当其全盛之时，去邺六七十里，远望苕亭，巍若仙居。"[36]

魏武邺城平面呈矩形，城"东西七里，南北五里"，俗称"七五城"，考古实测东西2400米，最宽处2620米，南北1700米，平面呈横长方形，长宽比大致为3：2。邺城宫前一条横贯

---

33 吴良镛. 中国人居史·第三章统一与奠基——秦汉人居建设. 第二节京畿地区人居建设. 北京：中国建筑工业出版社，2014

34 曹操营建的邺城，一般被称为曹魏邺城。但曹操营建邺城是在其任魏公和魏王时。而"曹魏"一般是指三国时期曹丕的政权。故本书称曹操营建的邺城为"魏武邺城"

35（晋）左思. 三都赋·魏都赋

36（北魏）郦道元. 水经注·卷十·浊漳水

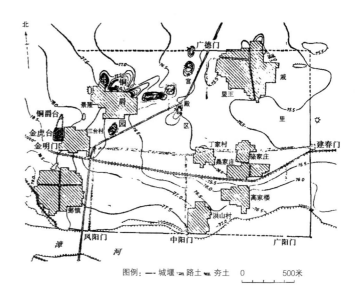

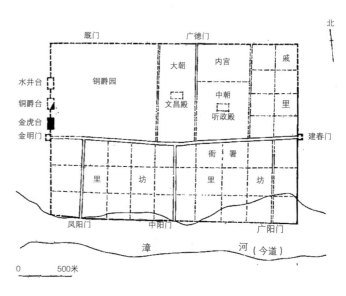

图3-6a 魏武邺城遗址实测图
资料来源：徐光冀. 邺城考古的新收获. 文物春秋，1995（3）

图3-6b 魏武邺城平面示意图
资料来源：贺业钜. 中国古代城市规划史·第5章中期封建社会城市规划. 北京：中国建筑工业出版社，1996

东西的大道，把城分为南北两部分，宫城在北，坊里、衙署、市在南；礼仪性的大朝与日常政务的常朝在宫内并列，形成两组宫殿群，各有出入口，大朝为文昌殿和阊阖门，常朝为勤政殿和司马门；大朝门前形成御街，直抵南城门，形成南北中轴线；在南北中轴线和东西大道交叉处出现"T"形广场。魏武邺城是我国古代都城的最早的典型模式（图3-6a、6b）。后赵石勒、石虎对邺城有改建和增建，但魏武邺城的格局没有改变。

此后，直至明清，都城的规模、地形地貌、具体布局虽各有不同，但基本模式都没有离开魏武邺城的总体格局。

隋唐长安城也是在继承了魏武邺城、北魏洛阳等前代都城规划经验的基础上，创造新的都城制度。其宫城、皇城位居都城中央北部，以太极宫、承天门、朱雀门、朱雀大街、明德门构成城市中轴线，将城市分为东西两部分，东属万年县，西属长安县。东西各布置一市，即东市（隋称"都会市"）、西市（隋称"利人市"）。这种布局，将宫城皇城等用地与居民住区清楚划分，使宫殿进一步集中于宫城，衙署进一步集中于皇城，公私各便。"自两汉以后，至于宋齐梁陈，并有人家在宫阙之间，隋文帝以为不便于民，于是，皇城之内，唯列府寺，不使杂人居止，公私有便，风俗齐肃，实隋文新意也！"[37]

后周扩建开封，即有三重城墙：罗城、内城、宫城，每重城墙外都环有护城河。罗城又称新城，主要作防御之用，周长19公里。南有五门，东、北各四门，西五门，均包括水门。城门均设瓮城，上建城楼和敌楼。内城又称旧城，周长9公里，四面各三门；主要布置衙署、寺观、府第、民居、商店、作坊等。宫城又称"大内"，南面有三门，其余各面有一门；四角建角楼；城中建宫殿，为皇室所居。这种宫城居中的三重城墙的格局，基本上为金、元、明、清的都城所沿袭。

37（宋）宋敏求. 长安志. 长安县志局，1931

第二节 体现礼乐秩序的主要手法——轴线

古代都城城市设计的主导理念是礼乐秩序。体现"礼乐秩序"的主要手法是轴线的运用，在宏观层面上的轴线关系是"朝对"，都城层面上是"中轴线"。

一、朝对

"朝对"是中国城市设计的特有手法，也体现了中国古代城市设计理念的显著特征——战略思维和区域观念；体现了古代在城市选址和确定城市方位时的宏观思维。

秦商鞅先是选定高亢的咸阳原作为都城基址，在咸阳原上，远眺终南，俯瞰渭河，八百里秦川尽收眼底。"先始皇广其宫，规恢三百余里。离宫别馆，弥山跨谷，辇道相属，阁道通骊山八十余里。表南山之巅以为阙"（参见图3-4）[38]。

西汉以长安城为中心，南端为秦岭的子午谷，经长安城、汉长陵、清河大湾，北至今北塬阶上西汉建筑遗址（可能为天齐祠），虽然没有明显的轴线，却是一种"朝对"。

东汉洛阳在南宫、北宫与明堂、辟雍、灵台、太学之间出现了一条南北轴线，把邙山、洛水联系在一起（参见图3-9）。

六朝建康中轴线对着淮水（今秦淮河）的河湾，也南对牛首山。司马睿听取丞相王导的建议，以牛首山两峰为"天阙"。（参见图1-10）

宇文恺规划隋唐洛阳都城主要轴线，"南直伊阙之口，北倚邙山之塞"。洛阳宫殿北对"邙山之塞"，南对"伊阙之口"（参见图1-2）。

二、中轴线

"秩序的魅力就是简洁中蕴含了丰富，条理中蕴含了变化。秩序的核心是中轴线。建立起这条轴线，不只是形式上的需要，也是文化上的要求。因而，如何建立这条基线就成为都城人居建设中最为重要的任务之一。这条基线一旦确定，重要的文化要素

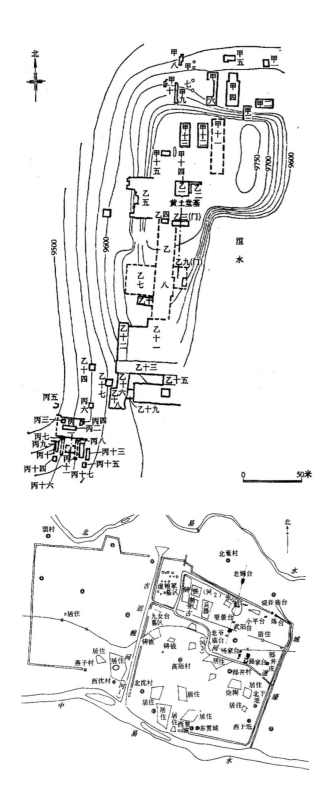

图3-7 殷墟宫殿遗址
资料来源：潘谷西．中国建筑史（第五版）·第一章古代建筑发展概况．北京：中国建筑工业出版社，2004

图3-8 燕下都
资料来源：据河北易县燕下都故城勘察和试掘．考古学报1965年第一期

都围绕着它来布局，人居空间也是围绕这条线展开，一切对于地形的改造、弥补都围绕着它来进行，这条基线就成了整个人居建设中'万变不离其宗'的'宗'。"[39]

中轴线的运用有一个从单个建筑，到建筑群，到城市，再到贯穿整个都城的发展过程。

（一）建筑群中轴线

殷墟以宫殿宗庙建筑和王陵大墓为代表的商代建筑，集中体现了殷商时期的宫殿建设格局、建筑艺术和建筑技术。在宫殿宗庙区明显存在串联若干建筑的中轴线。如乙区的门（乙三、乙九）和后面的大房子（乙一）以及丙区的一组建筑（图3-7）。

东周燕下都（今河北易县）故城呈长方形，东西长约8公里，南北宽4~6公里，中部有条纵贯南北的古河道，相传为运粮河，把燕下都分成东西两城。东城是燕国的中心，分为宫殿区、手工业作坊区、市民居住区和墓葬区。宫殿区在城址东北部，由3组建筑群组成。大型主体建筑武阳台，坐落在宫殿区中心，东西最长处140米，南北最宽处110米。武阳台以北有望景台、张公台和老姆台，似分布在一条轴线上。以高大的夯土台作为主体建筑物的基址，"老姆台"宽90米，长110米，"望景台"宽26米，长40米。手工业作坊区围绕着宫殿区，墓葬区设在东城的西北部（图3-8）。

早在商鞅修建咸阳城时就"大筑冀阙"，冀阙是指宫城正门外的门阙，是古代帝王在宫廷大门之外建两个对称的台子，在台子上建楼观。这说明在咸阳宫殿就有明确的中轴线。

汉长安未央宫有轴线连接西安门（南门）和北宫门，并且直对长安城的横门。轴线很长，但只是未央宫建筑群的中轴线，算不上是整个城市的中轴线，长安城没有整个城市的中轴线（参见图3-5）。

（二）城市中轴线

东汉时期洛阳出现了城市中轴线，虽然轴线没有贯穿整个城市，但它统领了整个洛阳城的总体格局。

东汉建安末年，曹操重修因战乱遭毁坏的洛阳城，东汉洛阳"城南北九里七十步，东西六里十步"，即所谓"九六城"。曹操在汉北宫基础上新筑单一宫

---

39 吴良镛. 中国人居史·第五章成熟与辉煌——隋唐人居建设·第二节都城人居的创造与发展. 北京：中国建筑工业出版社，2014

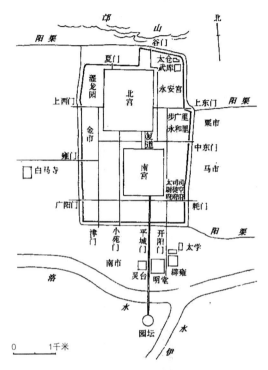

图3-9　东汉洛阳
资料来源：据贺业钜.中国古代城市规划史·第五章中期封建社会城市规划.北京：中国建筑工业出版社，1996

城——洛阳宫。宫城位于都城的北部靠中央的位置，在南宫前出现了城市中轴线，自南宫正门经都城正门——平城门，直至郊外之圜丘（图3-9）。

（三）贯穿都城的中轴线

东汉建安年间魏武邺城最早出现严正的贯穿都城的中轴线，把都城、宫城以及主要宫殿串联起来（图3-6b、图3-10a）。

东吴建业"都城南正中宣阳门对苑城门，其南直朱雀门正北面。"[40]这应是都城之中轴线——御道。据左思《吴都赋》描述："朱阙双立，驰道如砥。树以青槐，亘以绿水。玄荫眈眈，清流亹亹。列寺七里，侠栋阳路。屯营栉比，廨署棋布。"[41]御道南端即大航门，立有双阙，门下的大航——朱雀航，是都城的南部交通咽喉。

随着都城规模的增大和都城形制的变化，中轴线也越来越长，不仅把都城、宫城以及主要宫殿串联起来，也延伸到了外郭；中轴线上的空间形象也越来越丰富多彩。隋唐洛阳的富丽辉煌，明清北京的雄伟壮丽，都呈现得淋漓尽致（图3-10a、10b、10c、10d、10e、10f、10g）。

[40]（宋）周应合.景定建康志·卷之二十·城阙志一·古城郭.台北成文出版社，1983
[41]（晋）左思.三都赋·吴都赋

第二节
体现礼乐秩序的主要手法——轴线   101

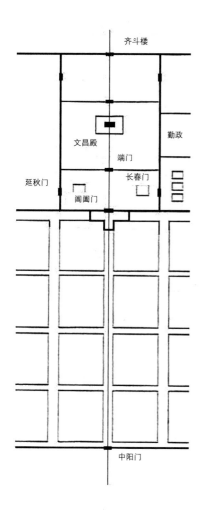

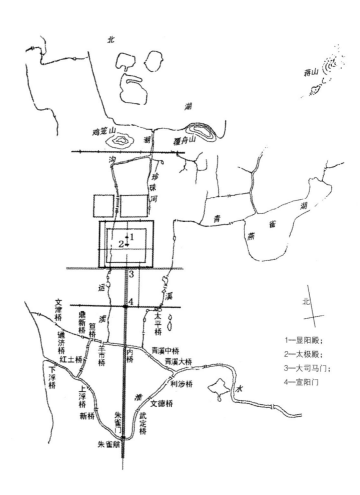

1—显阳殿；
2—太极殿；
3—大司马门；
4—宣阳门

图3-10a 邺城中轴线（上图）
图3-10b 东晋及南朝建康中轴线（右图）

102 第三章 体现设计理念和设计手法的典型代表——都城

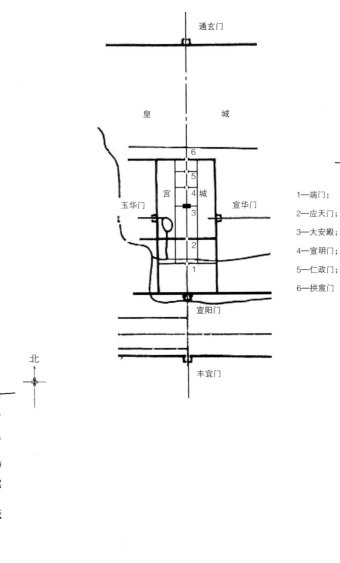

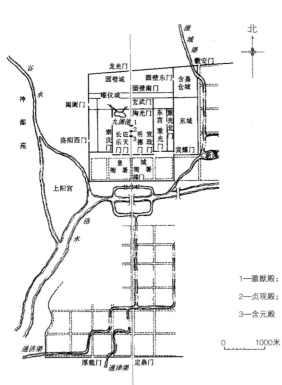

1—徽猷殿；
2—贞观殿；
3—含元殿

1—端门；
2—应天门；
3—大安殿；
4—宣明门；
5—仁政门；
6—拱宸门

图3-10c　隋唐洛阳中轴线（左图）
图3-10d　金中都中轴线（上图）

第二节
体现礼乐秩序的主要手法——轴线

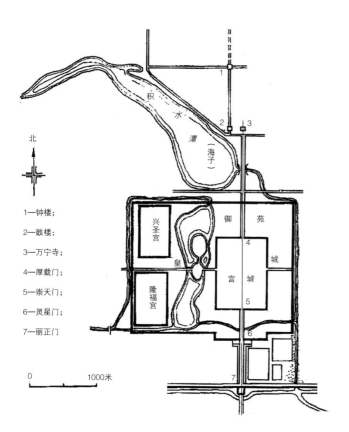

1—钟楼；
2—鼓楼；
3—万宁寺；
4—厚载门；
5—崇天门；
6—灵星门；
7—丽正门

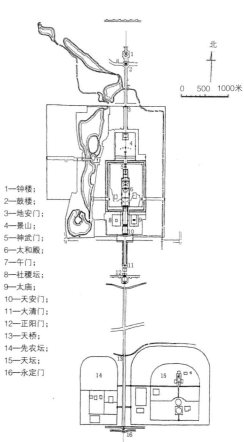

1—钟楼；
2—鼓楼；
3—地安门；
4—景山；
5—神武门；
6—太和殿；
7—午门；
8—社稷坛；
9—太庙；
10—天安门；
11—大清门；
12—正阳门；
13—天桥；
14—先农坛；
15—天坛；
16—永定门

图3-10e　元大都中轴线（上图）
图3-10f　明清北京中轴线（右图）

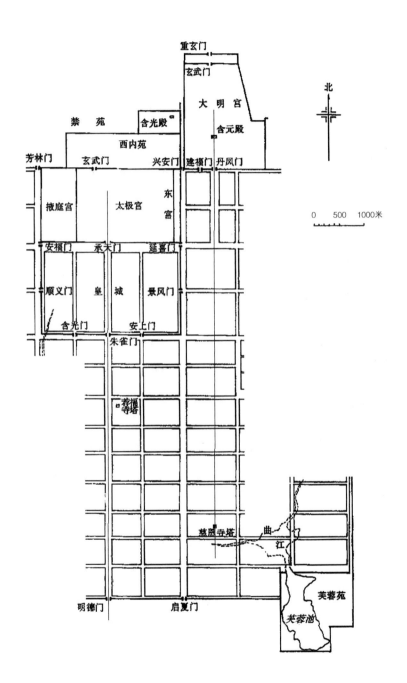

图3-10g 隋唐长安轴线

三、空间序列

轴线的设置往往就在轴线上出现由各类建筑、院落（广场）组成的空间序列。空间序列是一种特殊的场所。隋唐洛阳城中轴线尤其是武则天时期的"七天建筑"，堪称中国古代最华丽的都城中轴线。明清北京城中轴线是一个极为典型的空间序列，在这一空间序列上综合运用了城市设计的各种手法，且淋漓尽致、炉火纯青。

（一）隋唐洛阳城中轴线

在宇文恺规划营建的基础上，经过武则天执掌朝政时期的改造、增建，洛阳城中轴线出现了由多个建筑群组成的空间序列。

1. 隋唐洛阳城中轴线

隋唐洛阳城中轴线自定鼎门经端门、应天门至龙光门，南北长7公里，相继建有十多座规模宏大的建筑。上清宫位于洛阳市邙山之巅翠云峰，在隋唐洛阳城中轴线最北端。相传是太上老君炼丹的地方，为我国第一个以"上清宫"名字出现的道教名观。上清宫始建于唐高宗乾封元年（666年）。洛阳宫城的正南门是应天门（隋朝时称则天门），从应天门一直向北1270米，是玄武门。玄武门是隋唐洛阳宫城的正北门，但玄武门北还有两个小城，即曜仪城和圆璧城。最北边是龙光门，龙光门之外，就是邙山了（图3-10d）。

2. 武周洛阳城中轴线

唐麟德元年（664年），武则天与唐高宗李治一起上朝，临朝听政，二人合称"二圣"。李治之后，武则天作为唐中宗李显、唐睿宗李旦的皇太后临朝称制。大周天授元年（690年），武则天自立为帝，宣布改唐为周。唐神龙元年（705年）武则天退位病逝。武则天实际执掌朝政40年。

武则天对洛阳城特别是对中轴线进行了改建，使洛阳宫城殿宇的立体轮廓更加丰富，风貌气势显得更加辉煌壮丽。轴线上高大建筑均冠一"天"字，中轴线上的"七天建筑"，是中国古代最高大、华丽的中轴线建筑群，从南往北分别是：天阙（伊阙）、天街、天津桥、天枢、天门（应天门）、天宫（明堂）、天堂。据史料记载，明堂、天堂和天枢的高度分别达到73.5米、120米和31米。

武则天于唐睿宗"垂拱四年（688年），拆乾元殿，于其地造明堂，……又于明堂北起天堂，广袤亚于明堂。"[42]

天堂，亦名通天浮屠、天之圣堂，始建于唐垂拱五年（689年），位于宫城正殿明堂的北侧。武则天在明堂建成之后，命薛怀义作夹纻大像（干漆造像，即今之脱胎像），所造佛像十分巨大，其小指中犹容数十人。并在明堂北侧建立天堂，以安奉巨大的佛像。建成的天堂数百尺高，共五级，至第三层，已经可以俯视高近90米的明堂了。[43]

武则天称帝后的第五年，失宠后的薛怀义放火烧了天堂。"证圣元年（695年）正月丙申夜，天堂火灾，延及明堂，至清晨，二堂俱毁"。武则天天册万岁二年（696年）三月，明堂被毁之后的第二年，重新建造的明堂落成，重建后曰"通天宫"。[44]

天枢，为武则天所铸的歌功颂德纪念碑，位于皇城端门外。天枢立于皇城之前，表示皇权至高无上，洛阳为权枢所在。天枢为柱状，高约31.06米，直径约为3.55米，柱身八面，每面宽约1.48米。基层为周长50.29米的铁山，中部棱柱体环绕铜制的蟠龙、麒麟。顶部为腾云承露铜盘，直径约0.75米，上置四龙立捧火珠，高约3.33米，柱身碑刻文武百官和臣服国酋长的名字，武则天自书其榜曰："大周万国颂德天枢"。[45]

天津桥横跨于穿城而过的洛河上，为连接洛河两岸的交通要道，桥正北是皇城和宫城，殿阁巍峨，桥南为里坊区，十分繁华。天津桥始建于隋大业三年（607年），最初是一座浮桥，由铁锁钩连大船而成，跨水长130步。唐贞观十四年（640年），改建成为石桥。天津桥上有四角亭，桥头有酒楼。唐代天津桥地段的洛河分作三股，分设三桥，天津桥居中，其北是黄道桥，其南为星津桥。[46]

天门即应天门，是隋唐洛阳宫城紫微宫的正南门，始建于隋大业元年（605年），在隋代称则天门，唐神龙元年（705年）避武则天讳，改为应天门。应天门是当时朝廷举行重大国事庆典与外交活动的重要场所，若元正、冬至、陈乐、宴会、赦宥罪、除旧布新，

42（后晋）刘昫. 旧唐书. 卷一百八十三·列传一百三十三·外戚
43 天堂（隋唐洛阳城"七天建筑"之一）. https://baike.baidu.com/item/天堂
44 明堂（唐洛阳城紫微宫正殿）. https://baike.baidu.com/item/明堂
45 天枢（隋唐洛阳城"七天建筑"之一）. https://baike.baidu.com/item/天枢
46 天津桥. https://baike.baidu.com/item/天津桥
47 应天门. https://baike.baidu.com/item/应天门

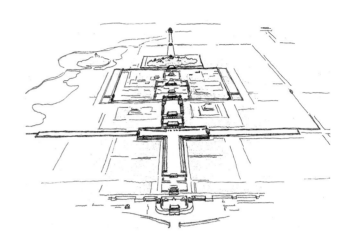

图3-11a 北京城中轴线鸟瞰

当万国朝贡使者、四夷宾客等重要庆典,皇帝均登临听政。武则天称帝等仪式均在应天门城楼上举行。应天门基座平面呈"凹"字形,东西长约130米,南北宽约60米,城门进深约25米。城楼高约35米,双向三出阙,两侧共六阙,上有两重观,这是古代都城宫城正门最高礼制。[47]

天街即定鼎门大街,连接宫城正门和郭城正南门"定鼎门"的御道,宽110米。

天阙(伊阙)即龙门,这里两岸香山、龙门山对立,伊水中流,远望就像天然的门阙。因此自春秋战国以来,这里就被称为伊阙。隋都洛阳,皇宫大门正对伊阙,得名"龙门"。

(二)明清北京城中轴线

明清的北京城中轴线自永定门到钟楼—鼓楼,全长7.8公里。这条中轴线是北京紫禁城、皇城、内城和外城一以贯之的轴线。结合北京的地形地貌,为了避免水面的切割,而又能把三海包括在皇城以内,轴线略偏于全城的东半部,皇城并没有按中轴线东西绝对对称。

这条中轴线大体可以分为三段:正阳门前,南至永定门,由商店、民居形成的市街,以及天桥以南天坛、先农坛的围墙,组成中轴线的"前奏"部分;自正阳门至景山是这条轴线的主体;景山以后至钟楼是中轴线的"尾声"。

中轴线的重点则是自大清门至后三宫,这里连续不断地布置了一系列殿宇、广场,琼楼玉宇,千门万户,并安排了三处高潮:天安门、午门、太和殿,而以太和殿为最高潮(图3-10g,图3-11a、11b、11c)。

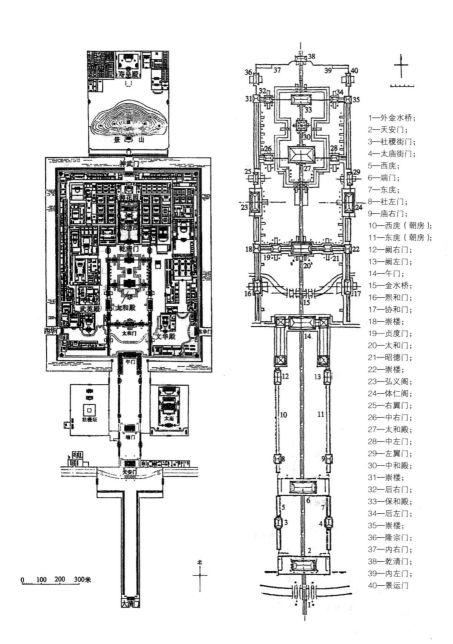

图3-11b 明清北京中轴线（大清门—景山）
资料来源：刘敦桢. 中国古代建筑史

图3-11c 明清北京中轴线（天安门—乾清门）
资料来源：潘谷西. 中国建筑史(第五版)·第四章宫殿、坛庙、陵墓. 北京：中国建筑工业出版社，2004

1—外金水桥；
2—天安门；
3—社稷街门；
4—太庙街门；
5—西庑；
6—端门；
7—东庑；
8—社左门；
9—庙右门；
10—西庑（朝房）；
11—东庑（朝房）；
12—阙右门；
13—阙左门；
14—午门；
15—金水桥；
16—熙和门；
17—协和门；
18—崇楼；
19—贞度门；
20—太和门；
21—昭德门；
22—崇楼；
23—弘义阁；
24—体仁阁；
25—右翼门；
26—中右门；
27—太和殿；
28—中左门；
29—左翼门；
30—中和殿；
31—崇楼；
32—后右门；
33—保和殿；
34—后左门；
35—崇楼；
36—隆宗门；
37—内右门；
38—乾清门；
39—内左门；
40—景运门

1. 广场系列组成

(1) 正阳门—大清门

正阳门及其箭楼这组瓮城是北京城内城的正门,在宫殿建筑中不多见的砖石结构的箭楼敦实厚重,雄伟挺拔,通过宽大的砖木结构建筑正阳门,过渡到了后面一系列的宫殿。

大清门(明时称大明门)前的棋盘街,是宫殿大门前的广场。广场南北为正阳门和大清门,东西为市井建筑;广场中围有石栏杆。朝会时这里是护卫驻足的地方。

广场起着一种过渡作用。大清门以内是皇宫禁地,文武官员"至此下马。"大清门以外则是普通的市区建筑。广场的石栏杆、市井建筑等尺度近人,烘托出了红墙黄瓦的大清门(图3-12、图3-13)。

(2) 大清门—天安门

天安门(明时称承天门)是皇城的正门。这一非常重要的节点不是一个单一的门,而是一组建筑群组成的一个广场。

明清时代,每遇"登极"、册立皇后等大庆典,都要在天安门前举行"颁诏"仪式。届时,文武百官及耆老在金水桥南依官位序列,恭听宣诏官在天安门上宣诏。天安门南的千步廊,吏部、兵部常在那里进行所谓"月选""挚签",即选拔官吏;礼部在长安左门前的千步廊上"磨勘",重新审核乡会试的考卷;刑部在长安右门内的千步廊前举行"秋审"和"朝审",复审各省上报的被处以死刑的囚犯和刑部在押的死刑犯。[48]天安门广场是帝王宫殿的前院,皇宫的起点。它连接了东西长安街,并通过棋盘街连接,它的"T"字形平面正好适应这一功能。

与天安门的功能相适应,天安门广场是全城中轴线上的第一个高潮。

"T"字形平面也产生了强烈的艺术效果。进入大清门后,就可以远远望见天安门的整个轮廓,但必须先经过两边千步廊形成的狭长空间后,天安门的总立面逐渐展开。到走完这长达500米的狭长空间,前面才是一个横向的更大的空间,辉煌壮丽的天安门矗立在前。这样由大清门至天安门,就造成皇宫可望而不可即的第一个印象。同样,由长安街来,进入东(西)外"三座门",也得先经过红墙形成的狭长夹道,长达四、五百米,然后经过长安左(右)门进入广场,气氛骤变。

---

48 赵洛、史树青. 天安门. 北京出版社, 1957

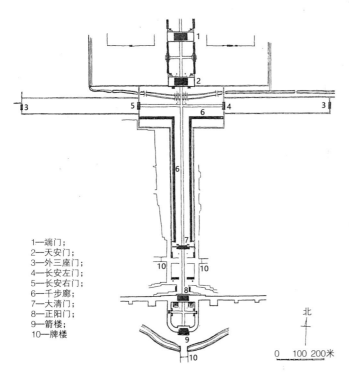

1—端门；
2—天安门；
3—外三座门；
4—长安左门；
5—长安右门；
6—千步廊；
7—大清门；
8—正阳门；
9—箭楼；
10—牌楼

正阳门瓮城

正阳门北立面　　正阳门瓮城平面

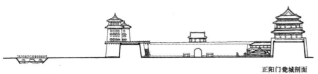

正阳门瓮城剖面

图3-12　明清北京中轴线（正阳门—端门）

图3-13　正阳门

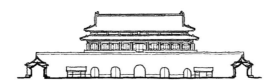

图3-14　天安门
图3-15　端门

不仅如此。灰瓦的千步廊和红墙形成的夹道低矮、静穆，而天安门高大、富丽，更有金水河、白石栏杆、华表、石狮作为陪衬。两者形成强烈对比，使空间前后有丰富的变化，重点突出。

广场上各个主要建筑的相互关系也有着良好的视角，突出强调了天安门。在广场上到处能见到天安门；而一进大清门，在两旁千步廊的透视线的尽头正好是整个天安门的高台和城楼；走到千步廊的尽头，正前方是天安门，在视野可及的范围内长安左、右门隐约在目。总立面上，长安左、右门和大清门在广场的边缘与天安门相互呼应（图3-14）。

（3）天安门—端门

端门与天安门的形体完全相同。广场东西为廊庑，廊庑中间各有太庙门和社稷坛门。端门的设置适应了由于安排了"左祖右社"而拉长了的中轴线。

这个广场是两个高潮之间的过渡空间。进入这个广场，两边建筑突然收窄，气氛顿觉森严、肃穆。同时，端门与天安门的外形完全一样，而广场深度又比较小，以重复手法体现了重重门禁的视觉效果（图3-15）。

（4）端门—午门

午门是宫城——紫禁城的正门。午门前是皇帝亲自举行受俘仪式的地方。午门上还放有钟、鼓，皇帝上朝或出入午门，就鸣钟击鼓。午门前也是"廷杖大臣"的地方。

东西两庑，为礼科、吏科、兵科、刑科、户科和中书科的公署、直房，各部、院、寺、府、监朝房。靠近午门的东西各三间为王公们朝集的地方。

午门前广场是中轴线上的第二个高潮。广场的宽度与端门前一样，但午门

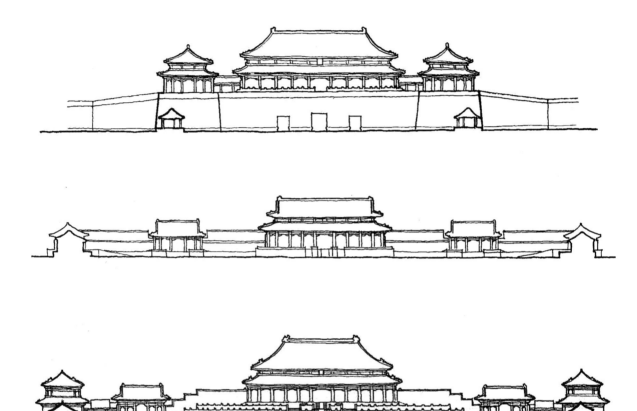

却特色鲜明，不仅与重复天安门的端门截然不同，与其他宫殿相比也很独特：体型高大，"五凤楼"轮廓丰富，连门洞也不同一般，是方形的，显示了气势凌人的雄姿。拉长了的广场深度、两边廊庑，再配以当时两旁肃立的仪仗、刀斧手等，更渲染出非常威严的气氛，适合于举行受俘仪式、"廷杖大臣"，也强调了紫禁城正门的气势（图3-16）。

图3-16　午门
图3-17　太和门
图3-18　太和殿

（5）午门—太和门

明及清初在太和门举行五日为期的"御门之典"（后改御乾清门），所以太和门前已经是上朝的地方，是很重要的广场。广场东有协和门通文华殿，西有熙和门通武英殿。东庑北为稽察钦上谕处，南为内阁诰敕房；西庑北为翻书房，南为起居注馆；东南隅为内阁公署，西南隅为膳房、外库。

午门以内，就是宫殿重心所在。因而午门内外，气氛大不相同。广场由窄长突然变为横宽，规模大增，使人感到开阔、宏伟。广场上有一弯河水，上架汉白玉栏杆的内五龙桥，更显丰富，与端门—午门广场形成强烈对比。但广场四周建筑都比较低矮，太和门左右廊庑都为背面，说明它还只是一个前奏而已，预示着下一个高潮的出现（图3-17）。

（6）太和门—乾清门

太和门和乾清门之间布置着这条中轴线上最重要的建筑——三大殿。太和殿是皇朝的正殿，每年元旦、冬至、"万寿"（皇帝生日）三大节日以及"登极""颁诏"、公布进士"黄榜"、命将出师等大庆典都在这里举行仪式。中和殿在太和殿后，是皇帝去太和殿举行大典前准备、休息的地方，有时也在此举行受贺仪式的演习。保和殿是年终举行大宴会的地方，清雍正以后，还把"殿试"由太和殿改到这里进行。

清代后期在乾清门举行"御门之典"，朝房也由午门外移到景运门和隆宗门外。

三大殿及其所在的广场是整个中轴线的高潮。

广场规模很大，宽230米，长380米，太和殿大致位于整个广场对角线的交点上，突出了太和殿这个最主要的建筑的地位。

太和、中和、保和三大殿建在同一个高达7.1米的大基座上，组成一个整体；大基座的三层白色汉白玉栏杆衬托着黄瓦红墙的高大的三大殿，大大强调了三大殿至高无上的地位，使它们在整个中轴线上变得无与伦比。同时，广场周围的其他建筑也比较高大，体型丰富，加强了三大殿深远、森严、肃穆的气氛，进一步强调了广场的重要性。

整个广场又用红墙分割成三个空间，使太和殿前有一个全中轴线上最大的近乎正方形的独立的广场，突出了这个广场的最高潮地位（图3-18）。

（7）乾清门—坤宁门

乾清门和坤宁门之间是内廷宫殿——后三宫。乾清宫是皇帝的寝宫，皇帝也在此"临轩听政"、内廷受贺赐宴、召见大臣、引见庶僚、接觐外藩属国陪臣。坤宁宫是皇后的寝宫。乾清宫和坤宁宫之间为交泰殿，是皇帝和后妃们起居生活的地方。

后三宫及其所在广场的布局与三大殿大体相同，但适应功能的变化，规模大为缩小，"广场"变为"院落"，气氛完全不同。

2. 艺术处理手法

　　明清北京城中轴线布局非常明显地反映着一个中心思想，那就是用"城市设计"手段，创造一种宫殿辉煌壮丽、森严肃穆、神秘莫测的气氛，来强调"天子"的至高无上的权威。

　　所有重要的宫殿及其正门都布置在这条中轴线上，这条中轴线实际上是为皇帝一人专用的。中轴线上宫殿正中的"宝座"自然只能是皇帝用的，就是中轴线上的门、通道、台阶也只准皇帝通行，两旁的门、通道、台阶才能为其他官员出入，而且也等级分明。正阳门正中的门平时是不开的，只有皇帝出入时才开启。天安门前金水桥，正中称"御路桥"，只准皇帝通行；"御路桥"左右为"王公桥"，是亲王等通行的；再左右为"品级桥"，为三品以上文武官员专用；再两端是"公生桥"，是四品以下官吏走的。另外，殿宇前总有三条台阶，正中为御道，供皇帝专用。

　　（1）中轴线始终一贯，用这条中轴线把全城的主要建筑、宫廷的广场联系成有机的整体。中轴线上的建筑本身严格对称，各个广场的左右也严格对称，造成一种无限深远、非常严整的气势。

　　（2）特别强调中轴线这条纵轴，而并不突出横轴的处理。在中轴线上没有一个广场是以横轴为中心左右绝对对称的。而纵轴上则配以高大的建筑，两边的建筑都比较矮小；铺地、建筑小品的处理也加强了纵轴，在纵轴上是一条连续的花岗石砌的御路，石狮、华表、嘉量、日圭、宝鼎等建筑小品、陈设都对称安排在纵轴两旁。

　　（3）漫长的中轴线上有组织地安排了节奏，以对比突出了重点，因而使人的感情随之高低起伏，给人以变幻无穷、气象万千的印象。

　　全轴线分三大段。从永定门到正阳门是轴线的前奏。轴线的中段，自正阳门至景山是轴线的主体；这段轴线主体中，自大清门至后三宫，是轴线的重点，安排了天安门、午门及太和殿三个高潮，而以太和殿为最高潮。景山之后，轴线进入第三段——尾声，节奏减弱，最后以钟楼—鼓楼作结束。

　　轴线中段的三个高潮布置得很紧凑，一个接着一个。每个高潮在"主体空间"前都有一个"准备空间"，三个"主体空间"分别同它的"准备空间"组成三组广场：大清门—天安门，天安门—端门—午门，午门—太和门—乾清门。

这三组广场本身的两个空间前后对比，以前一个"准备空间"来突出后面的"主体空间"；同时，三组广场分别自成一格，彼此对比，互相衬托，以"准备空间"承前启后，形成一个完整的广场群。

大清门—天安门这一组，虽然没有完全隔开，联成一体，但平面形状的不同，自然就分成千步廊与天安门前两组空间。千步廊前空间成为一个"准备空间"。千步廊前的狭长衬托了天安门前的开阔。

端门前的空间与午门前的空间宽度一致，两边廊庑也一样，组成一组。但它们长短不一，端门与午门的形体也迥然不同。端门与天安门的形体却是相同的。端门前广场以其深度小、端门与天安门的重复来衬托拉长了的午门前广场和形体特别的午门。这也是"欲扬先抑"的对比手法。

午门—太和门—乾清门这组广场，它们也有同样的宽度，基本格调是一致的。但太和门前建筑低矮，突出了三大殿所在的广场。

同样的对比手法也运用在三组广场的彼此关系上。天安门前的开阔衬托了天安门—端门—午门的狭长。天安门—端门—午门长达600多米的狭长空间更是非常有效地衬托出了午门—太和门—乾清门这组广场的宏伟气魄，使后者成为全轴线的最高潮。

（4）出于警卫森严、气氛肃穆的要求，中轴线上的广场都是封闭的，与周围街道、相邻广场只有门洞相通。但几个主要广场天安门前、太和门前、太和殿前仍然显得开阔，因为广场面积比较大，建筑比较矮，建筑高度与广场深度或宽度之比都很小。一般均在1∶10左右，最大的也不过1∶5（天安门或端门在天安门—端门广场上），最小的在太和门前两边廊庑与广场宽度之比为1∶18（图3-19）。

同时，建筑都有比较好的欣赏角度。几个主要建筑的门洞、开间都成为对面建筑物的框景。

（5）从大清门起到后三宫，所有广场上都没有绿化。与周围的太庙、社稷坛、御花园松柏蔚然形成强烈对比，更增加了宫内的严肃气氛。可以想见，当时皇帝举行重大仪式，两边仪仗旗帜从太和殿一直排到天安门，钟鼓齐鸣，香烟缭绕，在这种威势逼人的排场下，即使是朝廷大臣也会不寒而栗。

（6）以钟楼—鼓楼作为全轴线的结束，与正阳门及其箭楼，遥相呼应，加强了中轴线的整体性。钟楼—鼓楼虽不是轴线上的主要建筑，但作为结束，钟楼—鼓楼有其特殊地位。鼓楼以其体量、钟楼以其高度突出于周围一片民居之中。而钟楼更显得与众不同，不仅形体高耸，还是宫殿建筑中少见的砖石建筑。钟楼—鼓楼这一组建筑与中轴线主体部分的开端的一组建筑——正阳门及其箭楼类似，而与其他中轴线上的宫殿建筑差别很大（图3-13、图3-20）。

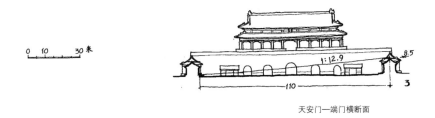
天安门—端门横断面

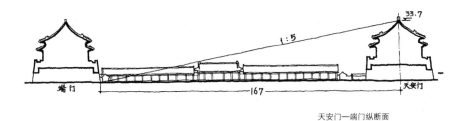
天安门—端门纵断面

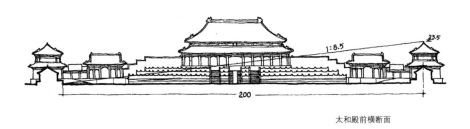
太和殿前横断面

太和门前横断面

图3-19　明清北京中轴线广场几个剖面

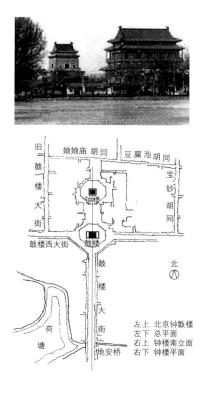

图3-20 北京钟楼—鼓楼
资料来源:(总平面)据内务部职方司测绘处. 京都市内外城地图. 财政部印刷局,民国5年(1916年)(北京钟楼平面、立面)潘谷西. 中国建筑史(第五版)·第一章古代建筑发展概况. 北京:中国建筑工业出版社,2004

左上 北京钟鼓楼
左下 总平面
右上 钟楼南立面
右下 钟楼平面

四、轴线上的建筑小品

建筑小品是指从属于某一建筑空间环境,具有点缀、装饰和美化作用的小体量的建筑物、标志物等。在殿宇、陵园中轴线两侧布置各种建筑小品,以接近人的尺度,衬托高大的主体建筑;两侧建筑小品对称布置,也强化了中轴线。运用建筑小品成为强化中轴线,体现礼乐秩序的常用手法。

早在商鞅修建咸阳城时就"大筑冀阙"。冀阙是指宫城正门外的门阙,为宣示国家重要法令的地方。阙,又称"象魏"。根据《说文解字系传》的解释,阙这种建筑物是古代帝王在宫廷大门之外建两个对称的台子,在台子上建楼观,上圆下方,因其两台子之间阙然为道,所以称为阙。秦汉以后,宫殿、祠庙、陵墓等大门外出现许多左右对称的石阙。阙也往往成为建筑群中轴线起点的标志(图3-21)。

除了阙以外,建筑小品在宫殿前主要有华表、石狮等;墓前主要为翁仲、石兽等。

南朝陵墓都有石刻,主要是神道两侧的石柱和石兽。石兽包括麒麟、天禄

和辟邪。梁萧景墓神道西石柱分座、柱、盖三部分，通高6.05米。石柱上部近盖处有矩形柱额一面，上刻"反左书"铭文。反左书是以左手反写的字体，出现于梁初至大同年间（图3-22）。

唐乾陵是墓道上建筑小品最为丰富的典型。第一道门阙在山下神道最南端。第二道门阙向北，两旁是翁仲，包括华表、翼马、鸵鸟（朱雀）、仗马及牵马人、侍臣。再北东为无字碑，西为述圣记碑。碑以北第三道门阙，是进入陵域的标志，左右排列蕃酋像。蕃酋像北即内城南门，门外置石狮、石人各1对（参见图6-22）。

明孝陵是用建筑小品来标识曲折的轴线，从下马坊直至方城明楼（参见图6-23）。

北京城中轴线空间序列上的建筑小品十分丰富，美轮美奂。天安门前后有华表、石狮，天安门内的一对华表顶上的蹲兽犼称为"望君出"，意为皇帝应该出宫去体察民情。天安门外的一对华表顶上的蹲兽犼称为"望君归"，是呼唤皇帝赶快回宫处理朝政大事。太和殿前月台上左右还陈设日晷、嘉量各一，铜龟、铜鹤各一对，铜鼎18座，衬托出太和殿的庄严、宏伟。在地面上砌嵌着两行一尺见方的白石块，称仪仗墩。每块间隔一米左右，左右呈八字形，共约二百块。举行大典时，仪仗队伍站在仪仗墩上，手执旌、旗、扇、盖、星、钺、瓜、戟等。此外太和殿周围还有镏金大缸多个，既是建筑小品，也可起消防作用。

图3-21 四川雅安东汉高颐墓西阙
资料来源：潘谷西. 中国建筑史（第五版）·第一章古代建筑发展概况. 北京：中国建筑工业出版社，2004

图3-22 南朝石刻
资料来源：苏则民. 南京城市规划史（第二版）·第四章六朝建康. 北京：中国建筑工业出版社，2016

第三节 因地制宜主要在于对山水的处置

古代都城城市设计在遵循"礼乐秩序"的主导理念的同时,"因地制宜"也是其重要的城市设计理念,而"因地制宜"主要在于对山水的处置。

一、适应自然

管子参与建设的齐国国都临淄(图3-23),从作为齐国首都起,到齐为秦所灭止,历西周、春秋、战国3个时期,共830年。临淄城位于临淄河西岸,南北城墙外有护城河,由大小二城构成。最为特殊之处在于不仅大小二城平面形状均为不规则形,而且小城嵌在大城的西南角,共用一部分城墙。这充分体现了顺应自然,不拘一格的管子建城理念。

南宋临安体现了因地制宜的城市设计理念,适应自然,城郭与山水环境浑然一体。

临安原为地方政权吴越国(907—978年)的都城,被选定为南宋都城后便扩建原有吴越宫殿,增建礼制坛庙,疏浚河湖,增辟道路,改善交通,发展商业、手工业,使之成为全国的政治、经济、文化中心。临安城设门13座:南嘉会,正对御道;东南便门、候潮、保安、新开;东崇新、东青、艮山;北余杭;西钱塘、丰豫(涌金)、清波、钱湖。另有水门5座。东青门和艮山门有瓮城。

临安地处江南水网地区,南倚凤凰山,东、南临钱塘江,西濒西湖。城内共有四条河道,均呈南北向。自隋代始,城市就呈南北向狭长形态。临安主要道路——御街与河道平行,成为南北贯通的主轴线(图3-24)。

御街自宫殿北门和宁门起至城北景灵宫止,全长约4500米,贯穿全城。宫殿在南,御街南段为衙署区,中段为商业区,同时还有若干行业市街及文娱活动集中的"瓦子",官府商业区则在御街南段东侧。形成了"南朝北市"的格局。

临安以御街为主干道,另有四条与御街走向相似的南北向道路。东西向干道也有四条,都是东西城门之间的通道。还有次一级的街道若干条,均通向中部御街。全城因地制宜，形成大小不一的网格，道路方向多斜向，并以"坊"命名。

城内河道有四条，其中盐桥河为主要运输河道，沿河两岸多闹市。城外有多条河流，与大运河相连。这些纵横相交的河和湖构成了一幅水运网。

临安宫城原为吴越时的子城。周围9里，南有丽正门，北有和宁门。

居住区在城市中部，许多达官贵戚的府邸就设在御街旁商业街市的背后，官营手工业区及仓库区在城市北部。以国子监、太学、武学组成的文化区在靠近西湖东北角的钱塘门内。临安不仅将城市与优美的风景区相结合，而且还有许多园林点缀其间。

元大都、明北京以水面为依托来确定城市的格局。为了把大片水面包括在皇城以内，而又不致切断中轴线，将中轴线略偏于全城的东半部，皇城并没有按中轴线东西绝对对

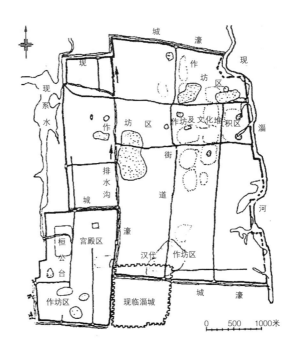

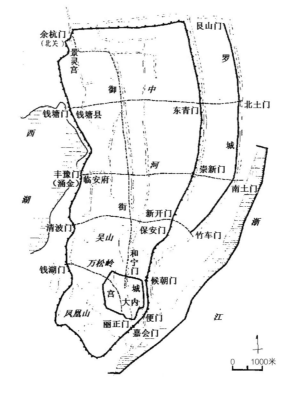

图3-23 齐临淄
资料来源：据汪德华. 中国城市规划史纲. 南京：东南大学出版社，2005

图3-24 南宋临安
资料来源：据董鉴泓. 中国城市建设史（第三版）·第六章宋元时代的城市. 北京：中国建筑工业出版社，2004

称。"元大都规划时,主动结合大尺度水面进行规划设计,将宫城、皇城紧靠开阔的太液池,……那些连同水面的河流穿城而过,有机穿插在城市之中,将人所居住的'城'同周围的山水融在一起。结合大水面进行都城布局是元大都的伟大创造,在中国人居史上占有重要地位。"[49]

二、利用自然

结合南京的山川形势,因地制宜,体现《管子》"天材地利"的思想,这是作为六朝、南唐和明朝都城的南京最有特色之处。

东吴建业地处丘陵地带,又有河道纵横,孙权看中了南京"虎踞龙盘"的山川形胜。建康城中轴线以牛首山的两个山峰为"天阙",大体与河道走向一致,又正对淮水河湾,使城市处于"汭位"(参见图1-10)。

东吴充分利用已有的河湖,"穿堑发渠",引运渎,开潮沟,凿青溪,构筑了建康的河网水系,犹如今日之修路架桥,一是为了运输,二是"以备盗贼",同时也成为六朝时期南京的城市骨架。后湖是一个天然的受水面积较广的盆地,古称桑泊,东吴时称蒋陵湖、练湖。东晋元帝建武元年(317年)时改称北湖,并在南岸修筑了一条长堤;两年后又筑了北堤。

这些新开河渠的走向大体都南偏西,与都城轴线及主要大道的方向相吻合,形成城市的肌理,为城市后来的发展奠定了基础(图3-25)。

南朝和东晋建康是在东吴建业原址上兴建的,虽然城池宫阙进行了大规模的新建、改建,但基本上仍然利用了东吴时期的水网形成的城市格局。

南唐以金陵为都,改称江宁府。此前,杨吴(五代吴国)大和四年(932年)"徐知诰广金陵城周围二十里",城周长是四十五里(约今20公里余):西据石头岗阜之脊,南接长干山势,东以白下桥(今大中桥)为限,北以玄武桥(今北门桥)为界。

南唐江宁有两重城墙:都城和宫城,宫城也称皇城。

南唐江宁城比六朝的建康城大大南移了,它不仅避开了荒芜了300多年的南朝宫城区,最主要的是将秦淮河及其周围的居民区、商业区包括在了都城内,成为南京人口最密集、工商业最繁华的地区,使"城"和"市"共处于一个整体中。

与此同时,南唐沿城开挖护城河,史

---

[49] 吴良镛. 中国人居史·第六章变革与涌现——宋元人居建设·第一节都城人居建设. 北京:中国建筑工业出版社,2014

第三章
体现设计理念和设计手法的典型代表——都城

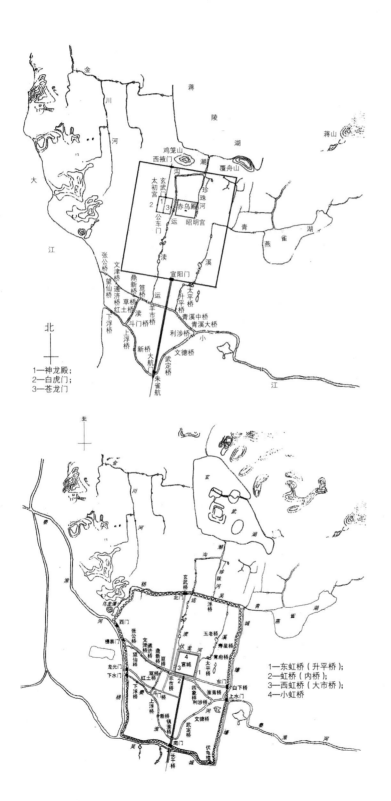

图3-25 东吴水系及建业示意图
资料来源：苏则民. 南京城市规划史（第二版）·第四章六朝建康. 北京：中国建筑工业出版社，2016

图3-26 南唐江宁府城示意图
资料来源：苏则民. 南京城市规划史（第二版）·第六章南唐金陵. 中国建筑工业出版社，2016

图3-27 南京明城墙
上左 由钟山远眺龙广山上的明城墙；
上右 石头城——明城墙清凉山段
下 玄武湖畔明城墙
资料来源：（上左、上右）笔者摄；（下）南京市明城垣史博物馆.城垣沧桑——南京城墙历史图录.北京：文物出版社，2003

称"杨吴城濠"。濠于竺桥会青溪，西经浮桥会珍珠河，再西经北门桥，入乌龙潭，再入江；自竺桥向南经玄津桥、大中桥，再向南，继而折向西，经长干桥，再西汇入秦淮河。[50]绕城南的一段后来也被称为外秦淮河（图3-26）。

南唐江宁城充分利用了自然山水。正如明代顾起元《客座赘语》所说："南唐都城，南止于长干桥，北止于北门桥。盖其形局，前依雨花台，后枕鸡笼山，东望钟山，而西带冶城、石头。四顾山峦，无不攒簇，中间最为方幅。而内桥以南大衢直达镇淮桥与南门，诸司庶府，拱夹左右，垣局翼然。当时建国规摹，其经画亦不苟矣！"[51]

明南京皇城，特别是宫城，规整而对称，承袭规制，不失帝王至尊。但明南京都城，却非方非圆，把制高点圈进城内，利用南唐城的南面和西面，加以拓宽和增高，沿北面的清凉山、马鞍山、四望山（今八字山）、卢龙山（今狮子山）、鸡笼山（今北极阁）、覆舟山（今小九华山）、龙光山（今富贵山），"皆据岗垄之脊"[52]。城墙或高或矮，或宽或窄，不拘一格。遇山则就山势筑城，高低起伏；遇水则以水面护城，蜿蜒曲折。利用外秦淮河和玄武湖等水面，作为宽窄不一的护城河。护城河或利用自然水面，或人工开挖，与城墙之间也或宽或窄，顺其自然。人工与自然浑然一体（图3-27）。

---

50 南京市地方志编纂委员会.南京水利志·第三章城市水利·第一节河湖.深圳：海天出版社，1994
51（明）顾起元.客座赘语·卷一·南唐都城.庚已编·客座赘语.北京：中华书局，1987
52 康熙江宁府志·卷5·石头山

三、堆山引水

山水对于城市太重要了，城市设计不仅适应和利用自然山水，也人工堆山引水。

宋东京（今开封）因袭五代旧城。北宋末，东京人口估计有130万～190万，既是全国的政治中心，又是商业文化中心。东京有皇城、内城、外城三重城墙，皇城居于城市中心，内城围绕在皇城四周。最外为外城（亦称罗城），平面近方形，东墙长7660米，西墙长7590米，南墙长6990米，北墙长6940米。外城东、西、南三面各有三门，北面四门，此外还有专供河流通过的水门十座。

全城道路从市中心通向各城门，从皇城南门至外城南门的南北向干道，宽200米，成为全城的中轴线。

在东京，汴河、蔡河、五丈河、金水河"四水贯都"成为城市的重要经济命脉。在城墙外又各有护城河一道，四水通过护城河相互沟通，作为运输通路非常方便。金水河通往宫殿区，供给宫廷园林用水。

北宋中期，封闭型的坊市制度已开始崩溃。东京以坊巷为骨架，主要街道成为繁华商业街，皇城正南的御路两旁有御廊，允许商人交易，州桥以东、以西和御街店铺林立，潘楼街也为繁华街区。住宅与商店分段布置，州桥以北为住宅，州桥以南为店铺。有的街道住宅与商店混杂，如马行街。集中的市与商业街并存。大相国寺，被称为"瓦市"，其"中庭、两庑可容万人"。在一些街区还有夜市，如马行街"夜市直至三更尽，才五更又复开张"，有许多酒楼、餐馆通宵营业。此外，出现了集中的娱乐场所——瓦子，由各种杂技、游艺表演的勾栏、茶楼、酒馆组成，全城有五六处。

但东京有水无山。宋徽宗赵佶是一位爱好文艺书画的皇帝，且对江南园林赞赏有加。宋政和七年（1117年），宋徽宗于汴京景隆门内以东，封丘门（安远门）内以西，东华门外以北，堆起顶峰高达九十步，方圆十余里的山丘，命名"寿山艮岳"，调运大量人力财力购运全国珍奇石木，以此完善皇城的山水格局（图3-28）。

北京城也无山可枕。明永乐年间，将拆除元代宫殿的渣土和挖掘宫城护城河的泥土在中轴线上、宫城以北堆起一座土山——"万岁山"（今景山），又称大内"镇山"，成为北京城的制高点，极大地丰富了城市轮廓线。又将皇城南

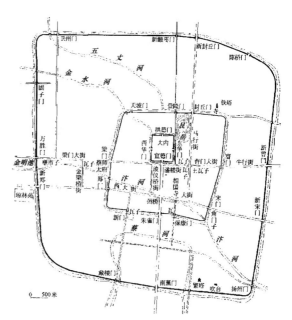

图3-28 北宋东京推想图
资料来源：董鉴泓. 中国城市建设史（第三版）. 第六章宋元时代的城市. 北京：中国建筑工业出版社，2004

墙南移约一里，在太液池南加挖南海，形成了北京城的一条"水轴"，也是绿轴。不仅有助于改善北京的小气候，也衬托了中轴线上宫殿群的辉煌壮丽。

四、就地取材

"就地取材"也是一种因地制宜。

夏是十六国之一。东晋义熙三年（夏龙升元年，407年）赫连勃勃自称大夏天王、大单于。夏国初建，不立都城。义熙九年（夏凤翔元年，413年），乃赦其境内，改元为凤翔，以叱干阿利领将作大匠，发岭北夷夏十万人，于朔方水（今红柳河）北、黑水（今纳林河）之南营起都城。勃勃自言："朕方统一天下，君临万邦，可以统万为名。"[53]

统万位于今陕西榆林市靖边县北。城墙用糯米汁混合了草与土砂筑就，色白，因而也称白城子。

统万城由外廓城和内城组成，内城又分为东城和西城两部分，面积近37万平方米。外廓城平面呈长方形，周长约4700米。东、西城中间由一道墙分开，东城约长730米、宽500米；西城约长650米、宽500米。城墙上每隔50米有一个敌楼。西

---

53 （唐）房玄龄等. 晋书·卷一百三十·载记第三十·夏赫连勃勃载记

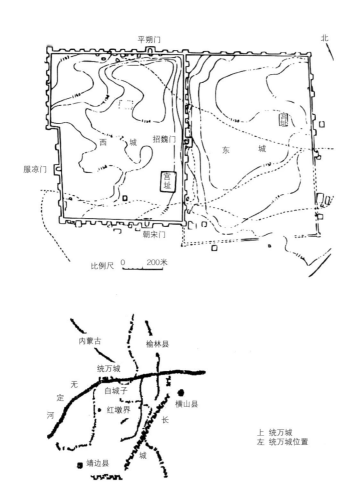

图3-29 夏统万城
资料来源：据董鉴泓. 中国城市建设史（第三版）·第五章三国至隋唐时期的城市. 北京：中国建筑工业出版社，2004

城有四门，南曰"朝宋"，东称"招魏"，北名"平朔"，西谓"服凉"，可见当年赫连勃勃想一统天下的雄心。

统万城筑起了三道立体防御体系：第一道是河流，由红柳河、纳林河夹道形成三角台地，两面临河，统万城坐落其中；第二道是外郭城，是外围的一道城墙；第三道是虎落、夯土城垣、马面、垛台、护城壕、铁蒺藜等。所谓"虎落"，据《汉书·晁错传》记载，指的是篱落、藩篱，用以遮护城邑或营寨的竹篱。"虎落"柱洞里面，插满了削尖的木桩或者竹子，以此防御敌人进攻（图3-29）。

第四节 整体创造

整体创造就是规划设计理念的集中体现,规划设计手法的融会贯通,综合运用。

早在西周初,"武王选址,召公相宅,周公营建,成王定鼎",反映了都城从立意、选址到营建的全过程。隋唐长安、洛阳和明朝南京、北京更是基于历史文化的整体创造的杰出代表、典型案例。

一、周洛邑

《史记·周本纪》说:"成王在酆,使召公复营洛邑,如武王意。周公复卜申视,卒营筑,居九鼎焉。曰:此天下之中,四方入贡道里均。"[54]

成周即洛邑由"武王选址,召公相宅,周公营建,成王定鼎",周成王五年(约前1038年)建成并迁都于此。

武王选址 《逸周书·度邑》记载,武王对周公说:"我图夷,兹殷,其惟依天,其有宪命,求兹无远。天有求绎,相我不难。自洛汭延于伊汭,居阳无固,其有夏之居。我南望过于三途,北望过于有岳鄙,顾瞻过于河,宛瞻于伊洛。无远天室,其曰兹曰度邑。"[55]天室,应指太室山,亦即中岳嵩山,被认为是天下之中。西周早期成王时的青铜器何尊铭文也提到周武王决定迁都洛邑,"宅兹中国"。

召公相宅 周公平叛后,"成王在酆,欲宅洛邑,使召公先相宅,作《召诰》。""惟太保先周公相宅,越若来三月,惟丙午朏。越三日戊申,太保朝至于洛,卜宅。厥既得卜,则经营。越三日庚戌,太保乃以庶殷攻位于洛汭。越五日甲寅,位成。"[56]

周公营建 "召公既相宅,周公往营成周,使来告卜,作《洛诰》。""予惟乙卯,朝至于洛师。我卜河朔黎水,我乃卜涧水东,瀍水西,惟洛食;我又卜瀍水东,亦惟洛食。"[57]

成王定鼎 新邑成,称"成周"。"成王定鼎郏鄏"[58]。"故王城一名河南城,本郏鄏,周

---

54 (汉) 司马迁. 史记·卷四·周本纪第四
55 逸周书·卷五·度邑解第四十四
56 尚书·周书·召诰
57 尚书·周书·洛诰
58 (春秋) 左丘明. 春秋左传·宣公三年

公所筑，在洛州河南县北九里苑内东北隅。"[59]

洛邑位于洛水以北，瀍水东、西。西面是王城，是宫寝之所在；东面是成周，是宗庙之所在，亦是殷移民所迁之处。涧水、瀍水之间是周人聚居区，瀍水以东是殷人聚居区（图3-30）。

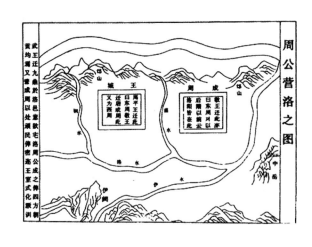

图3-30 周公营洛之图
图片来源：http://www.sohu.com/a/194048047_757132

《逸周书·作雒》对王城的规制、建筑乃至小品都有详细说明。周公为周室长久，让都城建在天下之中，"乃作大邑成周于中土。城方千七百二十丈，郛方七十里。南系于洛水，北因于郏山，以为天下之大凑。制郊甸，方六百里，国西土，为方千里。分以百县，县有四郡，郡有四鄙，大县城方王城三之一，小县立城，方王城九之一。都鄙不过百室，以便野事。……凡工贾胥市臣仆州里，俾无交为。乃设丘兆于南郊，以祀上帝，配以后稷，日月星辰先王皆与食。封人社壝，诸侯受命于周，乃建大社与国中，其壝东青土，南赤土，西白土，北骊土，中央釁以黄土，……乃位五宫，太庙、宗宫、考宫、路寝、明堂，咸有四阿，反坫、亢重、郎、常累、复格藻梲，设移旅楹春常画旅。内阶玄阶，堤唐山廧，应门库台玄阃。"意思是周公为周室长久，在国土中央营建大都邑成周。筑内城方一千七百二十丈，筑外城方七十里，南连洛水，北靠邙山，把它作为天下的大都会。制定郊甸之制，方六百里，连着西土共方千里，分为一百县。每县分四郡，每郡分四鄙。大县筑城比王城的三分之一，小县筑城比王城的九分之一。都邑不超过一百家，以便利耕作。……凡工匠、商贾、庶士、奴仆，各州里不使他们交杂混居。又在南郊设立祭坛、划定范围，用以祭祀天帝，以先祖后稷配享。日月星辰与五帝都同时受飨。封入主管社坛。天下诸侯从周王室命，就在都城中建立大社。社坛的东面是青土，南面赤土，西面白土，北面黑土，中央与各方交接处用黄土，……又立五宫，指太庙、宗宫、考宫、路寝、明堂。都是四角曲檐，两柱间有放置礼器、酒具的土台。还有重梁、两庑、栏杆、双斗、绘彩短柱。大堂旁有小屋，有排柱，藻井画有日月，门上横梁也绘彩。殿基上凿出的台阶涂成黑色，中庭路面高起，墙上画有山云。正门和内门高台都是黑色门槛。[60]

二、隋唐长安

（一）隋唐新都

"隋大兴—唐长安继承了前代都城规划经验，又结合规划者的才思予以全新的创造。它既体现了儒家文化的礼乐秩序，又吸纳了魏晋南北朝的文明成果，在中国历史上具有承前启后的重要地位。""隋唐时代是一个创新的时代，但这种创新又融入了对前代遗产的保护与利用，是一种基于历史文化的整体创造，它既延续了历史，又开创了未来"[61]隋唐长安呈现了一座无比壮丽、辉煌的大都城。

据《隋书·高祖纪》等记载，隋新都由高颎、虞庆则、宇文恺、刘龙、贺娄子干、高龙义、张煚等负责规划营建。虞庆则、贺娄子干不久出任军职，张煚服丧去职，高颎有宰相重任在身，新都建设的具体事务，主要由设计大师宇文恺（555—612年）主持。"及迁都，上以恺有巧思，诏领营新都副监。高颎虽总大纲，凡所规画，皆出于恺。"[62]"制度多出于颎"[63]。"今京城，隋文帝开皇二年六月诏左仆射高颎所置，南直终南山子午谷，北据渭水，东临浐川，西次沣水。太子左庶子宇文恺创制规谋，将作大匠刘龙、工部尚书贺娄子干、太府少卿高龙义并充检校。"[64]

杨坚和宇文恺规划营建新都时，认为汉长安城"凋残日久，屡为战场，旧经丧乱。今之宫室，事近权宜，又非谋筮从龟，瞻星揆日，不足建皇王之邑"[65]。汉长安城在龙首原北。隋文帝放弃汉都，选在汉长安城东南的龙首原南，仍是渭、泾、沣、涝（潦）、潏、滈、浐、灞，"八水绕长安"（唐以前，潏河是沿今皂河流向，北绕汉长安城西入渭河；后潏河改道汇入沣河，今属沣河的主要支流之一），但避开了汉长安城（图3-31a、31b）。

唐长安一如隋长安，完全继承了整个城市格局，只作了局部增建和调整。

长安城外郭城东西十八里一百一十五步，南北十五里一百七十五步，周围六十七里。实测东西长9721米，南北宽8651.7米，周长36.7公里。城门15个，东有通化门、春明门、延兴门；南为启夏门、明德门、安化门；西为开远门、金光门、延平门；北墙中段即宫城北墙，宫城以东有丹凤门，宫城以西有芳林门（隋称华林门）、景耀门和光化门，玄武门和安礼门与宫城共用。明德门是长安城的正南门，位于长安城的中轴

---

59 括地志·洛州·河南县
60 逸周书·作雒·解第四十八
61 吴良镛. 中国人居史·第五章成熟与辉煌——隋唐人居建设·第二节都城人居的创造与发展. 北京：中国建筑工业出版社，2014
62 （唐）魏征等. 隋书·高祖本纪·宇文恺传
63 （唐）魏征等. 隋书·隋书·高颎传
64 （唐）魏征等. 隋书·帝纪第一·高祖上
65 （唐）魏征等. 隋书·帝纪第一

图3-31a 西安历代都城位置示意图

线——朱雀大街的南端，规模宏大，是长安城最大的门。外郭城内有南北向大街11条，东西向大街14条，街道十分宽阔，其中明德门内朱雀大街宽达150～155米。两侧有宽3.3米、深约2米的水沟。城内大街把郭城分为110坊，朱雀大街以东55坊为万年县，朱雀大街以西55坊为长安县。朱雀大街两侧4列坊面积最小，有东西门和一条横街。皇城东西两侧的6列坊最大，有东西南北四门和十字街将全坊划为4个街区，又有小巷将全坊分为16个小区。"百千家似围棋局，十二街如种菜畦"（白居易：《登观音台望城》）。坊内是居民住宅、王公宅第和寺观。史籍记载佛寺100多处，道观30多座，波斯寺二，景教寺五。著名的慈恩寺有大雁塔，荐福寺有小雁塔，还有大兴善寺、青龙寺等。坊有坊墙，坊门早启晚闭，设专人防守。外郭城内在皇城的东南和西南设东、西两市。东、西市内各有两条东西和南北大街，构成"井"字形街道，市内9个区四面临街是店铺。

宫城是供皇帝、皇室居住和处理朝政的地方，包括太极宫、东宫和掖庭宫，南北长1492.1米，东西宽2820.3米，周长8.6公里，位于长安城北部中央。宫城正南门为承天门（隋代称广阳门），宫城北面二门。

皇城又名"子城"，位于宫城之南，北与宫城以横街相隔。东西宽2820.3米，南北长1843.6米，周长9.2公里。皇城内是中央官署和太庙、社稷。朱雀门是皇城的

66（宋）程大昌. 雍录·卷一·龙首山龙首塬. https://zh.wikisource.org/zh-hans/雍录/卷01龙首山龙首塬

正门，北与承天门遥相对应，南接朱雀大街，直达外郭城的正门明德门，是全城的中轴线。含光门是朱雀门西侧的一个门。

长安城有着完善的供水系统，除凿井外，还有永安、清明、龙首三渠分别引进潏水与浐水，流经城内，北入宫苑。后又修漕渠，引黄渠注入曲江池。

唐末黄巢之乱后，长安宫室屡遭毁损。唐天祐元年（904年），朱温挟唐昭宗迁都洛阳，命长安居民按籍迁居，毁长安宫署民居，隋唐长安300年帝都遂成废墟。

（二）大明宫

唐太极宫（隋大兴宫）位于龙首塬南麓，地势较低，致使太极宫潮湿。唐贞观八年（634年），为太上皇李渊养老另建大明宫，因未建成李渊去世而停建。唐高宗龙朔二年（662年），"恶太极宫下湿，遂迁据东北龙首山上，别为大明一宫。"[66]大明宫因位于太极宫之东北，称"东内"，太极宫称"西内"。

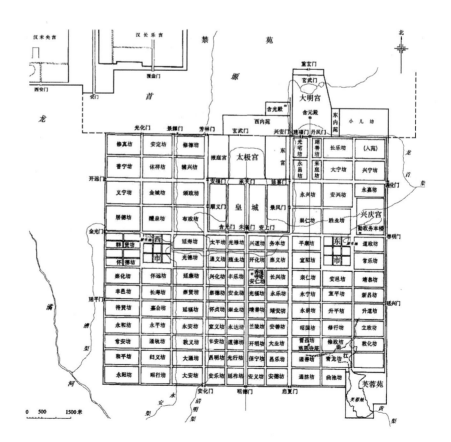

图3-31b　唐长安
资料来源：据潘谷西. 中国建筑史（第五版）. 第二章城市建设.
北京：中国建筑工业出版社，2004

唐玄宗时期在春明门内建造的兴庆宫在太极宫的东南，故称"南内"。

自唐高宗起，先后有17位唐朝皇帝在大明宫处理朝政，历时200余年，是唐朝的政治中心。

丹凤门、含元殿、宣政殿、紫宸殿、蓬莱殿、含凉殿、玄武殿等组成南北中轴线。含元殿建于唐龙朔三年（663年），是整个宫殿群的核心，"阶上高于平地四十余尺"。

大明宫南北中轴线正对慈恩寺塔（大雁塔）及更远处的终南山（图3-31c）。

（三）兴庆宫

唐玄宗开元二年（714年）在春明门内兴庆坊建造兴庆宫。兴庆宫位于外郭城的东部，原是唐玄宗早年任临淄王时的藩邸。开元十四年（726年）进行扩建，合并周围的邸宅和寺院，于开元十六年（728年）竣工，称为"南内"。唐天宝十三年（754年）又筑宫墙和城楼，同时还附外郭墙建造了一道北至大明宫，南至芙蓉苑的夹城（长7960米，宽50米），方便宫内人员秘密来往。唐玄宗和杨贵妃长期在此居住，盛唐后成为安置太上皇和太后的场所。

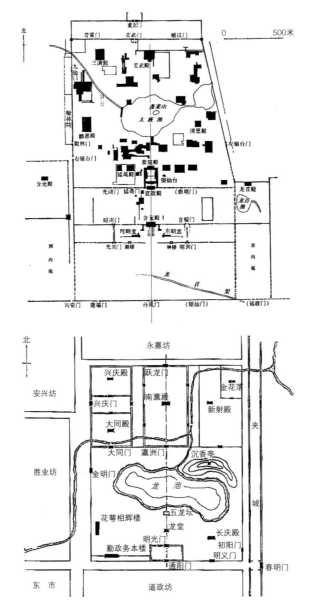

图3-31c 大明宫
资料来源：据贺业钜. 中国古代城市规划史·第5章中期封建社会城市规划. 北京：中国建筑工业出版社，1996

图3-31d 兴庆宫平面设想图
资料来源：一眼千年寻梦大唐：那些唐长安城散落的遗迹. https://www.douban.com/note/680179751

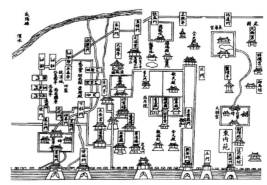

图3-31e 唐禁苑图
资料来源：咸宁县志．吴良镛．中国人居史·第五章成熟与辉煌——隋唐人居建设·第二节都城人居的创造与发展．北京：中国建筑工业出版社，2014

兴庆宫南北长1250米，东西宽1075米，周长4.6公里，面积约1.35平方公里（图3-31d）。

（四）禁苑

隋大兴避开了汉长安，但并没有毁弃旧长安城，而是把它纳入了新都的禁苑之中。唐武宗（841—846年在位）时还重修了未央宫，"存列汉事，悠扬古风"。

据《重修未央宫记》载，唐武宗"视往昔之遗馆，获汉京之余址。邈风光以遐瞩，眇思古以论都。襟灵洋洋，周视若感者久之。于是召左护军中尉志宏指示之曰：'此汉遗宫也。其金马石渠，神池龙阙，往往而在。朕常以古事况今，亦欲顺考古道，训齐天下也。至是遐历，恍然深念。且欲存列汉事，悠扬古风耳。昔人有思其人，犹爱其树。况悦其风，登其址乎？吾欲崇其颓基，建斯余构。勿使华丽，爱举旧规而已。庶得认其风烟，时有以凝神于此也。'于是命工度材，审曲面势，裁成法度，以就斯宫。"[67]

禁苑紧靠着长安城北墙，"正南阻于宫城，故南面三门偏于西苑之西。旁西苑者芳林门，次西景曜门，又西光化门。西面二门，近南者延秋门，次北玄武门。北面三门，近西者永泰门，次启运门，次饮马门。东面二门，近北者昭远门，次光泰门。"[68]芳林门、景曜门、光化门就是隋唐长安城北墙最西的三门（图3-31e）。

（五）芙蓉苑（曲江）

"唐曲江本秦皑洲。至汉为宣帝乐游庙，亦名乐游苑，亦名乐游原。基地最高，四望宽敞。隋营京城，宇文恺以其地在京城东南隅，地高不便，故阙此地，不为

---

67 （清）董诰．全唐文第08部·卷七百六十四裴素．重修汉未央宫记
68 （清）徐松．唐两京城坊考．上海古籍出版社，1995

居人坊巷，而凿之为池，以厌胜之。又会黄渠水自城外南来，可以穿城而入，故隋世遂从城外包之入城为芙蓉池，且为芙蓉园也。……园本古曲江，文帝恶其名曲，改名芙蓉。为其水盛而芙蓉富也。"[69] 所谓"厌胜"，是说大兴城东南高、西北低，风水倾向东南，皇宫、太极宫设在北部中侧，在地势上总也无法压住东南。如把曲江所在的凹陷挖成深池，并隔于城外，这样就可以永保隋朝的王者之气不受威胁。

宇文恺避害趋利，曲江成为一座景色优美的园林。唐玄宗时期更是不断扩建，曲江成为唐朝著名的皇家园林，在大明宫与曲江之间还专门建了一道夹城，作为皇家的秘密通道。

三、隋唐洛阳

隋炀帝大业元年（605年）在汉魏洛阳旧城西30里，原河南县城营建东都。唐也以洛阳为东都。

"炀帝即位，迁都洛阳，以恺为营东都副监，寻迁将作大匠。恺揣帝心在宏侈，于是东京制度穷极壮丽。"[70]

宇文恺将洛阳城和洛阳的山川地貌完美地结合在一起，体现了天人合一的规划理念。

武则天于天授元年（690年）登基称帝，建立武周政权，定都洛阳，称"神都"。在武则天实际执掌朝政期间，对洛阳城进行了大规模的改建。改建、增建主要集中在中轴线上，以昭示武则天执政的合法性。隋唐洛阳城的基本格局没有大变（图3-32a、32b）。

隋唐洛阳城的皇城中轴向南正对龙门伊阙，使宫城、皇城的正南门，与龙门、伊阙相对，将宫城布置在都城地势最高的地段，象征居于天之中央的北极星，故而隋唐洛阳城宫城又被称为"紫微宫"。据《新唐书》，"东都……皇城长千八百一十七步，广千三百七十八步，周四千九百三十步，其崇三丈七尺，曲折以象南宫垣，名曰太微城。宫城在皇城北，长千六百二十步，广八百有五步，周四千九百二十一步，其崇四丈八尺，以象北辰藩卫，曰紫微城，……都城前直伊阙，后据中山，左瀍右涧，洛水贯其中，以象河汉。"[71]（图1-2）

69（宋）程大昌. 雍录·卷六·唐曲江. https://zh.wikisource.org/wiki/雍录/卷06唐曲江
70（唐）魏征等. 隋书·高祖本纪·宇文恺传
71（宋）欧阳修等. 新唐书·志第二十八·地理二

第四节
整体创造

135

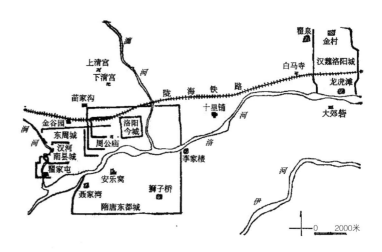

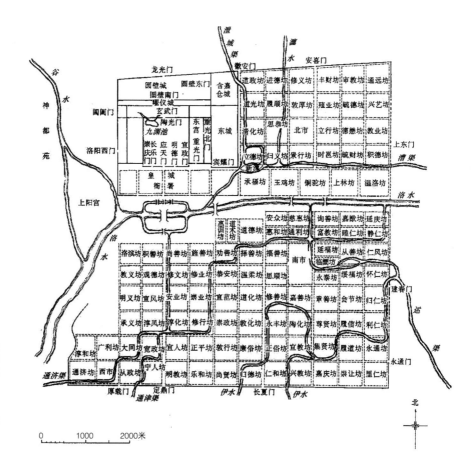

图3-32a 洛阳城址变迁图
资料来源：董鉴泓. 中国城市建设史（第三版）·第五章三国至隋唐时期的城市. 北京：中国建筑工业出版社，2004

图3-32b 隋唐洛阳推想图
资料来源：潘谷西. 中国建筑史（第五版）·第二章城市建设. 北京：中国建筑工业出版社，2004

都城 都城南宽北窄，略近方形。南墙长约7290米，东墙长约7312米，北墙长约6138米，西墙南端长约6776米。稍呈弧形。东西两墙下面有石板砌的下水道。

都城除西墙无门外，有8个城门：南墙3门，为长夏门、定鼎门（隋名建国门）、厚载门（隋名白虎门）；东墙3门，为永通门、建春门（隋名建阳门）、上东门（隋名上春门）；北墙2门，为安喜门（隋名喜宁门）、徽安门。城内街道横竖相交，形成棋盘式的布局。其中定鼎门大街，又称天门街、天津街或天街，是南北主干道，宽约90～121米。城内街道组成里坊，总数为109坊3市，洛河南为81坊2市（西市、南市），洛河北为28坊1市（北市）。

皇城 皇城围绕在宫城的东、南、西三面，"以象北辰藩卫"。其东西两侧与宫城之间形成夹城。皇城内有隋代的子罗仓。

宫城 宫城位于都城的西北部，平面略呈长方形。北墙长1400米，西墙长1270米，南墙长1710米，东墙长1275米。南墙正中为应天门（隋名则天门）、东边为明德门（隋名兴教门）、西边为长乐门（隋名光政门）；北墙为玄武门；西墙为嘉豫门。在宫城中轴线上，有多处宫殿：宫城东南侧自成一城的东宫以及北部的陶光园、中部偏北的徽猷殿、西北部的九洲池，特别是宫城内武则天时的明堂。

小城 皇城内有若干小城。曜仪城在宫城之北，为狭长形，东西长约2100米，南北宽约120米。曜仪城以北是圆壁城，东西长2110米，南北宽为460（西端）～590米（东端）。圆壁城的北墙即都城北墙西段。这两座小城中部相通，圆壁城北墙正中为龙光门。在皇城东侧有东城，南北长约1270米，东西宽约620米。在宫城东北角和西北角外，还有面积较小的东西隔城。诸小城中最重要的是东城北面的含嘉仓城。城平面为长方形，南北长725米，东西宽615米。有城门4座，即仓东门（东门）、仓中门或圆壁门（西门）、德猷门（北门）、含嘉门（南门）。

四、明中都、明南京

明朝初年，在定都何处的问题上，朱元璋及其决策层一直争论不休，犹豫不决。于是在洪武、永乐年间建了三处都城，出现所谓"国初三都"的局面（图3-33a）。[72]最后以定南京、罢中都、迁北京而告终。而这三者存在着紧密的渊源关系。"营建中都是为洪武十年改建南京都城宫殿和永乐年间修建北京都城宫殿绘制了蓝图，制作了样板模式。""中都宫殿应是北京紫禁城最早的蓝本。南京宫殿是一座不完整的中都宫殿的摹本。"[73]北京城池宫殿"悉如金陵之制而弘敞过之。"[74]"初上欲如周、汉之制营建两京，至是以劳费罢之"[75]（图3-33a）。

（一）中都

明洪武二年（1369年）九月，朱元璋诏以其故乡临濠（今安徽凤阳）为中都，按京师之制建置城池宫阙（图3-33b）。洪武八年（1375年），诏罢中都役作。这时中都的宫阙城池以及附属设施都已基本完工。[76]

中都城位于临濠淮河与濠河交汇处，对于城市营建而言，完全是平地起家。朱元璋命李善长（1314—1390年）"董建临濠宫殿，留濠者数年"[77]。李善长等规划设计者巧妙地适应和利用了自然，通过重新命名，赋予自然山峦以皇家寓意。

中都皇城选址在凤凰山、万岁山南的开阔地带。"最初设计的明中都城是呈正方形，皇城居中，东西对称的。但是，这样就把独山留在城外，居高临下，俯瞰全城，于防守极为不利。……最后……把中都城东城墙线向东推移展出了将近三里，把独山包括在城内。"所以中都城呈矩形，还在西南部多出一角。把凤凰山、万岁山、日精峰、月华峰、凤凰嘴包含在内。"万岁山则恰好在中都城两条对角线的交叉点上，它不但是全城的制高点，而且又成了全城的中心点。"[78]"万岁山……形势壮丽，岗峦环向，国朝启运，筑皇城于是山，绵国祚于万世，故名。日精峰，在万岁山东，旧名盛家山；月华峰，在万岁山西，即马鞍山也。三山相联并，国初建都时改名。……凤凰山与万岁山相连，势如凤凰飞翔，故名。"[79]

中都宫城改进了元大都以前的布局，把连接宫城的东、西大门（东华门和西华门）的道路从宫城中部移到了前朝正门——奉天门之前；而在奉天门左右各布置了文华门、武英门通向文华殿和武英殿。这就使宫城中的功能安排更为清晰，前三殿和后三宫紧密地连在一起，加强了它们的封闭性，也使中轴线对称更为严谨。

中都形制为三重城垣：皇城—禁垣—都城（中都时，称宫城为皇城，称皇城为禁垣）。天、地、日、月，各坛形制齐全。

---

72 王剑英. 明中都·一、明初营建都城的概况. 北京：中华书局，1992
73 王剑英. 明中都·序（单士元）. 北京：中华书局，1992
74 （清）孙承泽. 天府广记（上册）·卷之五·宫殿. 北京出版社，1962
75 明太祖实录·卷99. 转引自王剑英. 明中都·一、明初营建都城的概况. 北京：中华书局，1992
76 王剑英. 明中都·六、明中都的设计、布局和建筑. 北京：中华书局，1992
77 （清）张廷玉. 明史·卷127李善长
78 王剑英. 明中都·六、明中都的设计、布局和建筑. 北京：中华书局，1992
79 （明）柳瑛. 中都志·卷二. 转引自王剑英. 明中都·六、明中都的设计、布局和建筑. 中华书局，1992

第三章
体现设计理念和设计手法的典型代表——都城

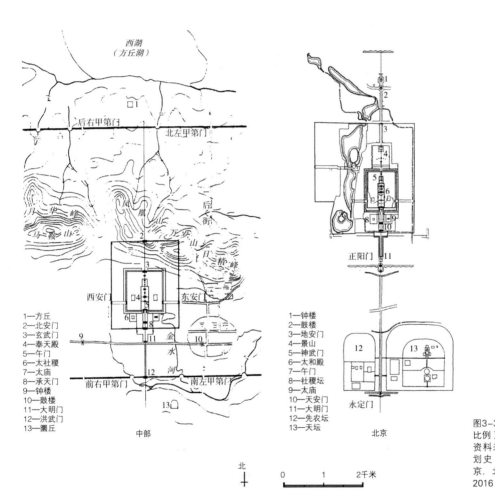

图3-33a 三座明都城中轴线（同比例）

资料来源：苏则民. 南京城市规划史（第二版）·第九章明朝南京. 北京：中国建筑工业出版社，2016

第四节
整体创造   139

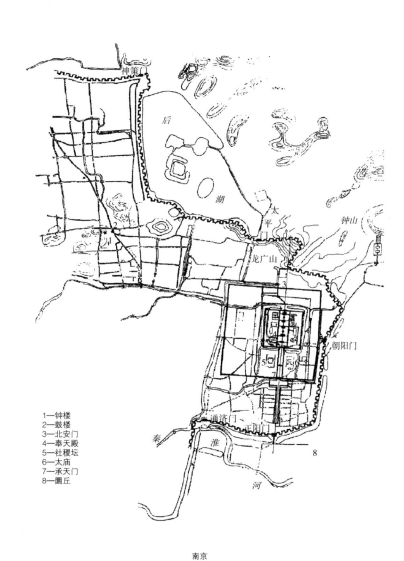

1—钟楼
2—鼓楼
3—北安门
4—奉天殿
5—社稷坛
6—太庙
7—承天门
8—圜丘

南京

图3-33a 三座明都城中轴线（同比例）（续）
资料来源：苏则民. 南京城市规划史（第二版）·第九章明朝南京. 北京：中国建筑工业出版社，2016

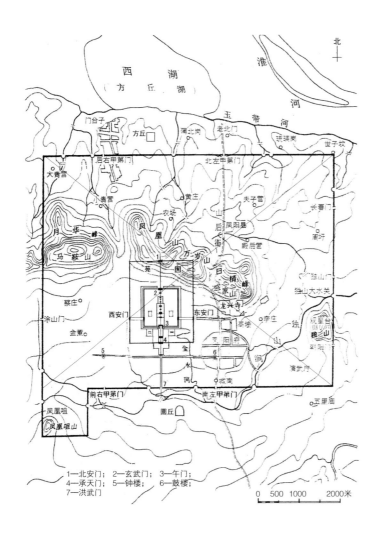

图3-33b 明中都平面图
资料来源：据王剑英. 明中都.
北京：中华书局，1992

（二）南京

明南京由四重城郭构成：宫城—皇城—都城—外郭。如此宏大而完备的都城，是明南京的首创，也堪称世界之最（图3-34a、34b、34c）。

南京的宫城、皇城及其中轴线的布局都是传统的，中规中矩，充分表现了皇权的至高无上和气势的恢弘。宫城是核心，填平燕雀湖，以龙广山（今富贵山）为中轴线起点。宫城中轴线也是皇城的中轴线，左祖右社、前朝后宫。

而南京都城却完全体现了管子的思想，"因天材，就地利，故城郭不必中规矩，道路不必中准绳。"宫城、皇城没有居中于都城；都城平面形状非方非圆，把新城、旧城以及近处的制高点都包括入内；城墙或利用南唐旧城，或依山就势而筑；护城河尽可能利用已有河湖，玄武湖以及燕雀湖的残留部分——

第四节
整体创造

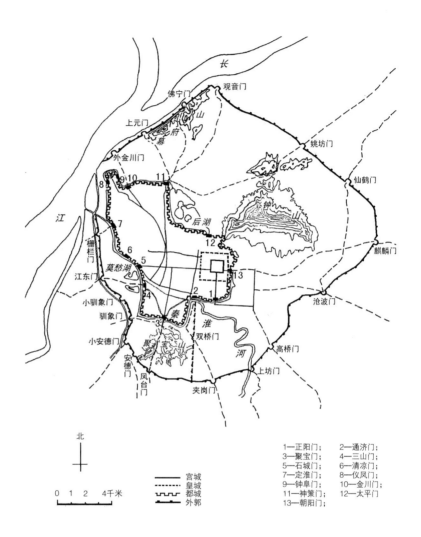

图3-34a 明南京的四重城郭：宫城—皇城—都城—外郭
资料来源：苏则民. 南京城市规划史（第二版）·第九章明朝南京.
北京：中国建筑工业出版社，2016

1—正阳门； 2—通济门；
3—聚宝门； 4—三山门；
5—石城门； 6—清凉门；
7—定淮门； 8—仪凤门；
9—钟阜门； 10—金川门；
11—神策门； 12—太平门；
13—朝阳门；

前湖、琵琶湖也作为护城河的一部分，明代开挖的只是城北和东南护城河，城与河的间距有宽有窄，在外秦淮河离城墙较远的段落，另挖城壕。

南京第一次把太庙和社稷坛分别单独置于"宫城之东南"和"宫城之西南"，拉长了中轴线，使皇城及其中轴线更符合礼制，更加壮丽。

为了加强京师的城防，外郭围入了幕府山、紫金山、聚宝山（今雨花台）等军事制高点。圜丘（天坛）、方丘（地坛）分别在"正阳门外钟山之阳""太平门外钟山之北"，都在外郭之内。孝陵、皇家墓地、功臣附葬区也在外郭之内。所以说皇家的所有功能在外郭之内是一应俱全了。外郭的设置，使宫城、皇城大体处在了居中的地位，弥补了在形制上皇城、宫城"居极东偏"的缺陷。

南京的城门也是别具一格。它们有内瓮城，也有外瓮城。而且平面形式多种多样，有规则的，也有不规则的。有一道瓮城的，也有三道瓮城的。

"明初南京既尊重历史环境，又不失自身创造，旧城是一个整体，新的宫城也是一个整体，各自都有轴线，明初的规划者巧妙地将两者整合为一个有机整体，形成全新的人居环境格局。这充分体现了中国古代人居环境整体性的特点，也是一个处理新旧人居环境关系的极好的实例，值得当今借鉴。"[80]

1—钟楼；2—鼓楼；3—皇城；4—宫城；
5—社稷坛；6—太庙；7—圜丘；8—孝陵

图3-34b 明南京
资料来源：苏则民. 南京城市规划史（第二版）·第九章明朝南京. 北京：中国建筑工业出版社，2016

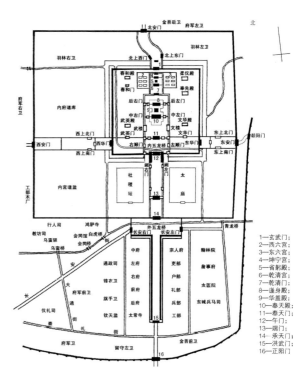

图3-34c 明皇城平面
资料来源：潘谷西. 中国建筑史（第五版）. 北京：中国建筑工业出版社，2004

五、明北京

在今北京城这个地域建都城的有：辽南京、金中都、元大都和明清北京。辽南京、金中都偏隅西南一角，对元大都和明清北京的影响有限；而元大都和明清北京有大部分是重叠的（图3-35）。

（一）辽南京

辽南京城在明北京城西南角，唐代为幽州城。辽南京城共有8门，东为安东、迎春，西为显西、清晋，南为开阳、丹凤，北为通天、拱辰。城内袭唐幽州城制，分为坊或里，计有26坊。坊内有寺观，如悯忠寺（今法源寺），天王寺内之塔即现在的天宁寺塔。

城西南角修建宫城，又称大内，与大城共用西门、南门。宫城中主要是宫殿和皇家园林，宫殿区位置偏于宫城东部，并向南突出到宫城的城墙以外。四面设门：西显西门，东宣和门，北子北门，南南端门（又称启夏门）。南门两侧有小门，

---

80 吴良镛. 中国人居史·第七章博大与充实——明清人居建设·第二节都城人居规划的成熟. 北京：中国建筑工业出版社，2014

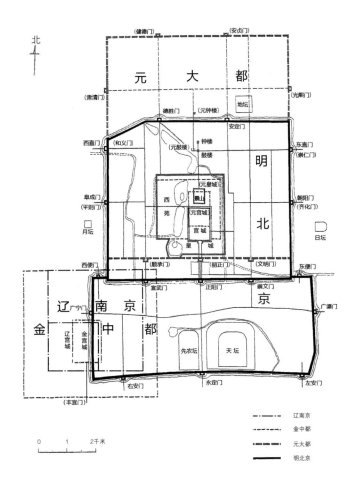

图3-35 辽南京、金中都、元大都与明北京

称左掖门（后改称万春门）和右掖门（后改称千秋门）。宫殿区内有元和、仁政等宫殿。又有景宗（耶律贤）、圣宗（耶律隆绪）二御容殿。宫殿区东部为南果园区，西部为瑶池宫苑区。宫苑瑶池中有小岛瑶屿，上有瑶池殿，池旁建有皇亲宅邸。宫城内西南角建有凉殿，东北隅有燕角楼。宫城有两条贯通全城的干道，一条是东西向干道，名檀州街，一条是南北向干道（图3-36）。

（二）金中都

金天德三年（1151年）三月，海陵王完颜亮命张浩（1102—1163年）等"广燕京城，营建宫室。"天德五年（宋绍兴二十三年，1153年），完颜亮迁都到燕京（辽

81 （元）脱脱. 金史·卷二十四·志第五·地理上

第四节
整体创造

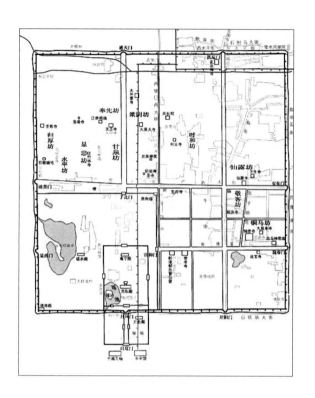

图3-36　辽南京

南京），改名为中都。金朝迁都是一项重大的改革措施。

金贞元元年（1153年），完颜亮定都燕京，"以燕乃列国之名，不当为京师号，遂改为中都。"[81]张浩主持的中都规划建设，明显地接近汉族传统，仿照汉人都城宫室制度。中都城垣向东、西、南扩展，城市近似方形。城郭有宫城、皇城、外廓三重城垣。外廓周长5328丈，约35.52里，共十二个城门。金代后期在城东北角又增建一座城门，为皇家赴东北郊离宫琼华岛大宁宫之用。内城即宫城，周围九里三十步，在皇城西南角。内城南门称宣阳门，为正门。宣阳门上有重楼，三门并立。据《历代宅京记》卷十八引《大金国志》记载："中门绘龙，两偏绘凤，用金钉钉之，中门惟车驾出入乃开，两偏分双单日开一门。"内城内建宫殿九重，共三十六殿，皇帝宫殿居于正中，其后为皇后宫殿。内城之南，东边建太庙，西边是尚书省。内城之西，还建有同乐园、瑶池等皇室贵族游乐之所。整个工程"金碧辉煌，规模宏丽"，简直可与汉唐时的长安宫室相比。海陵王采纳张浩意见，凡四方的百姓愿意居住在中都的均免除十年的赋役，以实京师。

全城以宫城中轴线为规划布局结构的主轴。中轴线由外廓正南门——丰宜门经皇城南门——宣阳门、宫城南门——端门，以及应天门、大安殿、宣明门、仁政门，再经宫城正北门——拱宸门，直达外廓正北门——通玄门。宫城位置居中，在皇城之内、宫城之外布置行政机构及皇家宫苑。皇城南部从宣阳门到宫城大门应天门之间，以当中御道分界，东侧为太庙等，西侧为尚书省、六部机关、会同馆等。城内增建礼制建筑，如祭祀天、地、风、雨、日、月的郊天坛、风师坛、雨师坛、朝日坛、夕月坛等。

当时商业已相当繁荣，檀州街便是商业活动的中心，成为南方与东北进行贸易的市场；另外还在城南东开阳坊新辟市场（图3-37）。

（三）元大都

元至元三年（南宋咸淳二年，1266年），

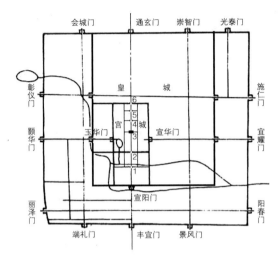

图3-37 金中都
资料来源：侯仁之、邓辉. 北京城的起源与变迁. 北京：燕山出版社，1997

1—端门；2—应天门；3—大安殿；4—宣明门；5—仁政门；6—拱宸门

刘秉忠受命在原燕京城东北设计建造一座新的都城。至元十一年（1274年）正月，大都宫阙建成。而整个工程历时18年直到至元二十二年（1285年）才告完成。

元大都城的规划设计，皆以汉族传统建都理念为主导。从布局上讲，元大都是体现"左祖右社，面朝后市"的规划理念的典型。

大都新城有宫城、皇城、都城三重城郭。都城平面呈长方形，周长28.6公里，面积约50平方公里，道路规划整齐、经纬分明。中轴线上的大街宽度为28米，其他主要街道宽度为25米，小街宽度为大街的一半，火巷（胡同）宽度大致是小街的一半。元大都东、西、南三面均有三门，唯北面仅二门。东面三门自北而南为：光熙门、崇仁门（今东直门）、齐北门（今朝阳门）；南面三门自东而西为：文明门、丽正门、顺承门；西面三门自北而南为：肃清门、和义门（今西直门）、平则门（今阜成门）；北面为健德和安贞二门。

元大都以水面为依托来确定城市的格局。水利专家郭守敬（1230—1310年）用京北和京西众多泉水汇集于高粱河，再经海子（积水潭）而注入漕渠，使海子成了南北大运河的终点码头，江南的粮食与物资直达大都城中。这也使沿海子一带形成繁荣的商业区。海子北岸的斜街更是热闹，各种歌台酒馆和生活必需品的商市汇集于此，如米市、面市、帽市、缎子市、皮帽市、金银珠宝市、铁器市、鹅鸭市等一应俱全（图3-38）。

第四节
整体创造

147

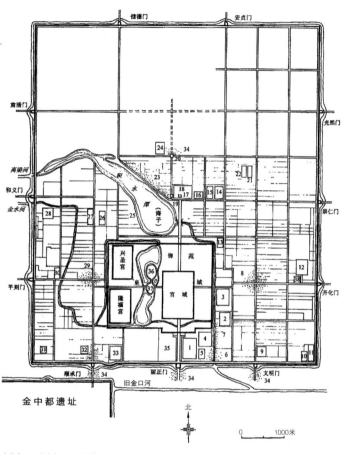

图3-38 元大都
资料来源：潘谷西. 中国建筑史（第五版）·第二章城市建设. 北京：中国建筑工业出版社，2004

1—中书省；2—御史台；3—枢密院；4—太仓；5—光禄寺；6—省东市；7—角市；8—东市；9—哈达王府；10—礼都；11—太史院；12—太庙；13—天师府；14—都府（大都路总管府）；15—警巡院（左、右城警巡院）；16—崇仁倒钞库；17—中心阁；18—大天寿万宁寺；19—鼓楼；20—钟楼；21—孔庙；22—国子监；23—斜街市；24—翰林院、国史馆（旧中书省）；25—万春园；26—大崇国寺；27—大承华普庆寺；28—社稷坛；29—西市（羊角市）；30—大圣寿万安寺；31—都城隍庙；32—倒钞库；33—大庆寿寺；34—穷汉市；35—千步廊；36—琼华岛；37—圆坻；38—诸王昌童府

元朝版图曾横跨欧亚大陆，元大都也体现了多民族、多宗教的开放、融合。当年大都标志性建筑——大圣寿万安寺（元末毁于雷火，明重建后称妙应寺）白塔就是由尼泊尔匠师阿尼哥主持设计建造的。白塔建于元至元八年（1271年）至至元十六年（1279年），始名为释迦舍利灵通宝塔，完全是喇嘛塔风格。

（四）明北京

明朝的北京是在元大都的基础上，吸取了明中都和明南京的经验按南京的规制建成的，在布局上比元大都和明南京又进了一步。严整的城市格局，雄伟富丽的宫殿建筑群，把城市设计的理念体现得淋漓尽致，城市设计的方法运用到登峰造极。

北京城地处平原地带，本无山可枕。明永乐年间，将拆除元代宫殿的渣土和挖掘故宫护城河的泥土在元代延春阁的基础上堆起一座土山，叫"万岁山"（今景山），又称大内"镇山"；并在太液池南加挖南海，把南城墙向南移了约一里，加长了中轴线自正阳门到午门的距离，把太庙和社稷坛放到了轴线的东西两边，使自正阳门起有了一组变化丰富的广场，加强了宫殿的宏伟气势。明嘉靖三十二年（1553年），又加筑外城，使中轴线一直延伸到了永定门，创造了长达7.8公里的无比壮丽的中轴线空间序列。

北京城高大的宫殿、城楼、白塔、人工堆造的景山，通过建筑群体间有节奏的空间组合，创造出有规律的轮廓线；低平的民居房舍，更陪衬出北京极为优美壮丽的城市轮廓线。

明朝在成立之初就建立了完备的坛壝之制。《明史·礼制·吉礼》记载了包括圜丘、社稷、朝日、夕月、先农、先蚕等诸多坛庙的祭祀之典。"左祖右社""天南地北""天圆地方""日东月西"等传统观念被反映得极为充分（图3-39）。

清朝沿用了明朝的宫殿，只是作了一些局部改建或重建，重新命名。乾隆十九年（1754年）至二十五年（1760年）重修皇城时增筑了长安左门、长安右门外围墙和"外三座门"，使天安门前"T"形广场再向左右延伸了数百米。

第四节
整体创造

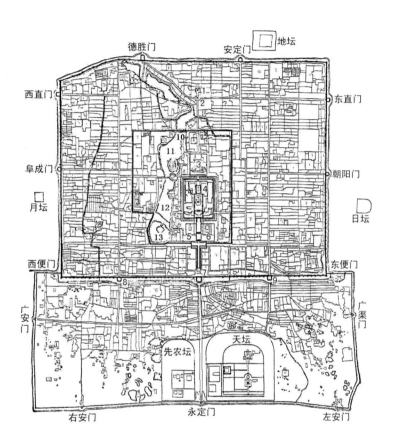

图3-39 明清北京

1—钟楼；2—鼓楼；3—景山；4—宫城；5—社稷坛；6—太庙；7—正阳门；
8—宣武门；9—崇文门；10—先蚕坛；11—北海；12—中海；13—南海

第五节 民族特色的融合

中国古代都城的城市设计以汉民族的传统为主导理念和主要设计手法。少数民族政权的都城具有民族特色；在与汉族长期交往后，也逐渐吸取了汉族的设计理念和做法；统治中原后在接受汉民族的传统主导理念和主要设计手法的同时也保留有自己民族的特点。

一、北魏平城

（一）胡风国俗杂相糅乱

平城这座城市是"胡风国俗，杂相糅乱"[82]。既有中原文化的特质，也保存了草原文化的色彩。

平城，在今山西大同城北、大同火车站以西到陈庄一带，北依方山，外靠长城。初为汉朝最北方诸侯国代国都城，也是拓跋氏在初期建立的政权代国都城。北魏天兴元年（东晋隆安二年，398年）六月，拓跋珪正式定国号为魏，史称"北魏"。拓跋珪"诏有司正封畿，制郊甸"，划定京畿范围："东至代郡（今河北蔚县暖泉镇西），西至善无（今右玉县南古城村），南及阴馆（今朔县东南夏官村），北尽参合（今阳高县东北）。西至河（黄河），南至中山隘门塞，北至五原，地方千里。"又设四方四维，置八部帅统兵镇守。[83] 同年"秋七月，迁都平城，始营宫室，建宗庙，立社稷。"[84] "什翼圭（拓跋珪）始都平城，犹逐水草，无城郭，木末始土著居处。佛狸（拓跋珪）破梁州、黄龙，徙其居民，大筑郭邑。截平城西为宫城，四角起楼，女墙，门不施屋，城又无堑。……其郭城绕宫城南，悉筑为坊，坊开巷。坊大者容四五百家，小者六七十家。每南坊搜检，以备奸巧。城西南去白登山七里，于山边别立父祖庙。城西有祠天坛，立四十九木人，长丈许，白帻、练裙、马尾被，立坛上，常以四月四日杀牛马祭祀，盛陈卤簿，边坛奔驰奏伎为乐。"[85]

82（梁）萧子显. 南齐书·卷五十七·列传第三十八·魏虏
83 大同历史建置沿革（晋、北魏）. 大同市政府门户网站
84（北齐）魏收. 魏书·帝纪第二太祖纪
85（梁）萧子显. 南齐书·卷五十七·列传第三十八·魏虏
86（北齐）魏收. 魏书·卷二十三之列传第十一
87（北齐）魏收. 魏书·帝纪第二太祖纪
88（北齐）魏收. 魏书·志第三·天象一之三
89（北齐）魏收. 魏书·帝纪第二太祖纪
90（唐）张嵩. 云中古城赋
91（北齐）魏收. 魏书·帝纪第三太宗纪
92（唐）李延寿. 北史·卷四十·列传第二十八·韩麒麟程骏李彪
93 北魏帝国的故都平城. www.xue63.com

平城由皇城、京城、郭城组成。皇城在北部，皇城南是周回20里的京城，其外是周回32里的郭城。

皇城：北魏迁都平城后的97年先后建宫殿、苑囿、观堂、楼池70多处。"太祖欲广宫室，规度平城四方数十里，将模邺、洛、长安之制，运材数百万根。"[86]。北魏天兴四年（401年）"五月，起紫极殿、玄武楼、凉风观、石池、鹿苑台。"[87]皇城中，以太极殿为中心，有西宫、东宫，经多年的增扩改建，形成完整的宫殿群落。

京城：平城四面有如浑水所绕。北魏天兴二年（399年）"起鹿苑，南因台阴，北距长城，东包白登，属之西山，广轮数十里。凿渠引武川水注之苑中，疏为三沟，分流宫城内外。又穿鸿雁池。"北魏天赐三年（406年）"六月，发八部人，自五百里内缮修都城，魏始邑居之制度。"[88]"六月，发八部五百里内男丁筑漯南宫，门阙高十余丈；引沟穿池，广苑囿；规立外城，方二十里，分置市里，经涂洞达"[89]。京城内由里坊组成，"里宅栉比，人神猥湊"。从城北引如浑水，从城西引武州川水入城，使大街西岸有潺潺流水，鱼池游鱼嬉戏，水旁弱柳、丝杨交荫，宫殿楼阁巍峨。唐代张嵩在《云中古城赋》中，描述平城是："月观霞阁，左社右廓，元沼泓汯涌其后，白楼巇（山奥）兴其前。……灵台山立，璧水池圆。双阙万仞，九衢四达；羽旄林森，堂殿膠葛。当其士马精强，都畿浩穰。"[90]

郭城：北魏泰常七年（422年）秋九月，"筑平城外郭，周回三十二里。泰常八年（423年）广西宫，起外垣墙，周回二十里。"[91]略呈方形，边长4公里，周长16公里。郭城绕皇城南，悉筑为坊，坊开巷。郭城内规划了里坊、寺院、市廛、园林等。平城"犹分别士庶，不令杂居，伎作屠估，各有攸处"[92]。

城郭外分为四郊，建有苑囿。东南有"基架博敞，为天下第一"的永安寺。再南（今柳航里）有明堂、辟雍。明堂上圆下方，上设天文设施。西郊有郊天坛，坛东侧有郊天碑，碑上刻有《五经》及国记。坛西有西苑、洛阳殿、灵岩石室等。北郊有灵泉池、北苑、白杨泉、鹿野佛图。东郊有白登台、宁光宫、东苑，苑内建太祖庙。开凿了云冈、方山鹿野苑等处石窟和丰宫太庙等寺庙。营造了永固陵、万年堂等规模庞大的皇家陵墓。郭城外设四方四维，置八部帅统兵镇守（图3-40）。[93]

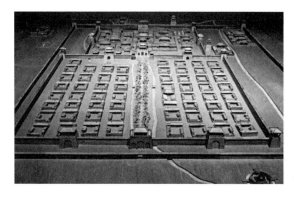

图3-40 北魏平城布局
资料来源：北魏帝国的故都平城.
www.xue63.com

（二）汉化

北魏孝文帝拓跋宏（467—499年）推行汉化，欲将平城改建为具有中原文化传统的都城。

从北魏太和十二年（488年）到太和十六年（492年），拓跋宏在平城大兴土木，在李冲、蒋少游的主持下，改建了太极殿、太庙、明堂、孔庙等重要建筑。

据记载，北魏太和十五年（南齐永明九年，491年）孝文帝"遣使李道固（即李彪）、蒋少游报使。少游有机巧，密令观京师宫殿模式。……少游，安乐人。房宫室制度，皆从其出。"[94]蒋少游实地了解南朝建康城的汉族传统规制后，太和十六年（492年）二月"坏太华殿，经始太极殿。"十月，"太极殿成，大飨群臣"[95]。就是说孝文帝在了解了建康宫殿的规制后下令拆除代京（平城）宫城主要宫殿太华殿，摹仿建康宫殿的汉族传统制度，改建为太极殿。蒋少游兼将作大匠，运用中原传统文化，营建北魏都城。平城的规划建设本来就"模邺、洛、长安之制"，后期更以南朝建康为蓝本进行改建和新建。

二、辽上京

辽上京在今内蒙古自治区巴林左旗林东镇南。辽耶律阿保机神册三年（后梁贞明四年，918年）开始营建，初名皇都，辽天显元年（后唐同光四年，926年）扩建，天显十三年（后晋天福三年，938年）改称上京，并设立临潢府，为辽代五京之首。

"辽之先世，未有城郭、沟池、宫室之固，毡车为营，硬寨为宫。"[96]

辽上京由皇城和汉城组成。平面略呈日

94（梁）萧子显. 南齐书·卷五十七·列传第三十八·魏虏
95（北齐）魏收. 魏书·帝纪第七下·高祖纪下
96（元）脱脱. 辽史·卷四十五·志第十五·百官志一
97（元）脱脱. 辽史·卷三十九·志第九·地理志三

第五节 民族特色的融合

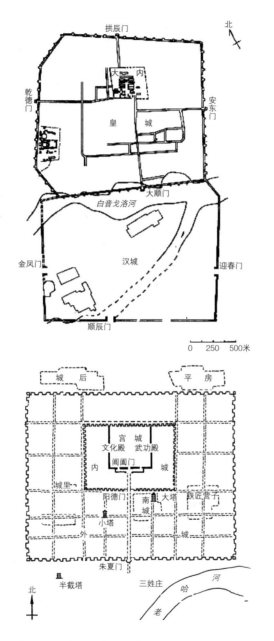

字形，周长8916.9米。皇城在北，略呈方形，城墙上筑马面。四面城墙各有一门：东安东、南大顺、西乾德、北拱辰，城门外有瓮城。大内位于皇城中部，其正中偏北部有前方后圆的毡殿和官衙。城东南为官署、府第、庙宇和作坊区。汉城在南，是汉、渤海、回鹘等族和工匠居住的地方。其北墙即皇城南墙。城墙较皇城低窄，残墙最高3米，无马面。辽上京保留了许多游牧风习，具有典型契丹族特色，极注重防御，有完整的城防设施（图3-41）。

三、辽中京

中京是辽代的五京之一。辽中京位于今内蒙古赤峰市宁城县天义镇以西约15公里的铁匠营子乡和大明镇之间的老哈河北岸。

辽宋澶渊之盟后，契丹贵族便酝酿在草原南部营建中京。"太祖建国，举族臣属。……因议建都。……（辽统和）二十五年（1007年），城之，实以汉户，号曰中京，府曰大定。"[97]统和二十七年（1009年）夏，基本建成，"驻跸中京，营建宫室"。辽代帝王常在这里接待宋朝的使臣。辽圣宗开泰年间（1012—1021年）中京初具规模。辽兴宗耶律宗真又大力扩建中京。

据文献记载和考古资料推测，中京有三重城郭。其规制、布局最接近汉族传统（图3-42）。

图3-41 辽上京
图3-42 辽中京复原示意图

外城平面呈长方形，东西宽4200米，南北长3500米，南城墙正中为朱夏门，有瓮城，四角有角楼。自南门朱夏门到皇城南门阳德门，全长1400米，正中有一条宽64米的大道，道两侧有用木板覆盖的排水沟，直通朱夏门两侧城墙下的石涵洞。

内城（皇城）位于外城中央偏北，平面为长方形，东西宽2000米，南北长1500米。城南中央城门称作"阳德门"。阳德门与宫城南门之间有一条宽40米的大道。

宫城即"大内"，位于皇城北部中央，平面呈正方形，每边长1000米。北墙即利用皇城的北墙，另筑东、南、西三墙。南墙正中为阊阖门，阊阖门东、西180米处为东、西掖门，三门都有宽约8米的道路通入宫城。阊阖门北中轴线上有一处大型的宫殿。宫城内武功殿和文化殿，分别是圣宗及其母萧太后的起居处。

在外城南半部东北角，靠近内城南墙，有感圣寺的舍利塔，现人称"大明塔"。据有关史料，大明塔应为辽统和二十五年（1007年）到辽寿昌四年（1098年）间所建。这座八角十三级密檐式砖塔，高80.22米，塔基底径48.6米，塔体直径34米。在大塔的西南方，另一较矮的与大明塔形状相同的塔，现称"小塔"，高24米，建于辽代末年或金代。在二塔的西南侧，外城南墙外还有一座与大明塔形状相同的，却只存底部的塔，现称"半截塔"。

四、金上京

金上京会宁府，位于今黑龙江省哈尔滨市阿城区城南2公里。

宋徽宗政和五年（1115年），金太祖完颜阿骨打建立金国。据记载，完颜阿骨打称帝时，只设毡帐（称皇帝寨），晚年始筑宫殿。金太宗完颜吴乞买（即完颜晟，1075—1135年）于金天会二年（1124年）始建南城内的皇城，初名为会宁州，建为都城后升为会宁府。金天眷元年（1138年）八月，金熙宗称京师为上京，府曰会宁。金皇统六年（1146年）春，仿照北宋都城东京进行了一次大规模的扩建，奠定了南北二城的雏形。金贞元元年（1153年）海陵王完颜亮迁都燕京（辽南京），金正隆二年（1157年）削上京之号，并毁宫殿庙宇。金世宗大定十三年（1173年）七月，恢复上京称号，成为金朝的陪都。大定二十一年（1181年）金世宗复建上京城。两年后，又内外砌青砖。

南北二城均呈长方形，二城整个外围城墙周长22里。南城略大于北城，平面上一纵一横相互衔接，连为一体。上京的城墙为夯土型，表面砌青砖，全城

第五节
民族特色的融合
155

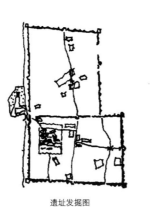
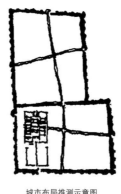

遗址发掘图　　　　城市布局推测示意图

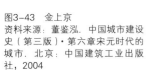

图3-43　金上京
资料来源：董鉴泓.中国城市建设史（第三版）.第六章宋元时代的城市.北京：中国建筑工业出版社，2004

外垣每隔80至130米左右，有一处马面突出墙表，环城有马面92个。二城的外垣周围和北城南垣南侧均有护城壕（图3-43）。

据记载，金太宗时，在上京会宁府建造乾元殿、明德宫，但十分简陋。金熙宗时，改乾元殿为皇极殿，还仿照汉制，建敷德殿为朝殿，以供百官陛见；建庆元宫为原庙，以安放太祖以下遗像；修建太庙、社稷；还建有宵衣殿（寝殿）、稽古殿（书殿）、重明殿、五云楼、祥曦殿等。海陵王时建有勤政殿、泰和殿、武德殿、永寿宫、永宁宫。金世宗复修庆元宫、光兴宫、光德殿、皇武殿等。此外还有术庙、社稷、孔庙、储庆寺等。

五、元上都

元上都位于今内蒙古自治区锡林郭勒盟正蓝旗。南临滦水，北依龙岗山，周围是广阔的金莲川草原。

南宋宝祐四年（1256年），刘秉忠（汉族，1216—1274年）随忽必烈进驻到金莲川（今滦河上游闪电河地区）。忽必烈命刘秉忠"于岭北滦水之阳，筑城堡，营宫室"。刘秉忠相中桓州（今内蒙古正蓝旗西北）东、滦水北的龙岗，经三年营建而成，名为开平城，是座具有游牧文化特色的草原都城，也融合了中国汉族传统。忽必烈称帝后改为上都。

元上都城分宫城、内城、外城（图3-44）。

宫城呈长方形，东西宽570米，南北长620米，城墙用黄土版筑而成，以青砖包砌，外侧以石条为地基，宫城四角建有角楼。城内建有大安阁、穆清阁、洪禧殿、水晶殿、香殿、宣文阁、睿思阁、仁春阁等建筑。

内城呈正方形，每边长1400米，据外城的东南部，与外城共用东、南城墙。城墙用黄土版筑，表面用石块包砌，四角有角楼。乾元寺、大龙光华严寺、孔庙和道

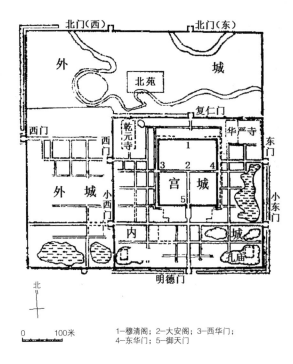

图3-44 元上都
资料来源：董鉴泓. 中国城市建设史（第三版）·第六章宋元时代的城市. 北京：中国建筑工业出版社，2004

1-穆清阁；2-大安阁；3-西华门；
4-东华门；5-御天门

观等宗教建筑分布其中。

外城也为正方形，每边长2220米。外城城墙均为夯土构筑。外城大体上分为两部分，内城以北部分是皇家园林，称为"北苑"，当时这里有"高榆矮柳，金莲紫菊"，是皇家豢养珍禽异兽、培植奇花异草和举行小型射猎活动的场所，著名的"棕毛殿"就建在这里，也是举行著名的"诈马宴"所在；内城以西部分是"西苑"，内有忽必烈行宫。

上都城外的东、西、南、北都设有关厢，百姓民居和商肆店铺工匠仓库主要集中在关厢地带。其中东关长约1000米，为皇帝接见宗王和使团居住的帐房区；西关长约100米，为羊、马、牛市和商业区；南关长约600米，为酒肆、客栈和店铺林立的繁华商贸区；北关建有驻扎军队的兵营。

每年春夏秋三季，上都城的城外方圆数十公里比城内更繁华，流动人口数十万，乃至上百万。城西还有离宫西内，周围十里，建筑以行宫和营帐为主。还有一处方圆25公里的大御花园，北郊则有很多寺庙、宫观等建筑。

元上都城是汉族农耕文明与蒙古族草原文明的结晶。

迁都燕京后，元朝实行两都巡幸制度，元上都成为元代诸帝避暑与处理政务的夏都。

六、清（后金）兴京、盛京

（一）兴京

明万历四十四年（1616年），满族统治者努尔哈赤在赫图阿拉（后称兴京，今辽宁省新宾）建立王朝称汗，国号大金，史称后金，定都赫图阿拉。

赫图阿拉故城，是清代关外三京之首，是"启运之地"。明万历三十一年（1603年），努尔哈赤迁居于此，筑内城，两年后又筑外城。内城周2公里，努尔哈赤及其亲族居住。外城周4.5公里，居住精悍部卒。外城北门外，铁匠、弓匠分区居住。

（二）盛京

盛京即今辽宁省沈阳市，是清朝早期（后金）的都城。后金天命十年（明天启五年，1625年）清太祖努尔哈赤把都城从辽阳迁到沈阳，并在沈阳着手修建皇宫。后金天聪八年（明崇祯七年，1634年）清太宗皇太极尊沈阳为"盛京"。清顺治元年（1644年）清朝迁都北京后，沈阳为留都。顺治十三年（1657年）清朝以"奉天承运"之意在沈阳设奉天府。

"盛京"是在明沈阳城基础上改建的。明洪武二十一年（1388年），辽东都指挥使司指挥闵忠督建沈阳城。

后金天聪元年（明天启七年，1627年）至天聪五年（明崇祯四年，1631年）建设新城，将原来城墙加厚、加高、加固；将四门改为八门，八旗军各守一门，城市通道由明时的十字街变为井字街。八门为：抚近门（大东门），内治门（小东门），德盛门（大南门），天佑门（小南门），怀远门（大西门），外攘门（小西门），福胜门（大北门），地载门（小北门）。

清康熙十九年（1680年），在城外增筑关墙（外城），高七尺五寸（2.79米），周围三十二里四十八步（16.080公里），面积为11.9平方公里。外城为不规则的抹角圆形，夯土筑造，设八个关门（边门）。八关即八个边门：抚近门外大东边门，内治门外小东边门；德盛门外大南边门，天佑门外小南边门，怀远门外大西边门，外攘门外小西边门，福胜门外大北边门，地载门外小北边门。关门较简单，砖砌二个门柱，上有一横枋，上盖为起脊灰瓦（图3-45a）。

沈阳内方外圆的城市格局是非常独特的。内城为有"井"字形大街的方

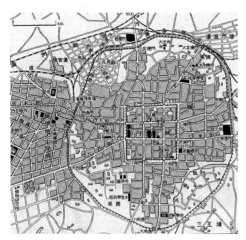
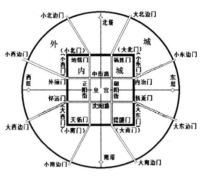

左　清盛京（今沈阳）
上　盛京城市结构图

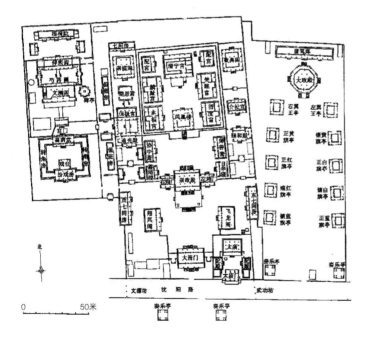

图3-45a　清盛京

图3-45b　清盛京皇城宫殿群平面
资料来源：吴良镛. 中国人居史·第七章博大与充实——明清人居建设·第二节都城人居规划的成熟. 北京：中国建筑工业出版社，2014

城，外城为圆郭，四方有四个塔寺，方城与圆郭之间有八条放射状的大街。方形的内城是汉族城市的传统模式，而圆形的外城则是满族游牧民族聚集地的建筑形式，内外城的结合是满汉民族文化融合的体现。

盛京皇宫在内城中央，分东、中、西三路，由于建在不同时期，清晰地展现了由满文化向汉文化转化的过程。

东路为大政殿，是皇太极听政、八旗诸王大臣议政的地方，殿前左右分列十座官署（即"十王亭"），两排略呈"八"字形。大政殿草创于明天启五年（1625年），是满族入关前处理国家政务和举行庆典活动的主要场所之一。大政殿为八角重檐攒尖式建筑，外形近似满族早期在山林中狩猎时所搭的帐篷。在大政殿的房脊上，还饰有八个蒙古力士，牵引着八条铁链，象征着"八方归一"。正门前的大柱上，盘旋着两条翘首扬爪的金龙，是受汉族敬天畏龙思想的影响，以龙代表天子的至尊无上。大政殿建筑特点的多样性，体现了多民族文化的融合。顺治皇帝正是在大政殿颁布了出兵令，命摄政王多尔衮兵入山海关，完成了清代的一统大业。

中路为大内宫阙，正中是崇政殿（俗称金銮殿），是皇太极日常朝会的地方，殿前有大清门，左右建飞龙阁、翔凤阁，殿后有师善斋和协中斋。最后为清宁宫，前有凤凰楼。清宁宫的东面是衍庆宫和关雎宫，西面有麟趾宫和永福宫。这些宫是皇太极及其后妃居住的寝宫。在崇政殿、清宁宫的东西两侧，分别建有颐和殿、介祉宫、敬典宫、迪光殿、保极宫、继思斋、崇谟阁。中路建筑群依中轴线布置，前朝后寝，结构严谨。

西路建于清乾隆四十六年（1781年），建有文溯阁、戏台、嘉荫堂、仰熙斋等，是皇帝东巡盛京时读书、看戏的地方。设计理念完全是汉族的礼乐传统（图3-45b）。

第六节 都城的改建、扩建

在我国古代都城的营建中，多数情况是废弃旧都，另建新都。而在旧都基础上改建、扩建的，大体有三种情况。

一是原址"大拆大建"或易地"另起炉灶"。秦末，项羽"烧秦宫室，火三月不灭。"汉初在咸阳废墟上营建新的都城。而隋唐洛阳、明南京的建设就避开了旧城，另立中轴线，"另起炉灶"，完全改变了城市的原有格局。

二是因袭，局部改建、增建，锦上添花。如南朝时期对东晋建康的改建、增建，城市格局没有改变。

三是在原有基础上，顺应城市原有格局，进行延伸和拓展。如北魏洛阳、东魏邺城的扩建是都城的改建、扩建的一种成功的案例。

一、建康

东晋建武元年（317年）"立宗庙社稷。……按《图经》：晋初置宗庙，在古都城宣阳门外。郭璞卜迁之。左宗庙，右社稷。"[98]也就是说，太庙、太社分别在宣阳门外御街的东、西两侧。有学者认为，郭璞定宗庙、社稷的位置，"已对建康有一个建都规划，将来准备把宫城东移到正对宣阳门的位置"[99]。后来正是按此规划实施的（图3-46）。

东晋成帝"咸和六年（331年）使卞彬营治，七年（332年）迁于新宫。"[100]"按《舆地志》，都城周二十里一十九步，本吴旧址。"在东吴建业城的基础上新筑五门，"与宣阳为六"："南面三门，最西曰陵阳门，后改名为广阳门。门内有右尚方，世谓之尚方门。次正中宣阳门，本吴所开，对苑城门，世称谓之白门，晋为宣阳门。门三道，上起重楼，……南对朱雀门，相去五里余，名为御道，开御沟，植槐柳。次最东开阳门。东面，最南清明门，门三道，对今湘宫寺巷门，东出清溪港桥。正东面建春门，后改为

---

98 (唐) 许嵩. 建康实录·卷第五晋上·中宗元皇帝. 上海古籍出版社, 1987
99 傅熹年. 中国古代建筑史第二卷·第二章两晋南北朝建筑. 北京：中国建筑工业出版社, 2001
100 (宋) 乐史. 太平寰宇记·卷之九十·江南东道二·昇州. 北京：中华书局, 2007
101 (唐) 许嵩. 建康实录·卷第七晋中·显宗成皇帝. 上海古籍出版社, 1987

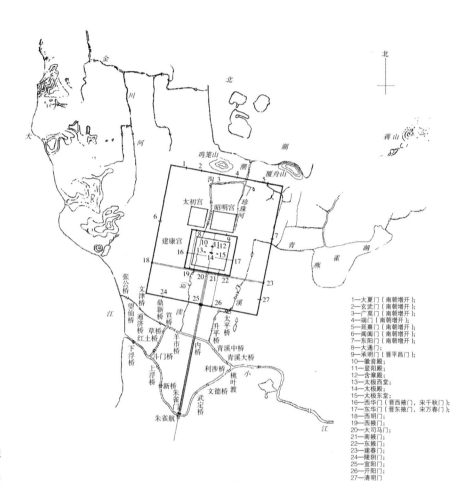

图3-46 东晋及南朝建康示意图
资料来源：苏则民. 南京城市规划史（第二版）·第四章六朝建康. 北京：中国建筑工业出版社，2016

1—大夏门（南朝增开）；
2—玄武门（南朝增开）；
3—广莫门（南朝增开）；
4—端门（南朝增开）；
5—延熹门（南朝增开）；
6—阊阖门（南朝增开）；
7—东阳门（南朝增开）；
8—大通门；
9—承明门（晋平昌门）；
10—徽音殿；
11—显阳殿；
12—含章殿；
13—太极西堂；
14—太极殿；
15—太极东堂；
16—西华门（晋西掖门，宋千秋门）；
17—东华门（晋东掖门，宋万春门）；
18—西明门；
19—西掖门；
20—大司马门；
21—南掖门；
22—东掖门；
23—建春门；
24—陵阳门；
25—宣阳门；
26—开阳门；
27—清明门

建阳门，门三道。……正西，南西明门，门三道。东对建春门，即宫城大司马门前横街也。正北面用宫城，无别门。"[101]西明门与建春门之间横街的出现，形成了大司马门前"T"字形格局。

建康自东晋咸和年间形成格局后，在南朝时期进行了改建、增建，尤其是梁时，锦上添花，使建康城更加华丽、壮美。但城市的基本格局并无改变。

二、洛阳

西周时，洛阳地区被认为是"天下之中"，周武王决定迁都洛邑，"宅兹中国"。洛邑称"成周"，位于洛水以北，浐水东、西。

东汉定都洛阳，北依邙山，南临洛水。汉光武初年，主要利用损坏较轻的南宫。东汉建安末年，曹操重修因战乱遭毁坏的洛阳城，在汉北宫基础上新筑单一宫城——洛阳宫。

三国时，魏文帝曹丕黄初二年（221年）定都洛阳。此时南宫已破败不堪，遂将主要宫殿建在北宫，又在城西北角建金镛城。魏明帝改建北宫，宫城正门称阊阖门，阊阖门北面正对宫城正殿太极殿，形成了以太极殿为中心，经阊阖门，通过御道铜驼大街，直通内城正门宣阳门的洛阳城主要轴线（图3-47）。

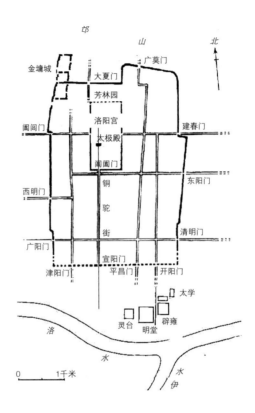

图3-47 曹魏洛阳
资料来源：《考古》1982年第五期

北魏太和十九年（495年）孝文帝迁都洛阳。孝文帝以"南伐"的名义在李冲、元澄等人的配合下实现迁都是他的汉化改革的重要举措。

迁都洛阳后，孝文帝命李冲负责营建新都洛阳，对汉魏故城进行了大规模改造与扩建，至宣武帝（500—515年在位）时建成规模宏伟的北魏洛阳城。东魏于天平元年（534年），迁都邺城，拆毁洛阳宫殿。在东魏元象元年（538年），东、西魏邙山之役中，北魏洛阳城化为废墟。

由李冲负责营建的北魏洛阳都城坐落在邙山南麓，洛河北岸。宫城的位置在全城的北部略为偏西，是在汉魏北宫的基础上兴建的。平面呈长方形，四面筑墙，东墙和西墙各长1400米，南墙和北墙各长660米。宫城的正门是阊阖门，正殿太极殿在宫城的前部，正对阊阖门。在广莫门和平昌门之间有了一条纵贯全城的南北向大街。阊阖门前、西阳门和东阳门之间有了一条横贯全城的东西向大街，它在宫城南墙外通过，成为全城的一条南北分界线，北面主要是皇家的宫殿和园囿，南面则分布着官署、寺院和贵族的邸宅。宫

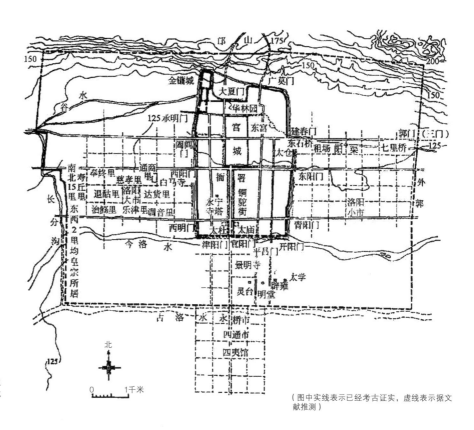

图3-48 北魏洛阳
资料来源：潘谷西. 中国建筑史（第五版）·第二章城市建设. 北京：中国建筑工业出版社，2004

（图中实线表示已经考古证实，虚线表示据文献推测）

城的南门——阊阖门至南城的宣阳门南北向大街——铜驼街就成了全城的中轴线。宗庙、社稷和太尉府、司徒府等高级官署分布在铜驼街的两侧，永宁寺即在街的西侧。

北魏对洛阳在汉、魏洛阳的基础上进行延伸和拓展。北魏宣武帝景明二年（501年）在洛阳兴建外郭城，"东西二十里，南北十五里"。在整个外郭城以内，划分为三百二十个方形的坊，每坊均四周筑墙，每边长三百步，即当时的一里。东汉以来的旧城成为北魏洛阳的内城。"大市""小市"和"四通市"等工商业区都设在内城以外（图3-48）。

隋唐洛阳城完全离开了汉魏洛阳，位于汉、魏洛阳城西30里，原河南县城（参见图3-32a）。

三、邺城

邺城曾是魏王曹操以及后赵、冉魏、前燕的都城,"南北朝"时期东魏、北齐也以邺城为都。北周周静帝大象二年(580年),杨坚下令焚为废墟。

邺城的北城即魏武邺城,是东汉建安九年(204年)曹操封魏王后营建的都城,曹丕移都洛阳后,以此为北都。"十六国"时期后赵石虎建武元年(东晋咸康元年,335年)迁都邺,石勒、石虎对其进行了改建。

东魏权臣高欢及其次子北齐文宣帝高洋营建邺城的南城。

《邺中记》载,"邺中南城东西六里,南北八里六十步。高欢以北城窄隘,故令仆射高隆之更筑此城。"[102]东魏孝静帝元善见兴和元年(539年)"九月甲子,发畿内民夫十万人城邺城,四十日罢。……冬十有一月癸亥,以新宫成,大赦天下,改元。……冬十一月修成新宫。"[103]通直散骑常侍李业兴共参其事。

南城紧靠邺北城,二者合二为一,共用一墙,北城南墙即南城北墙,南城的北门就是北城的南门。南城延续北城的中轴线,突出中央,对称布局,形成了一个规整的都城格局。经实地勘测,南城东西约2800米,南北约3460米,平面呈纵长方形,长宽比大体也是3:2,与北城相同。

南城除北墙外,东、南、西三面共十一门。东面四门:南曰仁寿门,次曰中阳门,次北曰上春门,北曰昭德门;南面三门:东曰启夏门,中曰朱明门,西曰厚载门;西面四门:从南至北依次是上秋门、西华门、乾门、纳义门(图3-49)。

吴良镛先生认为,"邺城最值得称道的是其空间模式演进所带来的启示。邺城的发展主要向南面拓展,南城沿着北城的中轴线发展,整个南城突出中央,对称布局,形成一个规整的都城格局,成为这一时代规划水平和理想人居的典型代表。"[104]

---

102 (晋)陆翙. 邺中记
103 (北齐)魏收. 魏书·帝纪第十二·孝静纪
104 吴良镛. 中国人居史·第四章交融与创新——魏晋南北朝人居建设·第二节都城人居文化之交融与创新. 北京:中国建筑工业出版社,2014

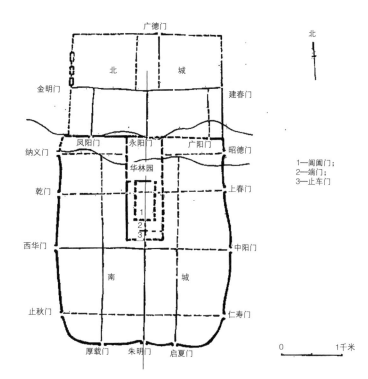

图3-49 东魏、北齐邺城
资料来源：傅熹年主编. 中国古代建筑史·第二卷三国、两晋、南北朝、隋唐、五代建筑. 北京：中国建筑工业出版社，2001

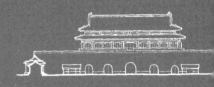

第四章 多样化的『城市设计』——一般城镇

如果说都城从选址、立意到营建多反映统治者的意志，多体现"礼乐秩序"的主导理念；那么一般的城镇，它们所体现的设计理念和设计手法都呈现多样化。

地方行政中心城市大多因循传统，四方城池、十字或丁字道路是其典型模式。而更多的一般城镇，至少开始时，是自发生长起来的，是人们对于自然的适应，谈不上"城市设计"。许多城镇是逐渐"有机更新"的结果。这类城镇不可能留下营建它们的匠师姓名，却留下了众多"城市设计"杰作。

民族地区城市尽管受着汉文化的强烈影响，但仍然保留着浓烈的民族特色。

第一节 因循传统

我国古代除了都城的城市设计是在传统理念下创造、发挥,主导理念是"礼乐秩序"外,在其他类型城市中,地方行政中心城市也多因循传统。此外,处于边境、沿海的防卫城市,由于它们的特殊功能和行政体制,也往往遵循"礼乐秩序"。当然,即使如此,也不乏既因循传统又因地制宜的城市设计佳作。

一、地方行政中心

地方行政中心城市也以"礼乐秩序"作为规划设计的主导理念,因循传统。矩形城池,十字交叉或丁字交叉的道路,成为这类城市的典型模式。

(一)典型模式

1. 保定

保定,位于华北平原北部,与北京、天津互成掎角之势,自古是"北控三关,南达九省,地连四部,雄冠中州"的"通衢之地"。

周赧王二十年(燕昭王十七年,前295年),燕昭王在保定今市中心东五里建广养城。汉、唐时期均为县。北宋太平兴国六年(981年)析易州满城县南境入保塞县,并升保塞县为保州。元世祖至元十二年(1275年)易名保定路,辖七州(含十二县)、八县,共二十县。明洪武元年(1368年)保定路改名保定府。清康熙八年(1669年)直隶巡抚由正定移驻保定,保定始为直隶省会。

宋淳化三年(992年),李继宣知保州,"筑城关,浚外壕,葺营舍千五百处"[1],疏浚一亩泉河。保定城近似正方形,西南部因护城河的关系向西突出。为防洪水,城墙离护城河约百米,但仍在弓箭射程之内。城四面各一门,东门名"望瀛",南门名"迎薰",西门名"瞻岳",北门名"拱极"。北门由于地势原因而

---

[1] (元)脱脱、阿鲁图等. 宋史·卷三百零八·列传第六十七·李继宣

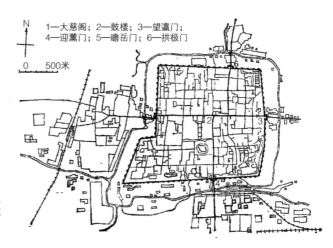

图4-1 保定城
资料来源：据董鉴泓. 中国城市建设史（第三版）·第七章明清时期的城市. 中国建筑工业出版社，2004

偏东，使南北两门不正对，东西大街与南北大街形成两个丁字交叉。全城制高点大慈阁建在东大街南，正对北大街。南大街与东西大街交叉口建有鼓楼，横跨街道，是街道的对景。清代全城分42坊。西大街主要为商业市肆，南大街为手工业，西南角有军事区（图4-1）。

因地制宜的两个丁字交叉既不失传统，又丰富了城市景观。南宋宝庆三年（元太祖成吉思汗二十二年，1227年），保州都元帅张柔移镇保州，开始对保州城的重建。大慈阁雄伟壮观，"高可数十丈，数十里外，遥望层阁丹碧若霞"，被誉为上谷八景之首。阁内供奉有释迦牟尼佛和观世音菩萨，阁后有全国罕见坐南朝北的关帝庙。

2. 太谷

太谷县位于山西中部，地处晋中盆地，文化商贸发达。太谷始建于西汉，称阳邑县。明、清两代均隶太原府。

县城所在地，原为白塔村。有"先有白塔村，后有太谷城"之说。北周武帝建德六年（577年），筑土为城，周围十里，高6米，四周掘护城池。明正德九年（1514年），太谷城墙增高到8.3米，以砖砌门，上建重楼，城墙四角建角楼。明万历四年（1576年），太谷古城改砌砖城。基宽14米，高12.5米，东、北、南为瓮城，西门为重门。城呈正方形，内有四街八井。鼓楼为全城中心，跨在东、南、西三条大街及县衙前大道的交叉口。东大街和西大街连成一线，

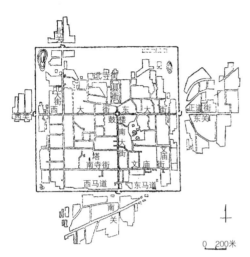 

图4-2a 太谷城
资料来源：董鉴泓. 中国城市建设史（第三版）. 第七章明清时期的城市. 北京：中国建筑工业出版社，2004

图4-2b 太谷城鼓楼

与南大街及县衙前大道交叉。鼓楼北为县衙，北大街偏西，与西大街的中段相交。白塔在县城偏南（图4-2a、2b）。

太谷是清代全国性的票号中心，也是晋商集中、金融业繁荣的商贸城市，城内票号、商铺众多。

太谷县城结构布局是我国古代地方行政中心的典型实例之一。

3．应昌

应昌故城位于今内蒙古自治区克什克腾旗西达来诺尔西南约2公里处，在贡格尔草原上，达来诺尔湖畔。

元至元七年（1270年），忽必烈皇帝批准弘吉剌部的领主孛思乎儿斡罗陈万户和其王妃囊家真公主在他们封地的驻夏之地建城居住。斡罗陈和王妃请来曾规划和建设上都城的光禄大夫刘秉忠。刘秉忠认为达里诺尔湖西地势平坦，东、西、北三面山峦环抱，恰如龙岗，景色优美，决定选此地建城，名为应昌府。至元二十二年（1285年），改应昌路。弘吉剌部至少有4位首领被封为鲁王，应昌城自建立后，世为鲁王及鲁国大长公主等居地，故又被称为鲁王城。元至正二十八年（1368年），元顺帝妥欢贴睦尔在明军的进逼下，撤出元大都，北走应昌，在此城固守二年后病故于应昌。元顺帝子爱猷识里达腊在应昌路继位，史称北元。明初改应昌卫。

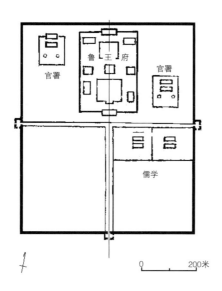

图4-3 应昌路城
资料来源：据董鉴泓. 中国城市建设史（第三版）. 第六章宋元时代的城市. 中国建筑工业出版社，2004

由刘秉忠规划的应昌路城是一座典型的汉族传统的地方行政中心城市，由内城、外城及关郊组成。外城呈长方形，南北长约800米，东西宽约600米，有东、西、南三门，均设方形瓮城。东门、西门间有横街，宽约10米；南门内有南北向街道，宽约20米，其两侧为市肆，西南部多为民居，横街北部为官署。东门内横街南为儒学。此外，城内还有社祭坛、孔庙、报恩寺等。

内城在横街北的中部，正对南北向街道，四面有院墙，长近300米，宽近200米，各有一门楼建筑。是个宫殿集中的区域，据记载应为鲁王府，鲁王府外西北和东北各有一院落，形制相同，应为官署。

外城外西面为白塔寺，东北为元代墓葬群；东边有城隍庙和十三敖包，南侧有关郊；东南的曼陀山下有龙兴寺等（图4-3）。

（二）府县同城

1. 徽州

城市中，府县同城的不在少数；但如徽州这样府县两城并联搭接则极为罕见。徽州府衙则是古代官署的典型实例。

《禹贡》中徽州属"扬州"。春秋战国时先后属吴、越、楚。秦置歙县，属会稽郡。汉元狩二年（前121年），歙县属丹阳郡。南朝时设置新安郡。隋大业十三年（617年）改歙州，治所在歙县。宋宣和三年（1121年），歙州改"徽州"，属于江南东路。元为"徽州路"。明清为"徽州府"，治所仍在歙县。徽州自隋至清末，一直为郡、州、路、府所在地，府县同城时间长达1300年。

隋末，汪华迁郡治于歙县乌聊山下，就汉毛甘故城扩筑。府城城池"唐越国公汪华在隋义宁中称吴王时所筑，自休宁万安山徙治于此，东半抱山，西半据平麓，筑以为城。扬之水顺城东北而西为练溪，环绕东南隅而下歙浦，因以为池。山溪之险，天造地设。"[2]

府城外为罗城，周长四里二步。唐中和五年（885年）罗城南北向扩为九里七步。宋宣和三年（1121年）改筑州城城北扬之河西岸，城周四里余。百姓生活不便，仍居旧城。翌年，遂复修唐中和旧城，罗城周七里三十步，设六门：东富周，西丰乐，南表城，西南紫阳，北通济，东北太平。各城门皆建城楼，州治之南数百步建谯楼。元至元十七年（1357年），明将邓愈加筑府城，城周扩至九里七十步，改六门为五门：东德胜，南南山，西潮水，北镇安（俗称小北门），东北临溪（俗称大北门）。东、西、北三面开挖城壕。明嘉靖四十五年（1566年）重修府城，加高部分城墙。清代，各门皆筑月城即瓮城。

自隋唐始，歙县城均附郭府城，未建城池。明嘉靖三十三年（1554年），倭寇入歙境，百姓避入府城，有被践踏而死者。翌年，知县史桂芳筑县城，一年筑成。县城城池与府城城池相连，形似"8"字。以乌聊山、斗山为界，东为县城，西为府城。县城"前抵府城、后枕问政、左临练水、右据石壁"，周七里许（面积约1.30平方公里），设四门：东问政，东南紫阳，北东新安，北西玉屏（图4-4）。

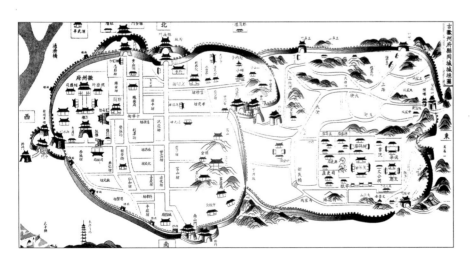

图4-4　徽州府县同城城垣图

2. 徽州子城——府衙

图4-5 徽州阳和门
资料来源：笔者摄

隋唐徽州子城即府衙，周长一里四十二步。宋绍熙年间（1191—1194年），州衙毁于大火，随后重建。明初，卫国公邓愈改为行枢密院，明洪武三年（1370年）复为府治。明正统、明崇祯曾两次大修。清乾隆二年（1737年）重修。阳和门是府衙东门，始建于南宋绍兴二十年（1150年），旧称迎和门（图4-5）。

明徽州府衙基本按照明洪武二年（1369年）颁布的州县公廨图式改建。

府衙坐北向南，从照壁至知府廨，轴线对称，主从有序，中央主堂，两侧辅助；前临街衢，巷道纵横，布置严整，分区明确。仪门内为左、中、右三路建筑。中路前部两进主庭院。第一进庭院北为正厅，是举行典礼、发布政令和审理案件之处。厅前甬道中立戒石亭，亭中设戒石，刻警戒地方官的铭语和"公生明"三字。两庑设六房属吏的办事处，东列吏、户、礼三房，西列兵、刑、工三房。第二进为后堂和厢房，以东西连廊与正厅连接。中路后部两进庭院，是知府廨，即官邸。左、右两路各建3个庭院，中部为经历司、照磨所，前部置司吏宅，后部是属官住宅，即同知（正五品）廨、通判（正六品）廨、推官（正七品）廨、经历（正八品）廨、照磨（正八品）廨、知事（从八品）廨、检校(正九品)廨等，分别列于知府廨东、西，并以巷道与中部相隔。仪门南是谯楼，是徽州府的大门，楼南建承宣坊，府前街上东为申明亭、西为旌善亭，分别为公布处罚、判决和表彰善行之所。谯楼与仪门之间两侧是理刑厅、督粮厅等建筑。[3]

二、防卫城

明朝在北方边境和东南沿海修建了完备的防卫体系，军事防卫系列是：镇、路、卫、所、军堡。同时，军民分籍，军士世为军户，以卫所编制。每所1125人，

2（明）彭泽、汪舜民. (弘治)徽州府志
3 歙县徽州古城之徽州府衙. 凤凰安徽，2015年11月04日

五所为一卫。内地的卫所依附于城市设置；在边境地区，设置卫所和卫所城市。在长城沿线内侧修筑了大量卫所城市和边防城堡，并划分防区，形成长城沿线的"九边重镇"（参见图2-3）。

防卫城其实也是一个地方的行政中心，多数防卫城的空间结构是因循传统的。而处于地形复杂的边防城市，则往往很有特色。

（一）大同

大同古称云中、平城。战国时期初为代国，后并入赵地。秦代为雁门郡、代郡之地。东汉建安二十年（215年），曹操在今代县东五里置平城县。晋永嘉四年（310年）晋怀帝封鲜卑拓跋猗卢为代公。晋建兴元年（313年）拓跋猗卢定盛乐为北都，修秦汉故平城为南都。北魏拓跋珪于天兴元年（398年）自盛乐迁都平城，"营宫室，建宗庙，立社稷"。辽保大二年（1122年）金宗翰攻占大同府，以大同为西京，改西京道为西京路。元初大同仍称西京。明朝大同府辖四州、七县、十三卫所。

明洪武五年（1372年）徐达将原来的大同府土城改为砖砌。城为正方形，周12.6里，高4丈2尺，四面各开一门，干道正对城门，呈十字交叉。明洪武七年（1374年）改大同路为大同府，隶属山西行中书省。大同为朱元璋十三子代王朱桂的封地，代王府在城中偏北，西临大北街，王府的照壁即为著名的"九龙壁"。

大同是明朝"九边重镇"之一。明洪武二十五年（1392年）山西行都指

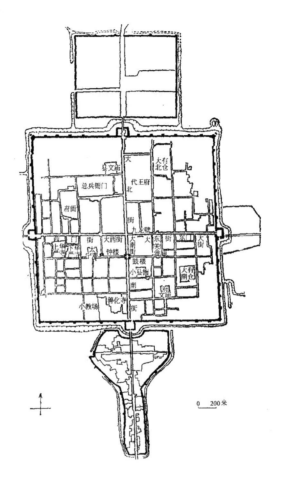

图4-6 大同城
资料来源：董鉴泓. 中国城市建设史（第三版）·第七章明清时期的城市. 北京：中国建筑工业出版社，2004

挥使司徒治大同。初领卫二十六，东至北京的居庸关，西起黄河转弯处的偏关，东西延绵千余公里；南北亦有数百公里，其范围之大，实属九边之首。明永乐七年（1409年）置大同镇。

清顺治六年（1649年），多尔衮破大同城，大同变成一座荒城。顺治九年（1652年）府县复还故址。清雍正四年（1726年）于右玉林卫置朔平府并废除明代卫所，改卫为县，大同府治所大同县。

随着商业的发达，清代在东、南、北三座城门外逐渐形成关厢地区，并随之增筑小城。

清代还在十字交叉口建四牌楼，在其南跨路建鼓楼，鼓楼西建钟楼。钟、鼓楼及城门楼构成了城市的主体轮廓。明清大同城是一座典型的具有传统特色的城市（图4-6）。

（二）大同镇的卫所

大同镇初分东、中、西三路，明嘉靖二十八年（1549年）增设北东路、北西路。后不断增加，明末曾达十路。

西路包括左、右、云川、玉林、朔州五卫。

1. 左云

左云位于杀虎口和大同之间。明洪武二十五年（1392年）在此设镇朔卫。明永乐七年（1409年）大同左卫自大同徙镇朔卫故城（今城关）。明正统十四年（1449年）云川卫自大同迁此与大同左卫同治，改称左云川卫。清初改称左云卫。清雍正三年（1725年）升卫为县，属朔平府。

左云在明洪武二十五年（1392年）开始筑城，正统年间以砖包城墙。明嘉靖年间重修时将城垣缩小，东西减半。城呈正方形，南北1540米，东西1500米。城东部依山而建，西城墙外临河。东部山岗上建一楼，用以远眺。设城门三座：南拱宸，北镇朔，西靖远，均有瓮城。南门外有南关，明万历三十八年（1610年）筑南关城墙，并在门外正对瓮城门建翼墙。

城内主要道路十字交叉，中心有明万历年间建的鼓楼，偏西有钟楼。南北道路上，鼓楼南有太平楼，鼓楼北有关帝庙、文昌阁，形成了南北中轴线，街景丰富（图4-7）。

2. 右玉

右玉县位于山西西北，为边陲重镇。明永乐七年（1409年）设大同右卫，将边外玉林卫并入右卫，改称右玉林卫，属大同府。清雍正三年（1725年）撤销右玉林卫置右玉县，同时在右卫城设置朔平府，管辖朔州、平鲁、马邑、左云、右玉五州县及宁远厅。

明建文四年（1402年）至明永乐七年（1409年）修筑城墙，明万历三年（1575年）包砖。城东西1117米，南北1460米。城东南角清末时为洪水冲毁，另建城墙补缺。城有四门：东和阳，南永宁，西武定，北镇朔。门有瓮城，城门外还有月城。

城内主要道路正对城门十字交叉，交叉口建有鼓楼。

明代以后，军事职能逐渐消失，而商业较兴旺。清代设有将军府、都统府和县衙（图4-8）。

3. 杀虎堡

杀虎堡是大同镇辖下的边防城堡，位于晋北右玉县。

明代边患严重，此处为有效抵御或出击蒙古铁骑的主要孔道，称杀胡口。清代改称"杀虎口"。

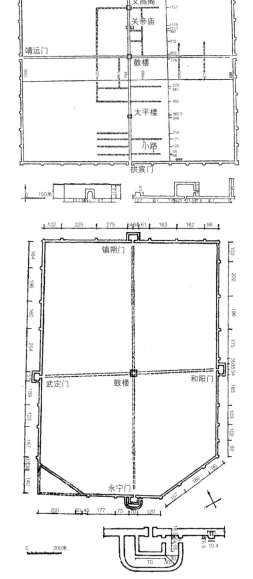

图4-7 左云
资料来源：据董鉴泓. 中国城市建设史（第三版）·第七章明清时期的城市. 北京：中国建筑工业出版社，2004

图4-8 右玉
资料来源：据董鉴泓. 中国城市建设史（第三版）·第七章明清时期的城市. 北京：中国建筑工业出版社，2004

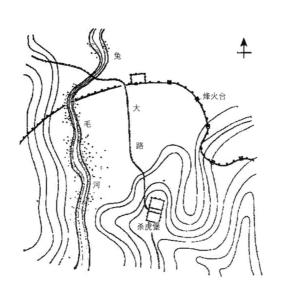

图4-9a 杀虎堡位置

明洪武年间，杀虎口的长城出入口上建有关门，俗称大栅子，与长城连为一体，上建关楼，下设千斤大闸，白天启闸行人，夜晚放闸宵禁。明嘉靖二十三年（1544年），于长城南百余步之处，筑杀虎堡一座，明万历二年（1574年）又用砖包筑整个堡墙，成为异常坚固的军事堡垒。城堡周长二里，只开南门，并筑瓮城。万历四十三年（1615年），于杀虎堡南另筑新堡一座，名平集堡。新堡亦周二里，高低与旧堡同。后又在平集堡与旧堡间东西筑墙，中辟东、西门，称之中关。这样，旧堡、中关、新堡连为一体，构成一组周围约三里许的复杂的军事防御工程（图4-9a、9b）。

杀虎堡在明代初建时主要用于屯兵，明正统三年（1438年）堡内设立马市后，蒙汉边贸开始，以后边贸时开时关，至明隆庆年间马市才稳定下来。明末时马市很繁荣，成为杀胡堡、镇羌堡、得胜堡、弘赐堡、新平堡五堡中第一要地。清代堡内

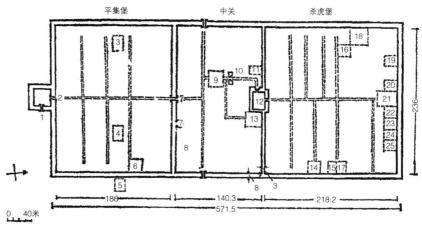

图4-9b 杀虎堡平面
资料来源：董鉴泓. 中国城市建设史（第三版）·第七章明清时期的城市. 北京：中国建筑工业出版社，2004

1—蓄威门；2—平集堡；3—巡检；4—都司；5—把总；6—观音堂；7—镇安门；8—墩台；9—三官庙；10—门墩；11—三皇庙；12—杀虎堡；13—关帝庙；14—城隍庙；15—释迦佛庙；16—协统；17—石王庙；18—小校场；19—仓库；20—鲁班庙；21—玄武庙；22—大神庙；23—瘟神庙；24—白衣庙；25—奶奶庙

设有"八大衙门",驻军、衙门、居民、商贾、流民等总人口达四万多人,衙署、学堂、庙宇、客栈遍布街巷,光庙宇就达50多座,住户达3600户,一派繁荣景象。

(三)宁远

宁远(今辽宁省兴城市)背倚辽西丘陵,南临渤海,是通往中原的交通要道,关外军事重镇。辽圣宗统和八年(990年)称兴城。明宣德三年(1428年)在此设卫建城,赐名"宁远"。

宁远城呈正方形,南北长825.5米,东西长803.7米,城墙高10.1米。城设四门:东春和,南延辉,西永宁,北威远。城门上各有两层楼阁、围廊式箭楼,分别有坡形登道,门外有半圆形瓮城。城墙外砌大块青砖,内垒巨型块石,中间夹夯黄土,基砌青色条石。四角高筑炮台,突出于城角,用以架设红夷大炮。东南角建魁星楼一座。城内东、西、南、北大街呈"十"字相交,雄伟壮观的鼓楼,坐落在交叉口上。

南街有明思宗朱由检为表彰当时的辽西都督祖大寿、祖大乐兄弟镇守边陲的功绩下诏建立的两座石牌坊(图4-10、参见图1-16)。

(四)钓鱼城

钓鱼城位于今重庆市合川区东城半岛东北部海拔391.22米的钓鱼山上,为嘉陵江、渠江、涪江三江之口,自古为"巴蜀要冲"。

南宋嘉熙四年(1240年),四川安抚制置使彭大雅在修筑重庆城同时,命令合州太守甘闰修筑钓鱼城。南宋淳祐二年(1242年),四川安抚制置使兼知重庆府余玠(后又兼四川总领兼夔路转运使)听从幕僚苗族兄弟冉琎、冉璞的建议,于淳祐三年(1243年)大规模修筑钓鱼城,并将合州及石照县的军、政机构移至城内,屯兵积粮,以作重庆、夔州的屏障。与此同时,在四川各地险要之处设立山寨,建起了以钓鱼城为中心的"山城防御体系"。此后,合州守将王坚、张珏分别于南宋宝祐二年(1254年)和南宋景定四年(1263年)再次修筑钓鱼城,使合州钓鱼城成了规模宏大、城势险峻的城池要塞。

钓鱼城有外城与内城。外城在悬崖上,易守难攻。内城有良田与水源,可以提供充足的后勤保障。钓鱼城城周十二三里,均筑高数丈的石墙;城墙建有城门8道,皆石砌拱门,门上建楼;南北各建一条延至江中的一字城墙;城中偏北处为皇城,道路顺山势而开;山巅为南宋绍兴年间建的护国寺;城内有大

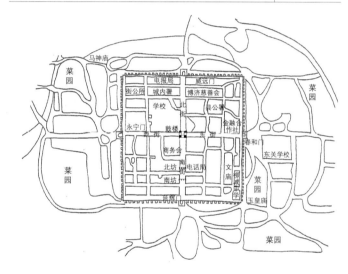

图4-10 宁远城
资料来源：据董鉴泓. 中国城市建设史（第三版）·第七章明清时期的城市. 北京：中国建筑工业出版社，2004

小池塘13个，井92眼；江边筑设水师码头，布有战船，上可控三江，下可屏蔽重庆（图4-11、图4-12）。

钓鱼城可谓城固粮足。从南宋淳祐三年（1243年）到南宋祥兴二年（1279年），合州军民在守将王坚、张珏率领下，凭藉钓鱼城天险，历经大小战斗两百余次，抵御蒙古精锐之师，守城抗战36年。南宋开庆元年（1259年），蒙哥汗（元宪宗）在御驾亲征钓鱼城之战时死亡，导致忽必烈和进军北非的旭烈兀大军的全面回撤，阻止了蒙古诸亲王扫荡整个欧洲的扩张浪潮。

（五）瑷珲

瑷珲位于今黑龙江省黑河市爱辉镇。"瑷珲"为满语，意为"貂"。

清康熙二十二年（1683年）在黑龙江东岸修筑城堡为黑龙江将军驻所。康熙二十四年（1685年），黑龙江将军及副都统移驻黑龙江右岸的达斡尔族城堡——托尔加城，称瑷珲城，而江左岸的城堡称旧瑷珲，设城守尉镇守。清光

绪二十六年（1900年），沙俄入侵，瑷珲城被毁，仅剩魁星楼。

据《盛京通志》记载，新建的瑷珲城："内城植松木为墙，中实以土，高一丈八尺，周围一千三十步，门四；（外城）西南北三面，植木为廓，南一门，西北各二门，东南临江，周围十里。"后又在外城外挖城壕。内城四角有与城墙等高的塔形突出部。

新瑷珲城有贯穿全城的南北大街，是主要的商业街。城内分布着副都统府、大人府等衙署，东南角有城隍庙、万寿宫、文庙、真武庙、魁星楼等建筑。城外为军民住宅和兵营、船场、教军场等军事设施。

瑷珲既是边防军政重镇，也是边境商贸城市。据《瑷珲县志》载："瑷珲庚子之前，居民四万，商贾三千，诚为黑龙江中枢之点。"（图4-13）

图4-11 钓鱼城
资料来源：董鉴泓. 中国城市建设史（第三版）·第六章宋元时代的城市. 北京：中国建筑工业出版社，2004

图4-12 钓鱼城护国门

（六）长城的关城

长城的关城主要功能是防卫，具有防卫城市的一般形态结构：方形城池，十字交叉的道路。但由于所处地域的复杂地形，经过多次构建，造就了丰富多彩的关城风貌。

1. 山海关

山海关，古称榆关、渝关、临渝关、临闾关。隋开皇三年（583年），筑

第一节
因循传统

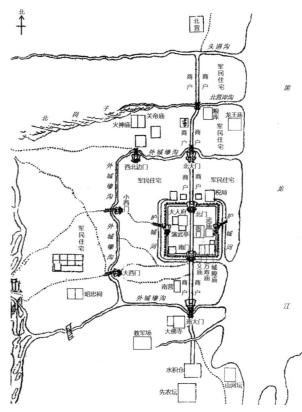

图4-13 瑷珲城
资料来源：据董鉴泓. 中国城市建设史（第三版）·第七章明清时期的城市. 北京：建筑工业出版社，2004

渝关关城。宋天圣八年（辽太平十年，1030年），迁归州（今辽宁盖县西南）之民在今山海关设迁州及所领迁民县。金代，称迁民镇。金泰和六年（1206年），改属瑞州。元代，仍为迁民镇，并设千户所。明洪武十四年（1381年），"大将军徐达发燕山等卫兵一万五千一百人，修永平界岭等三十二关"[4]，于古渝关东六十里建关，因其北倚燕山，南连渤海，故名山海关。当年的《显功庙碑记》中记载了山海关重要的地理位置及其战略意义，"以平滦渝关土地旷衍，无险可据，去东八十里，得古迁民镇。其地大山北峙，巨海南浸，高岭东环，石河西绕，形势险要，诚天造地设。遂筑城移关，置卫守之，更名曰山海关。内外截然，隐然一重镇。自山海以西，若喜峰，若古北，大关小隘，无虑数百，茸垒筑塞，既壮且固。所以屏蔽东北，卫安军民，厥功甚伟。"明万历四十六年（1618年）四月，设镇。清代，山海关的战略地位下降，清乾隆二年（1737年）撤山海卫建临榆县，守关驻军大幅度减少。

[4]（清）张廷玉等. 明史·太祖本纪

山海关"关城砖垒,高四丈一,周千五百二十八丈,凡八里百三十七步。月城二,水关三,居东、西、南三隅。门四楼,东曰镇东,西曰迎恩,南曰望洋,北曰威远,东南角楼曰靖边,楼各重键。竖橹圜铺舍二十有六。池千六百八十余丈,广二丈,深二丈三尺……钟鼓楼城中央。月城外罗城周五百四十七丈余,高三丈三尺,广一丈四寸。敌楼便门各二。"[5]

山海关城镇东门的城台上的镇东楼有题额"天下第一关"。镇东门外有东瓮城,与城楼同时建于明洪武年间。东瓮城周长318米,门南向,与城楼券门成直角形,是城楼券门外的又一关门。

东罗城为山海关城外城。明万历十二年(1584年)建。周长2045.6米,东面墙长395米,西面墙长(即长城部分)590.5米,南面墙长439米,北面墙长612.3米,城面宽4米,高8米。罗城东门,即关门,门上有石匾一方,刻有"山海关"三字。关门并有南北二小门,通称南旱门、北旱门。南北二旱门之东侧有水门二。

西罗城,明崇祯十六年(1643年)建,工程未完中止。

山海关的两翼有南北翼城,辅弼山海关,明巡抚杨嗣昌建。南翼城又名"南新城""南营子",在山海关城南2公里。周长1428米,东墙附长城。南、北有2门。北翼城又名"北新城",在山海关城北约1公里外。北翼城周长1237米,东墙即长城。

山海关城内街巷为典型的棋盘式布局,东、西、南、北大街相交成十字形道路骨架,它将全城分成四个长方形的街坊。坊内有南北走向的马道、天心胡同、通天沟等支路,它们与东西向的胡同构成"井"字形道路网络。这些街巷网络连接着一座座典型的四合院落。《卢龙塞略·表部》记载,明万历三十八年(1610年),山海关"城内居千三百八十四家,罗城居五百余家。"清乾隆二年(1737年),撤卫建临榆县治,商贸繁荣,人口逐渐增加。据《临榆县志·赋役编》:光绪二年清查"县城共民三千一百三十三户,一万九千四百一十丁口"(图4-14)。

2. 嘉峪关

嘉峪关是明长城西端的第一重关,也是古代"丝绸之路"的交通要塞,始建于明

[5] (元)郭造卿. 卢龙塞略·表部

洪武五年（1372年）。明正德二年（1507年）建西罗城，明嘉靖十八年（1539年）重新增修。

嘉峪关有内城、外城、城壕三道防线，壁垒森严，与长城连为一体，形成燧、墩、堡、城的军事防御体系。关城内城，周长640米，面积2.5万平方米，城墙高10.7米，以黄土夯筑而成，西侧以砖包墙。内城开东西两门，东为"光化门"；西为"柔远门"。门台上建有三层歇山顶建筑。东西门各有一瓮城。西门外有一罗城，与外城南北墙相连，有"嘉峪关"门通往关外，上建嘉峪关楼，楼上悬匾额"天下第一雄关"。嘉峪关内城墙上还建有箭楼、敌楼、角楼、阁楼、闸门楼共十四座，关城内建有游击将军府、井亭、文昌阁，东门外建有关帝庙、牌楼、戏楼等。

嘉峪关建筑群布局严谨，气势雄浑，与远隔万里的"天下第一关"山海关遥相呼应（图4-15）。

图4-14　山海关（左图）
资料来源：汪德华. 中国城市设计文化思想·2城市设计基本方法及评定标准之探讨. 南京：东南大学出版社，2008

图4-15　嘉峪关城（右图）
资料来源：董鉴泓. 中国城市建设史（第三版）·第七章明清时期的城市. 北京：中国建筑工业出版社，2004

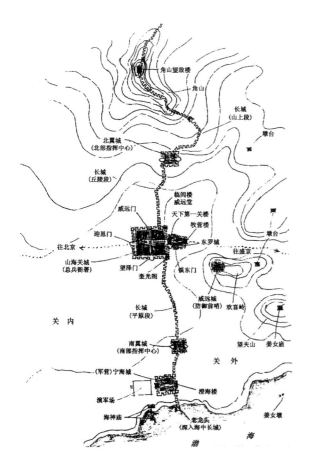

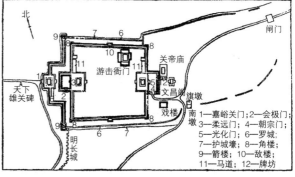

第二节 因地制宜

对于一般城市而言，大多是顺应自然、利用自然，"因地制宜"发展的结果。

一、淹城

淹城位于今江苏省常州市武进区湖塘镇。据考古鉴定，淹城为战国时期的城邑。关于淹城的来历有多种说法，至今仍无定论。一说周成王东征时，奄人徙于江南始建淹城。奄国在今山东曲阜市东郊。商王"南庚更自庇迁于奄。""盘庚即位，自奄迁于北蒙，曰殷。"[6]周成王元年（约前1042年），周公率领大军讨伐叛逆，奄国无力抵抗，国君带领残部从山东辗转逃到江南，在今江苏省常州市南面的武进区凿河为堑，堆土为城，称"奄城"。另一说是春秋晚期吴国公子季札不满阖闾刺杀王僚夺取王位，决心与阖闾决裂，"终身不入吴国"，便在封地延陵筑城挖河，邦名"淹城"，以示淹留之决心。

淹城从里向外，由子城、子城河，内城、内城河，外城、外城河，三城三河组成。这种城池形制在中国独一无二。

淹城东西长约850米，南北长约750米，总面积约63.75万平方米。外城（俗称外罗城）平面呈不规则的椭圆形，周长约3000米。据记载，淹城古城墙最高达20米，墙基宽25～30米，全部由泥土夯筑而成。内城（俗称内罗城）平面近方形，周长约1500米，城墙现高12～15米，宽约20米。子城（俗称紫禁城，即王城）在内城北面，平面方形，周长约500米，城墙现高约5米，宽约10米，城墙用湿土和干土相间堆筑而成，未经夯打。外城城河和内城城河宽45～50米。每道城墙均有一座城门，子城城门朝正南，内城城门朝西南，外城城门朝西北。淹城没有陆路，只有水道划船（独木舟）进出。由外城墙的北部偏西处进入，沿着脚墩、肚墩、头墩的西侧向南，直达外城墙的南部城脚，两处沿头墩的南北两侧东折进内城河，再沿着内城墙出入口进入子城河。外城门和内城门均为水门，子城门位于子城墙南部正中位置。

城内有4个大土墩，在内城西面与外城，高10～13米，呈不规则形。城外

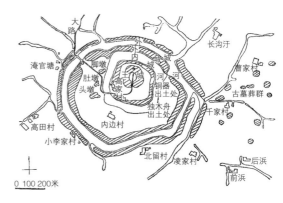

图4-16 淹城
资料来源：董鉴泓. 中国城市建设史（第三版）·第三章春秋战国时代的城市. 北京：中国建筑工业出版社，2004

四周一、二公里范围内，散立着大小不等的土墩约80个。其中以城东和城西较集中，这些土墩，多数是无穴土墩墓。在外城的西部，南北向排列着三个高大的土墩，俗称"头墩""肚墩""脚墩"。

淹城城水相依，城墙逶迤起伏，城河清波荡漾，城内绿树成荫（图4-16）。

二、交河

交河（今新疆维吾尔自治区吐鲁番市西交河城遗址）是战国时期西域三十六国之一的"车师前国"的国都。汉宣帝神爵二年（前60年），汉在乌垒城（今轮台县境内）建立西域都护府，正式在西域设官、驻军、推行政令。当时"西域都护"管辖的地区即所谓的"西域三十六国"。汉元初元年（前48年），分其地为前、后两部，皆属西域都护府。前部治交河城，后部治务涂谷（今新疆吉木萨县南山中）。三国时魏戊已校尉居前部高昌，车师后部王治赖城，受魏封号"大都尉"。晋代皆属西域戊已校尉。南北朝时，前部属北魏，因遭北凉攻击，于北凉沮渠安周承平十一年（450年）西迁焉耆东部地区。

《汉书》载："车师前国，王治交河城。河水分流绕城下，故号交河。去长安八千一百五十里。户七百、口六千五十，胜兵千八百六十五人。辅国侯、安国侯、左右将、都尉、归汉都尉、车师君、通善君、乡善君各一人，驿长二人。西南至都护治所千八百七十里，至焉耆八百三十五里。"[7]

交河城在南北朝和唐朝达到鼎盛，后由于连年战火，交河城逐渐衰落。元朝统治者强迫当地居民放弃传统的佛教信仰改信伊斯兰教。精神与物质的双重打击下，交河城完全衰败。

交河城位于今吐鲁番市以西约13公里的亚尔乡，牙尔乃孜沟两条河在此交汇，在两河之间形成高约30米的土台，长约1650米，两端窄，呈柳叶形，中间最宽处约300米。交河古城就在土台上，总面积约47公顷。

全城是一个大堡垒。人行墙外，处在深沟之中，无法窥知城垣内情况；而在墙内，则居高临下，控制内外动向。一条长约350米，宽约10米的南北大道，把居住区分为东、西两大部分。大道的北端有一座规模宏大的寺院，并以它为中心构成北部寺院区。城北还有一组壮观的塔群，可能是安葬历代高僧的塔林。东南方，有一座宏伟的地下宅院，顶上有11米见方的天井，天井设有四重门栅，天井地面，有一条宽3米，高2米的地道，长60米，与南北大道相通。据推测，此处是安西都护府的住所，后为天山县的官署衙门。

西部有许多手工作坊。大道两侧是高厚的土垣，垣后是被纵横交错的短巷分隔的"坊"，临街不开门。"坊"内是居住区和纺织、酿酒、制鞋等手工作坊。东侧有军营。由于城建在30米高的悬崖上，不用筑城垣，在东、西、南侧的悬崖峭壁上劈崖而建三座城门。南门，是古代运送军需粮草、大军出入的主要通道，是一处山崖，地势险要；东门，屹立在30米高的峭壁上，主要是为城内居民汲引河水的门户。

交河城没有城墙；整座城市的大部分建筑物不论大小基本上是用"减地留墙"的方法，从高耸的台地表面向下挖出来的。寺院、官署、城门、民舍的墙体基本为生土墙，街巷狭长而幽深，像蜿蜒曲折的战壕。可以说，这座城市是一个庞大的古代雕塑（图4-17）。

7（汉）班固. 汉书·卷九十六下·西域传第六十六下

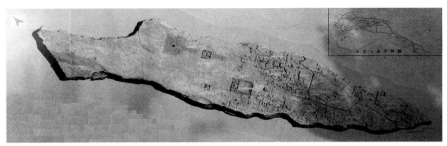

图4-17 交河
资料来源：笔者摄

三、登州

唐武德四年（621年），始设登州，领文登、观阳2县，以文登为治所，属河南道。唐乾元元年（758年），登州领蓬莱、黄县、文登、牟平等4县，治所蓬莱。明代登州归属山东省莱州府。明洪武九年（1376年），"时以登、莱二州皆濒大海，为高丽、日本往来要道，非建府治，增兵卫，不足以镇之"（《明实录》），登州升格为登州府，治所蓬莱，将军事编制由守御千户所升格为登州卫。1860年第二次鸦片战争后，登州被开放为通商口岸。

登州治所在唐代迁到蓬莱时，城池在黑水河以西。明洪武年间，升州为府，城池开始东扩，黑水河由护城河变成城中河。明永乐年间，登州卫指挥王宏，在黑水河上建起一座桥梁叫画桥，黑水河也改称为画河。蓬莱县城周围九里，四面各开一门，还有三座水门。画河进城的入口称为上水门。上水门北的200米处，西侧是基督教堂，东侧由疏浚画河取土堆积而成小高地——凤凰山，山上有一座道教庙宇叫万寿宫。

洪武九年（1376年）五月，为海上防守和海运之需，驻蓬莱的指挥谢观，上奏要求对画河入海处"挑浚绕以土城，北砌水门，引海入城"，以扩建港口。于是在蓬莱城北，南联城墙，兴修了水城，曰蓬莱水城或登州水城。后设帅府于此，亦称

"备倭城"。"备倭城"周长三里，有城墙、城门（振扬门）、敌台（北面前楼）、炮台、驻兵营房、署衙等；还有海港设施，包括以城中"小海"为中心的防波堤、水门、平浪台、泊船码头等。城内水域为南宽北窄的"小海"，水深4米左右，供船舰停泊和水师演习使用。"备倭城"的对外通道有两条：一条是水上通道，即位于"小海"最北端通海的水门，专供船舰出入；一条是陆地通道，即位于"小海"最南端的振扬门，供车辆行人出入。

图4-18 登州
资料来源：潘谷西. 中国建筑史（第五版）.第二章城市建设. 北京：中国建筑工业出版社，2004

备倭城布局因地制宜，结构独特。城环军港，河绕水城，是中国古代军港的典范之作（图4-18）。

备倭城北部近入海口处建蓬莱阁。蓬莱阁始建于北宋嘉祐六年（1061年），与黄鹤楼、岳阳楼、滕王阁并称中国四大名楼。其内部由天后宫、龙王宫、吕祖殿、三清殿、弥陀寺等6个单体和附属建筑共同组成规模宏大、特色鲜明的古建筑群（图4-19）。

四、平江

平江即今苏州城。春秋时为吴都阖闾。秦在吴越之地置会稽郡，以吴县为郡治。东汉永建四年（129年）置吴郡。三国时期孙权据吴郡开创东吴基业。南朝陈祯明元年（587年），置吴州，吴郡隶吴州。吴州、吴郡、吴县三级治所同驻一城。隋开皇九年（589年）废吴郡，改吴州为苏州，以城西有姑苏山而得名。宋政和三年（1113年）升苏州为平江府。元至正十六年（1356年）张士诚将平江府改为隆平府，治下包括吴县、长洲（今苏州市和上海市的嘉定、宝山等地）。明初改为苏州府。

平江城市的骨架是河道，河道不易被战乱毁弃。由宋代平江图（参见图1-26）可知，平江保持了"水陆并行、河街相邻"的双棋盘格局、"三纵三横一环"的河道水系和"小桥流水、粉墙黛瓦、古迹名园"的独特风貌。自吴王阖闾令伍子胥建阖闾大城，2500多年来，城址始终未变，世所罕见（参见图1-3）。

古城内宋代有河道82公里，桥314座；清末有河道58公里，桥311座（据清末《苏城全图》）。现存河道35.28公里，桥168座，古驳岸二十二处，古井六百三十九口，古牌坊二十二座。是全国河道最长、桥梁最多的水乡城市之一（图4-20）。

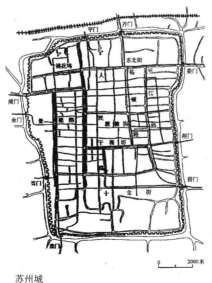

图4-19 蓬莱阁

图4-20 平江
资料来源：董鉴泓. 中国城市建设史（第三版）·第六章宋元时代的城市. 北京：中国建筑工业出版社，2004

苏州城　　　　　　　　　　　平江城桥梁、牌楼、宝塔分布图

五、常熟

常熟,"虞山东端伸入城中,西迤二十里,城'腾山而起';南有尚湖相倚,为江南奇观;又有一水纵贯,七支(流)横流;山城之美、水乡之秀相互辉映,形成'七溪流水皆通海,十里青山半入城'([明]沈以潜)的总体格局;城市虽小,气势浩大,可谓城市设计的绝妙佳作。"[8] 常熟意为"土壤膏沃、岁无水旱","原隰异壤,虽大水大旱,不能概之为灾,则岁得常稔"(图4-21)。

夏、商时期,常熟地域为扬州属地。此后,常熟先后属吴、越、楚。秦后常熟属会稽郡吴县。东汉永建四年(129年),虞乡隶于吴郡吴县。西晋太康四年(283年),"分吴县之虞乡立海虞县",隶于吴郡。东晋咸康七年(341年),南沙乡升为南沙县,常熟地域并存海虞、南沙两县。梁大同六年(540年),以南沙之地置常熟县,县治设南沙城(今福山),是为常熟县名之始。隋开皇年间,海阳、前京、信义、海虞、兴国等五县并入常熟,县治设于原南沙城。开皇九年(589年),升常熟建常州。唐武德七年(624年),常熟县治移至海虞城即现之虞山镇,隶于吴郡。五代十国期间,常熟属吴越国。宋代,常熟属平江府。元元贞元年(1295年),常熟县升为常熟州,隶于平江路。明洪武二年(1369年),复降为县,隶于苏州府。清雍正四年(1726年),析常熟县东境置昭文县,两县治同城,隶于苏州府。清宣统三年(1911年),常熟、昭文两县合并为常熟县。

唐武德年间,常熟县治今虞山镇,城小且简陋。周长二百四十步,"列竹木为栅"。南宋建炎年间增筑城墙。元末,张士诚改土城为砖城,"城周九里三十步,高二丈二尺,厚一丈二尺"。明成化年间

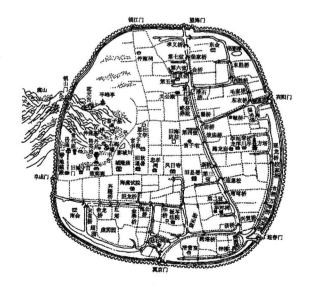

图4-21 清常熟图
资料来源:吴良镛. 中国建筑与城市文化·第三章论江南建筑文化. 北京:昆仑出版社,2009

重修时增辟一门，共六门：东门、西门、南门、水北门、小东门和旱北门。明嘉靖三十二年（1553年）重筑城墙，将虞山纳入城中，增建镇山门。

明城近圆形，"周一千六百六十六丈，高二丈四尺，内外皆有渠，外渠之广倍于内，惟西北环山而垣"[9]。唐代开凿的运河——琴川河纵贯南北，其西侧有七条平行的支流，宛若琴弦。虞山半嵌入城中。南宋时在东部建方塔（崇教兴福寺塔）；明代又在城西北最高处虞山上建辛峰亭，呼应城东部的方塔。

琴川河是常熟城的轴线，县衙临近河道，道路均结合河道灵活布置，沿河的河东街是城内最长的街。

六、福州

东周显王三十五年（前334年），越王无疆败于楚，越国瓦解，其后裔臣民部分入闽，逐渐与土著闽族人融成闽越族。"汉（高祖）五年（前202年），复立无诸为闽越王，王闽中故地，都东冶。"[10]无诸在今屏山东南麓冶山一带筑城建都，称冶城，为福州城垣之始。汉武帝于元封元年（前110年）派兵平定闽越王叛乱，灭闽越国，拆除冶城。晋太康元年（280年），在福建东南沿海地区增设晋安郡。太康三年（282年），严高任晋安郡守，即着手选择新址建城。唐开平三年（909年），王审知建立闽国，定都福州。宋治平二年（1065年），福州太守张伯玉在福州遍植榕树，"榕城"之名由此而来。明洪武四年（1371年），由驸马都尉王恭主持重建福州城垣，将以前的土、砖城墙改用大条石。清代继续沿用明代府城墙，仅做了些修补。

据传，严高求教于郭璞，郭璞指着旧城南面的小山阜说："是宜城，后五百年大盛。"新建晋安郡城，北起今鼓屏路小山阜，南至今八一七北路虎节路口，东起湖东路丽文坊口，西至鼓西路渡鸡口。设五座城门，城外均有护城河。福州城在五代非常繁荣，城池的扩建将乌山、于山（九仙山）、屏山（越王山）圈入城内，从此福州也得名"三山"。古城周围有东鼓山、西旗山、南方山(五虎山)、北莲花山四座大山的余脉环绕，形成山环形势。闽江自北向南，从福州城南穿流而过，其支流环绕福州城，形成水绕形势。

严高时期疏导西北面山上的水流，利用筑城取土形成的城郊东北和西北的洼地，开

---

8 吴良镛. 中国建筑与城市文化·第三章论江南建筑文化. 北京：昆仑出版社，2009
9（清）黄廷监纂. 琴川三志补记
10（汉）司马迁. 史记·卷一百一十四·东越列传第五十四

凿成东湖和西湖，湖周各二十里。西湖东临城墙，西南、西北为山林，农田间杂其中，既防涝又防旱。东湖在城东北，集东北山上流水，旱季灌溉，雨季储水。两湖如两颗绿色明珠。福州城从此山清水秀、物产丰饶，成为安居福地。

古城有一条始自屏山的城市主轴线，也就是今天的八一七路。

屏山正北城墙上的镇海楼，为全城制高点。从华林寺向南，即是城隍庙。

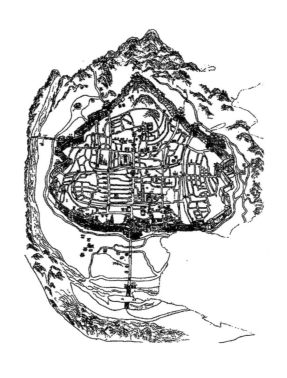

图4-22 （清）福州城图（嘉庆二十二年）（吴良镛 藏）
资料来源：吴良镛. 中国建筑与市文化·第四章寻找失去的东方城市设计传统. 北京：昆仑出版社，2009

城隍庙往西南不远，即是布政使署，为全省行政长官公署。从布政使署向南，即为鼓楼。这里是全城的中心（图4-22）。

福州市中心有始于西晋、成于唐五代、盛于明清的建筑群"三坊七巷"，布局是中间一条南后街，东西两边分别是：三片坊和七条巷。南后街好比动脉大血管，两边商铺林立，两侧分别延伸的坊和巷，就像分叉的水道，蜿蜒向前，伸向过往生活的深处。这里不乏林则徐、沈葆桢、严复、等名人故居。

七、新竹

台湾出产一种特别的竹子——刺竹，高大且带刺。台湾平埔族人以刺竹筑城作为防御设施（图4-23）。

台湾新竹就曾是别具地方特色的"竹堑城"。

新竹西濒海峡，与大陆的福建省泉州市遥遥相望。清康熙年间，福建泉州移民大量来此垦殖。清雍正元年（1723年），在此设淡水厅；雍正十一年（1733年），在街道周围环植刺竹为城垣，周长446丈，设有四座城门，称为"竹堑城"。清嘉庆十一年（1806年），在刺竹之外又增筑了土垣。嘉

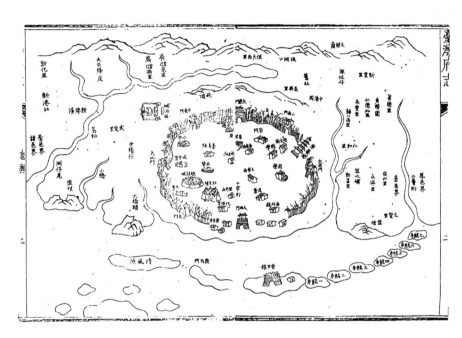

图4-23 乾隆《台湾县图》"植刺竹为城"
资料来源:(清)刘良璧、钱洙、范昌治. 台湾府志.台北成文出版社,1983. 吴良镛. 中国人居史·第七章博大与充实——明清人居建设·第三节地方人居环境全面兴盛. 北京:中国建筑工业出版社,2014

庆十八年(1813年)将土围增为高、宽各一丈,围外开壕沟植刺竹,也有四城门并设窝铺,城墙呈长椭圆形,周长1495丈(约4984米)。清道光七年(1827年),在竹子城与土围之间以砖石筑城,略呈圆形,周长860丈(约2752米),建有四座城门:东门为"迎曦",西门为"挹爽",南门为"歌熏",北门为"拱辰"。清光绪元年(1875年)将城名改为新竹,并正式设市。

第三节 有机更新

在古代，不同时期的匠师们有意或不自觉地按照城市内在的秩序和规律，顺应城市的肌理，采用适当的规模，合理的尺度，在既有基础上改建、添建，使城市更新发展，趋于完善。这是"有机更新"，是"没有城市设计者的城市设计"。

正是由于这些城市是逐步形成和完善的，是在本土文化的培养浇灌下成长的，所以在一般城市中，不乏特色鲜明的范例。

一、扬州

扬州有城，始于春秋末期。春秋时吴王夫差筑邗城，历经秦、汉、魏、晋、南北朝直至隋、唐，城垣虽有兴废，但城址未变。五代十国时，在牙城东南隅筑小城。杨吴顺义七年（927年），杨溥称帝，以江都（今扬州）为都。南宋宝祐三年（1255年）筑宝祐城以抗元兵，在其南另筑大城，又在两城之间筑夹城，形成掎角之势。宋亡，宝祐城夷为平地。元末明初在宋大城西南筑城（明旧城），明嘉靖三十四年（1555年）在旧城东又筑新城（图4-24a）。

隋朝"江南运河"全线贯通，邗沟改造，运河成为全国的交通大动脉。扬州正处于运河与长江的交汇处。《梦溪补笔谈》载："扬州在唐时最为富盛。旧城南北十五里一百一十步，东西七里三十步。"[11]唐城有子城和罗城两部分。

子城在蜀岗上，是春秋战国时期的邗城。唐利用隋代宫城修筑，成为衙署区。平面呈不规则多边形，辟有4座城门，城门相对的道路十字交叉。

罗城又称大城，始建于唐代中晚期，在蜀岗下、子城的东南，是住宅区和商业区。呈长方形，路网为棋盘状，南北道路六条，东西道路十四条。路宽5~10米。东西5排坊，南北13排坊，坊长450~600米，宽约300米，坊内有十字交叉小路。城内有南北向水道两条，为运河的一部分，河道两侧是码头和街市。城南有大市，是主要的货物集散地。罗城南门包砖砌筑，外有瓮城（图4-24b）。

11 （宋）沈括. 梦溪笔谈·卷三

第三节
有机更新

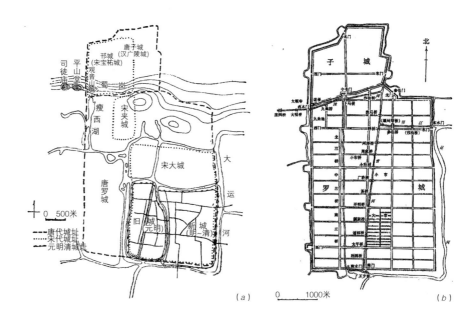

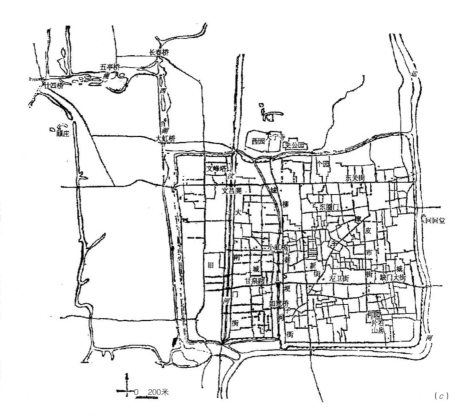

图4-24a 扬州城变迁图
资料来源：董鉴泓.中国城市建设史（第三版）·第七章明清时期的城市.北京：中国建筑工业出版社，2004

图4-24b 扬州唐城
资料来源：刘建国.古代扬州、镇江城垣特征比较.国家文物局文物保护司、江苏省文物管理委员会办公室、南京市文物局.中国古城墙保护研究.北京：文物出版社，2001

图4-24c 扬州明清城
资料来源：董鉴泓.中国城市建设史（第三版）·第七章明清时期的城市.北京：中国建筑工业出版社，2004

明旧城周1775丈5尺,有城门5座:大东门即海宁门,小东门,南门名安江门,西门即通泗门,北门名镇淮门;南北还有水门两座。新城西与旧城相接,东、南、北三面城墙长8里(1542丈),东、南两面临运河。城门7座:挹江门,便门又名徐宁门,拱宸门又名天宁门,广储门,便门今名便益门,通济门,利津门。旧城东壕有南北水关,城东南以运河为壕,北开壕通运河(图4-24c)。

二、太原

太原古称晋阳。晋阳城位于太原盆地,四面环山,汾河贯中而过,晋水(晋祠之水)与汾水交汇。其北有大型湖泊"晋泽",方圆20余里。

晋定公时期的正卿赵鞅(简子)于晋定公十二年(前500年)至十五年(前497年)命家臣董安于(时任晋阳宰)、尹铎主持建筑晋阳城(今山西省太原市晋源区古城营村一带)。三家分晋后,赵国定都晋阳。秦设太原郡,郡治晋阳。汉十三州之一并州治晋阳。南北朝时,晋阳为东魏和北齐的别都。隋开皇二年(582年),置河北道行台,开皇九年(589年),改为总管府,隋大业初(605年),改称太原郡。隋末,李渊、李世民驻守太原,因晋阳古有唐国之称,李渊父子定都长安后,遂以"唐"为国号。唐朝时数次扩建晋阳城,并相继封其为"北都""北京",为河东节度使治所,与京都长安、东都洛阳并称"三都""三京"。北汉以晋阳为国都。北宋太平兴国四年(979年)灭北汉,宋太宗下令火烧晋阳城,又引汾、晋之水夷晋阳城为废墟。三年之后,在距古晋阳城北四十余里的唐明镇新建太原城。宋嘉祐四年(1059年),设太原府治。明初,朱元璋封其三子朱棡为晋王于太原,明洪武九年(1376年)扩建太原城,成为明代九边重镇之首(图4-25a)。[12]

赵简子晋阳城周长4里,青石砌基,夹版夯土筑墙,墙内加荻、蒿、楚(类似芦苇、野草、荆条之类植物),使其坚固。墙基厚丈余,高4丈。城四周开挖壕沟,各开一门。城内有宫室、家庙、粮库等。宫室建筑的柱子均为铜铸。当时晋国规定,卿大夫不允许拥有武器,为防不测,赵简子就想出了上述办法,楚等荆条之类植物,可以做箭杆,铜柱熔化后可以做箭头。

高欢经营晋阳几十年。北魏太昌元年(532年),高欢在平定尔朱兆并州叛乱之后,"以晋阳四塞乃建大丞相府而定居焉"。东

---

[12] 太原市城市建设管理委员会. 太原城市建设. 太原:山西科学教育出版社,1989
[13] (宋)宋祁、欧阳修、范镇、吕夏卿等. 新唐书·志第二十九·地理三
[14] (宋)宋祁、欧阳修、范镇、吕夏卿等. 新唐书·志第二十九·地理三

第三节
有机更新

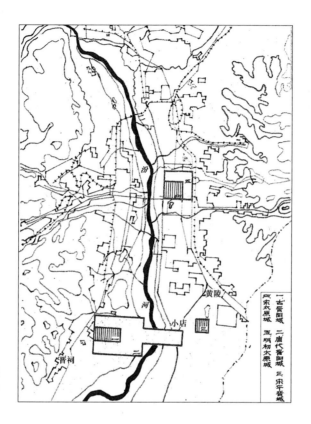

图4-25a 太原城址变迁
资料来源：太原市城市建设管理委员会．太原城市建设．太原：山西科学教育出版社，1989

魏武定三年（545年），"神武（高欢）请于并州置晋阳宫"，晋阳宫陆续建有宣光殿、建始殿、嘉福殿、仁寿殿、德阳堂、宣德殿、圣寿殿、修文殿等，形成一个庞大的宫殿群。"晋阳宫，在都（唐代北都）之西北。宫城周二千五百二十步，崇四丈八尺。"[13]北齐天统三年（567年），后主高纬在晋阳建大明殿。天统五年（569年），高纬"诏以并州尚书省为大基圣寺，晋祠为大崇皇寺"。北齐承光元年（577年），幼主高恒又于晋阳起十二院。

唐贞观十一年(637年)，由并州大都督长史李勣主持，在晋阳城的对岸，即汾河东岸建东城，南北长八里半，东西宽六里，与西岸晋阳城大小差不多。同时，因东城"赤井苦，不可饮，贞观中，李勣架汾（在汾水上筑渡漕）引晋水入东城，以甘民食，谓之晋渠"[14]。

武则天时，命并州刺史崔神庆在汾河上架桥建中城，将西岸的晋阳城与东岸李勣建的东城联结为一座大城，东西长12里，南北宽8里多，周长40多里。有城门24座。城内外有壮丽的宫殿、仓城、苑囿、柏堂、起义堂、受瑞坛、讲武台、宴宾厅、山亭等。还有多处寺观宝塔。城中有供商家、作坊、居民等使用居住的"坊里"。汾水从城下穿过，可行舟捕鱼，一派繁荣景象。这是晋阳城扩展规模最大、最兴盛的时代。

宋太平兴国七年（982年），潘美率部驻守太原，开始在唐明镇（今太原市区西南部）扩建太原新城，新并州移治唐明镇。新城在旧街四周砌筑围墙，形成城中之城，称"子城"。太原新城周长十里又二百七十步，筑四门，东门

 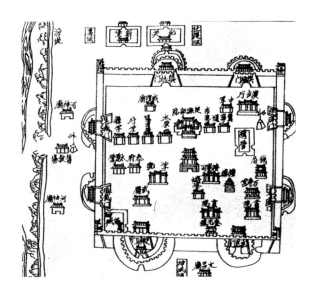

"朝曦",西门"金肃",南门"开远",北门"怀德"。子城中建有官衙、仓库、监狱等。故晋阳城著名的北齐十二院、唐代巨刹法相寺及商号、匠户等,先后得到恢复和重建。街道修成"丁"字街,以利防御。

明洪武九年(1376年),晋王朱棡的岳父、永平侯谢成主持对太原城在宋城的基础上向东、南、北三面扩展。城墙夯筑,外包以砖石,环以大壕。城周长二十四里。明正德、嘉靖年间,将城墙加高加厚,高三丈五尺,厚二丈。开八门,东"宜春""迎晖";南"迎泽""承恩";西"振武""阜成";北"镇远""拱极"。城上四角建有角楼各一座、小楼九十二座、敌台三十二座(图4-25b、25c)。[15]

图4-25b 明太原城
资料来源:太原市城市建设管理委员会. 太原城市建设. 太原:山西科学教育出版社,1989

图4-25c 清太原城
资料来源:太原市城市建设管理委员会. 太原城市建设. 太原:山西科学教育出版社,1989

三、天水

天水是中国古代文化的发祥地之一,传说为"羲皇故里"。在夏、商时期属雍州,周庄王九年(秦武公十年,前688年),秦灭圭戎、冀戎,置圭(今天水市城区)、冀(今甘谷县东)二县。汉武帝元鼎三年(前114年),从陇西、北地二郡析置天水郡。从此有"天水"的名称。

天水城位于渭河支流耤河河谷北岸,地形东西长,南北窄,逐步形成罕见的五城相连的城市形态。"五城相连"最早见于北魏郦道元《水经注》的记载:

"秦武公十年（前688年）伐邦，县之，旧天水郡治。五城相连，北城中有湖水，有白龙山是湖，风雨随之，故汉武帝元鼎三年（前114年），改为天水郡。"[16]北魏时的上邽城治地就在今天水市城区，"五城相连"的形制已难考其详。

唐朝时，天水为丝绸之路上的重镇。宋朝知州罗拯修筑东城和西城，经略使曹玮筑南市城，陇西经略使魏公韩琦重筑东关、西关，被称为"韩公城"。元初修葺了南宋时遭破坏的城池，并建了伏羲庙、文庙、武庙、西关清真寺塔等建筑，但元末毁于地震。

明洪武六年（1373年），千户鲍成在西城旧址上重筑大城，明成化年间指挥吴钟重修东关、西关，正德、嘉靖年间又增筑和修葺了中城和小西关城（伏羲城），其中中城位于罗玉河故道，城墙是嘉靖年间建罗玉桥时补筑的。明代时罗玉河由中城与西郭城之间南流入藉，两城之间有罗玉河桥相通。清乾隆五年（1740年），知州程材傅主持罗玉河改道工程，将罗玉河由城北改向东流，由东郭城外侧城入藉。罗玉河的人工改道，解除了该河对州城的威胁，又扩展了中城空间，便利了中城与西关城的联系。清乾隆时，东城与大城、中城与西关城、西关城与伏羲城相互之间城墙分离，两城由城门桥互相连接。这种形制当是明至清前期秦州城的基本格局。清代后，五城之间城墙相互分离的现象消失，两城之间仅有一道城墙相隔。由于罗玉河改道，中城的西墙便成为中城之内的一道隔墙，并将中城分隔为东、西两半。伏羲城西侧外，又新筑一月城，使原来矩形的伏羲城成为横着的"凸"字形布局。清代后期州城形制的以上变化，正是清代频繁增修补葺、因地制宜改造城市的产物。[17]

明清时期的天水城，屡经增修扩建，虽然仍是五城布局，但不是《水经注》记载的"五城相连"。明清时期的五城结构以大城为主城，东城、中城、西城及伏羲城均为大城的"郭城"。各城建置、布局与功能也各不相同（图4-26）。

大城又称州城，城周长4里多，高3丈5尺，并环以护城壕，为衙署所在地，商业也较发达。大城有城门四座，初开二门：东长安，通东关，西咸宁，通中城，内有月城，门上建门楼。嘉靖年间，又增开南北二门：南环嶂，北华清。

东关在大城东，五城中最长，开四门：东广武，西阜财，北拱极，西即大城长安。东关主要是民居。

中城南北长，东西窄。有城门三座：中和门、北极门、南祥门。中城是集市和手工业作坊集中地区。

---

15 晋阳古城. https://baike.baidu.com/item/晋阳古城
16 （北魏）郦道元. 水经注·卷十七渭水
17 雍际春. 明清时期天水古城的变迁. www.tsjs.gov, 2009

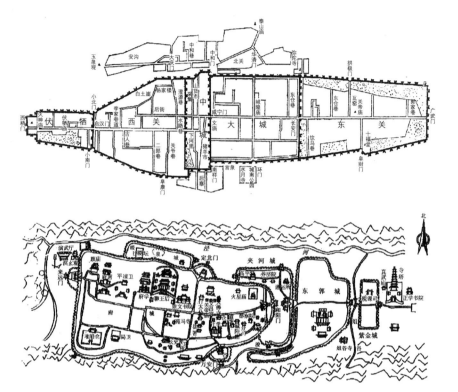

图4-26 天水城
资料来源：董鉴泓. 中国城市建设史（第三版）·第七章明清时期的城市. 北京：中国建筑工业出版社，2004

图4-27 平凉城
资料来源：董鉴泓. 中国城市建设史（第三版）·第七章明清时期的城市. 北京：中国建筑工业出版社，2004

西关呈梯形，有五门：东以新城门、衍渭门与东城相通，西以启汉门与伏羲城相通，东北曰大庆门，东南曰阜康门。西关在历史上商业繁盛。

伏羲城即小西关城。东有启汉门，西为西稍门；东北和东南有小北门和小南门。

四、平凉

平凉城在今甘肃平凉市。前秦苻坚于建元十二年（东晋太元元年，376年）置平凉郡，郡治在高平镇。北周武帝建德元年（572年），置平凉县，治所在阳晋川即今红河川一带。隋、唐初，以原州为平凉郡。唐玄宗开元五年（717年），平凉县治移于泾水之南古塞城。唐宪宗元和四年（809年），平凉城置行渭州。唐僖宗中和四年（884年），改置渭州。后唐清泰二年（935年），以安国、耀武镇复置平凉县。后晋天福五年（940年），平凉县由泾州改属渭州，州县同廓。宋庆历元年（1041年），泾源路经略安抚使驻渭州。金天会九年

（1131年），改渭州为平凉府，领五县。元、明、清时代，平凉府、平凉县治所均在平凉城。

平凉城由古塞城扩建而成。泾州刺史兼四镇北庭行营泾源节度营田使刘昌于唐德宗贞元七年（791年），受诏重筑平凉城，又于平凉西筑胡谷堡，名为"彰信"。宋开宝八年（975年），修筑平凉、潘原二县城池。宋庆历至治平年间，三次出任渭州知州的王素，曾经"拓渭西南城，浚湟三周，积粟十年。"[18] 宋治平四年（1067年），知州蔡挺修城，开拓柳湖。名将狄青也曾扩建平凉城垣，增修暖泉城外围。元至正二十年（1360年）四月，李思齐部将袁亨将平凉城改建为南、北二城。明洪武六年（1373年），总兵官平凉侯费聚复修东、西二城。明嘉靖六年（1527年），分守参议陈毓贤修筑平凉府城东的夹河城。明代安王、韩王分封平凉时，建王府，筑宫室。韩王并修筑了平凉城东卫城——紫金城。清康熙八年（1669年），知府程兴章、知县李焕然修补平凉城垣。清同治十年（1871年），魏光焘整修城墙，在4座城门上建两层飞拱垂檐城楼，城门外增筑一道瓮城。

平凉城"南枕南山，东距浚谷百跬而近，北跨柳泉去泾里许，西当干沟溪流之冲，去泾三里。周九里有奇，西广而东隘，北高而南卑，横长而纵短。""南山跨城，多为山墅。而山谷诸水，北接泾流，为园囿、台榭、水磨。"（赵时春《平凉府志》）。受地形影响，经过历代增建、改建，平凉城形成府城、夹河城、东郭城、紫金城四城并联的格局。府城、夹河城、东郭城三城依次相套，与浚谷（纸坊沟）、岨谷（水桥沟）自然结合，浑然一体（图4-27）。

府城是平凉城的主体，也修建最早。"城周九里三十步，高四丈，池深四丈，门四，东和阳，西来远，南万安，北定北"。城中靠北有安王府（后改韩王府）。城北有暖泉，宋熙宁年间知州蔡挺引暖泉造湖，植柳建阁，称柳湖。明韩昭王据柳湖以为苑囿，环湖筑城，曰暖泉城。

夹河城西起定北门东，向东沿河向南西折接府城，开四门。城内有高平驿、递运所等。

东郭城在夹河城东，周长约五里，东、南、西各有一门，南门位于西南，向北开，与夹河城南门相对。城内有府学。

紫金城最小，又名藩城，在岨谷以东。矩形，有东西二城门。城东有延恩寺。

---

18 （元）脱脱等. 宋史·列传第七十九·王素

五、乌鲁木齐

"乌鲁木齐"为准格尔蒙古语,意为"优美的牧场"。乌鲁木齐是一个城市逐步增建、逐步完善的典型实例。

清乾隆二十年(1755年),今乌鲁木齐市西郊九家湾地区的旧城毁。乾隆二十三年(1758年),在红山之南建筑土城,周长一里五分。乾隆二十五年(1760年),乌鲁木齐设同知。乾隆三十一年(1766年),在原土城以北建新城,周长五里四分,城高一丈六尺,墙厚一丈,开四门:东"惠孚",西"丰庆",南"肇阜",北"景惠"。清政府定该城名曰"迪化"。乾隆三十七年(1772年),距迪化城西八里再筑"巩宁城"(即老满城),周长九里三分,城高两丈余,墙厚一丈七尺,呈四方形,设四门:东"承曦",西"宜稼",南"轨同",北"枢正"。乾隆三十八年(1773年),改迪化同知为直隶州,属甘肃布政司。清同治三年(1864年),巩宁城被焚毁。同年,"清真王"妥德璘在迪化城南(今团结路中段)另筑一城,俗称"皇城"。清光绪二年(1876年),刘锦棠率清军收复乌鲁木齐,烧毁"皇城"。光绪六年(1880年),清军于迪化城东(今建国路一带)又筑新满城;原迪化城由民商居住,称"汉城"。光绪十年(1884年),新疆建省,迪化为省会。光绪十二年(1886年),迪化州升为迪化府,另设迪化县,将汉城、满城合并扩建,并在南部关厢增建城墙。最后形成的城周十一里五分,高二丈二尺,有南门、小南门、大东门、小东门、大西门、小西门和北门等七门。

迪化由于屯垦,人口增加,商业、贸易逐渐繁盛,除衙署、军营、仓廒等设施外,出现了很多民房、商铺、手工作坊,主要分布于城中心——大十字一带(图4-28a、28b)。

第三节
有机更新   203

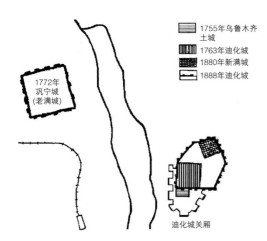

图4-28a 乌鲁木齐城市变迁图
资料来源：董鉴泓. 中国城市建设史（第三版）. 第七章明清时期的城市. 北京：中国建筑工业出版社，2004

图4-28b 乌鲁木齐城
资料来源：董鉴泓. 中国城市建设史（第三版）. 第七章明清时期的城市. 北京：中国建筑工业出版社，2004

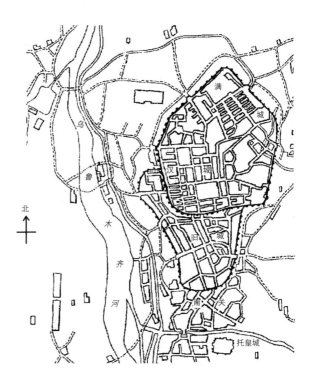

第四节 民族地区城市

民族地区的城市设计特色鲜明。虽然在各民族长期共处中,相互融合,互有借鉴;但民族地区的城市设计理念和手法仍和汉族地区有较大差异,大大丰富了中华民族大家庭人居城市设计的内涵。

一、黑城

宋仁宗景祐五年(辽重熙七年,1038年),李元昊称帝建国,即夏景宗,首府东京兴庆府、西京西平府,史称西夏。西夏(1038—1227年),又称邦泥定国或白高大夏国,是以党项族为主体,包括汉族、回鹘族与吐蕃族等民族在内的政权。

西夏黑城位于内蒙古额济纳旗达赖库布镇东南约35公里的纳林河东岸荒漠中,为西夏黑水城和元代亦集乃路城址,蒙古语为哈日浩特,意即"黑城"。黑城是古丝绸之路上一座规模宏大的古城。

黑城现存城墙为元代扩筑而成。黑城平面为长方形,东西长434米,南北宽384米,周围约1600米,城墙最高达10米,东西两面开设城门,东西城门大街不直接相对,城门加筑有瓮城。城墙西北角上保存有高约13米的覆钵式塔一座。城内分布官署、府第、仓廒、佛寺、民居等建筑群落,布局井然。以高台庙宇为中心,十字形主街道由此向四个方向延伸,纵横交错。城外四周皆有塔寺,巍然耸立地表,说明当时盛行喇嘛教(图4-29a、29b)。

二、拉萨

拉萨意为"圣地"。海拔3650米,是世界上海拔最高的城市之一。

大约公元1世纪前后,西藏高原上出现了大大小小的氏族部落,6世纪末7世纪初,雅隆部落势力扩张到拉萨北部。约唐贞观七年(633年),松赞干布在拉萨建立了强大的吐蕃帝国。松赞干布经过详细考察,发现拉萨河下游的卧塘措湖边景致优美,地势平坦,中间的"红山"与左右山脉分离独立,仿佛狮子

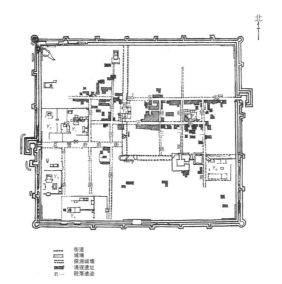

图4-29a 黑城遗址
资料来源：董鉴泓. 中国城市建设史（第三版）·第六章宋元时代的城市. 北京：中国建筑工业出版社，2004

图4-29b 黑城遗迹

跃空，遂决定迁都于此。贞观十五年（641年）文成公主远嫁吐蕃，成为吐蕃赞普松赞干布的王后。

拉萨原是一片荒芜沼泽。松赞干布迁都以后，造宫堡，修河道，建寺院，奠定了拉萨城市雏形。布达拉宫、大昭寺、小昭寺等一批著名建筑就始建于这一时期。八廓街也在这一时期初步形成。

松赞干布之后的历代赞普扩建拉萨，使之日趋完善。热巴巾赞普（约815—838年在位）时完成了大昭寺四周佛殿的扩建，在拉萨西南桑浦河谷外，吉曲河东岸的俄样多之地新建了一座名叫柏麦扎西格培的大寺院。

在唐大中十一年（857年），吐蕃邦金洛平民发动起义，起义持续了几十年，吐蕃社会在起义风暴中彻底瓦解，拉萨的地位急剧下降，许多历史建筑毁于战乱。

明永乐七年（1409年），黄教始祖宗喀巴在拉萨以东的旺古山上兴建了格鲁派的第一座大寺院——甘丹寺，黄教寺院得到发展。此后，相继在拉萨西郊修建了哲蚌寺，在拉萨北郊修建了色拉寺。

明朝还在西藏边界开设了一些茶马互市，内地的纸张、丝绸、茶叶等通过茶马互市进入西藏，西藏的牛、羊、马交换到内地，内地与西藏边地经济上的往来非常密切。

清朝属国和硕特汗国时期及其以后，西藏政治相对稳定，社会相对安宁，拉萨城市发展相对较快。拉萨修建了大量贵族府邸、活佛家庙、政府衙门，还

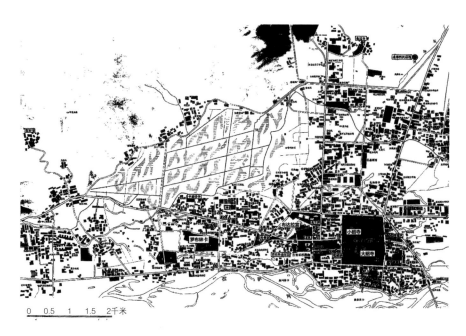

图4-30a 拉萨市区
资料来源：汪永平. 拉萨建筑文化遗产. 南京：东南大学出版社，2005

有商店、作坊、茶楼、酒店、民宅等。清顺治二年（1645年）重建布达拉宫。拉萨市区以大昭寺为中心向四面延伸辐射，不断扩大，东至清真寺，南至三怙主庙，西至琉璃桥，北到小昭寺，基本上形成了旧城区的格局。到清嘉庆（1796—1821年）年间，拉萨居民已有5000余户，约3万人。

清雍正五年（1727年），中央政府在西藏派驻驻藏大臣，衙署最早设在拉萨冲赛康。后在鲁布柳林西侧新建驻藏大臣衙门，拉萨市民称"朵森格"（石狮子）。

清乾隆皇帝在西藏实施摄政制度，历辈达赖喇嘛和摄政王先后在拉萨修建了高大雄伟、华美壮观的家庙、府邸。达赖七世在布达拉宫以西约2公里处建起了罗布林卡，以后迭经扩建，成为占地36万平方米的大园林。由此形成以布达拉宫为中心，辐射八廓街、罗布林卡周围约3平方公里的拉萨古城（图4-30a）。

当时西藏商人、内地商人，不丹、尼泊尔、印度诸国商人，纷纷云集拉萨经商，冲赛康、铁奔康、坚布康、旺堆辛嘎、八廓街成为拉萨五大市场。伊斯兰教信徒聚居城东河坝林一带，大都以屠宰磨面为职业；汉族居民多住城南，种菜、配酒者居多。

布达拉宫是拉萨最主要的标志性建筑。松赞干布即位后，在红山上建了红山宫，为最初的布达拉宫。五世达赖于清顺治二年（1645年）开始重建布达拉宫，顺治四年（1647年）主体工程基本完工。顺治十年（1653年）五世达赖进京觐见顺治帝后返藏，重建工程全部竣工。噶丹政权从哲蚌寺迁至布达拉宫。布达拉宫成为西藏政教合一的政权中心。

布达拉宫由宫殿部分、雪城和龙王潭组成。

宫殿分白宫和红宫两大部分。白宫主要作为达赖喇嘛工作和休息之用；红宫则主要有供奉历代达赖喇嘛的灵塔殿和各类佛殿。

雪城位于布达拉山南麓，由东西南三面高大的城墙围绕，三面各有宫门，南宫门为正门。雪城东西长约365米，南北宽约180米，占地6.6公顷。城内的主要建筑有行政、司法等噶厦下属机构；有藏军司令部、造币厂、印经院；有仓库、马厩等附属建筑；还有贵族住宅、民居、酒馆。

龙王潭位于布达拉山北麓，包括两个小湖泊、小岛、水阁、凉亭等。

布达拉宫踞于布达拉山之巅，整个建筑傍山而建，气势宏伟，壮丽辉煌。整座建筑群好像不是"建"在山上，而是由山体"长"出来的，山与建筑浑然一体。宫室高110余米，东西长360余米，南北宽200余米，建筑面积达13.8025万平方米。布达拉宫宫殿、寺庙和灵塔殿三位一体。建筑采用藏族传统的建筑形式和结构，有着鲜明的藏族建筑艺术特色。布达拉宫建在红山之巅，俯视大地，通过立体上的不同层次来表达，追求纵向的延伸，逐步升高，突出主殿，表现了统治者的崇高地位[19]（图30b、30c）。

三、宁夏（银川）

今银川地区在先秦时期是北羌、熏育（荤粥）、匈奴等民族活动、游牧的地区。

秦分天下为36郡，银川地区为北地郡，秦始皇三十三年（前214年）设富平县，蒙恬又沿河置塞，故有"塞上"之称。汉成帝阳朔年间（前24年前后）建北典农城（又称吕城、饮汗城），此为银川建城之始。南北朝时期，大夏国改建"丽子园"，为驻军、屯粮重镇。北周置怀远郡、怀远县。

唐高宗仪凤二年（677年）怀远县遭黄河水淹，城废。第二年在故城西更筑新城（今银川兴庆区）。

宋为怀远镇，北宋真宗天禧四年（1020年），党项族首领李德明将其都城由灵

---

[19] 汪永平. 拉萨建筑文化遗产. 南京：东南大学出版社，2005

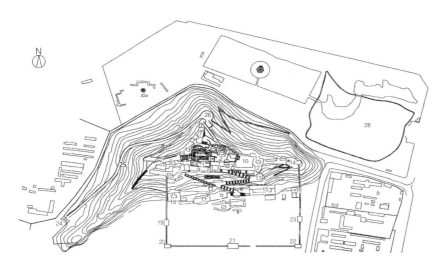

1—红宫； 5—西圆堡； 9—西庭院； 13—玉阶窖； 17—雪巴列空； 21—南宫门； 25—后山公路；
2—白宫； 6—桀布窖； 10—东庭院； 14—东大堡； 18—印经楼； 22—东南角楼； 26—后圆堡；
3—丹玛窖； 7—上扎厦； 11—僧官学校； 15—原藏军司令部； 19—西宫门； 23—东宫门； 27—亚奚楼；
4—十三世灵塔殿； 8—下扎厦； 12—虎穴圆道； 16—东印经院； 20—西南角楼； 24—西外门； 28—龙王潭

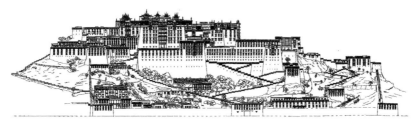

布达拉宫正立面

布达拉宫东立面

图4-30b 布达拉宫总平面
资料来源：汪永平. 拉萨建筑文化遗产. 南京：东南大学出版社，2005

图4-30c 布达拉宫立面
资料来源：汪永平. 拉萨建筑文化遗产. 南京：东南大学出版社，2005

州（今灵武）迁至怀远镇（今银川市），大起宫室，修建都城，更名为兴州。李德明之子李元昊升兴州为兴庆府。宋宝元元年（1038年），李元昊在兴庆府自立称帝，建大夏国（史称西夏），兴庆府（银川）为其首府，凉州府（武威）为辅郡。

元置中兴路，后改为宁夏府路，宁夏之名肇始于此。明设宁夏府，系"九边重镇"之一。清沿明制仍为宁夏府治。清雍正时置宁夏府，银川为府城。又在其东北另建一城，名"满城"，为宁夏将军驻地，后因地震损毁。清乾隆初于府城之西7.5公里处再建，称新满城，即今银川新城（图4-31a、31b、31c）。

"银川"初见于明末清初，用来咏景，泛指黄河西岸的河套平原。清康乾以后，逐渐成为宁夏府城的代称。

宁夏是一个多民族聚居地区，占多数的为汉族和回族。回族信仰伊斯兰

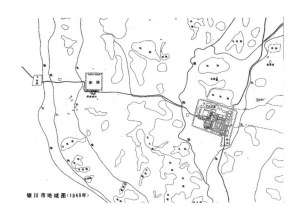

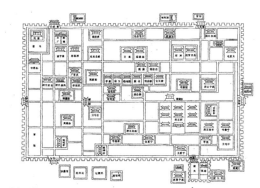

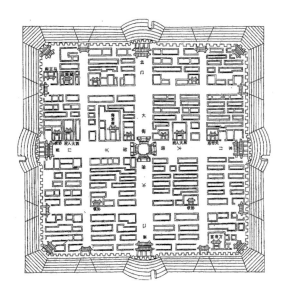

图4-31a 宁夏（银川）
资料来源：银川市地名委员会办公室. 银川市地名志. 北京：中央民族学院出版社，1988

图4-31b 明代宁夏城
资料来源：银川市地名委员会办公室. 银川市地名志. 北京：中央民族学院出版社，1988

图4-31c 清代宁夏新满城
资料来源：银川市地名委员会办公室. 银川市地名志. 北京：中央民族学院出版社，1988

教，在回族聚集地区，建有不同形式和规模的清真寺。回纥清真寺是宁夏城中最早的清真寺之一，位于今解放东街永康南巷口。《宣德宁夏志》称"回纥礼拜寺，永乐间御马少监者哈孙所建"。《银川小志》称"回纥礼拜寺，在城内宁静寺北。"

宁夏是西夏古都，富有回族风情，也是名副其实的塞上江南。

四、大理

大理位于云南省中部，距离省会城市昆明400多公里。历史上这里曾经是蜀身毒道，茶马古道重要的周转站。大理是多民族聚居之地，有汉、白、彝、回、傈僳、苗、纳西、壮、藏、布朗、拉祜、阿昌、傣等13个民族。白族占大理市人口的约65%。

（一）南诏古都

白族祖先很早就在苍山之麓，洱海之滨，繁衍生息，史书称为"昆明之属"，他们创造了灿烂的新石器文化。

汉武帝元封二年（前109年）在大理地区设叶榆县，东汉时隶属于永昌郡。

唐初，洱海周边有6个白族部落，称为六诏。唐贞观二十三年（649年），哀牢夷后裔细奴逻在今天洱海南岸的阳瓜江畔建立了蒙舍诏。在此前后，细奴逻在蒙舍（今巍山）建居所，后又被作为软禁被南诏征服的其他民族头领及其宗族之用。该城址是迄今仅见的两座南诏方形城址中的一座。唐"开元二十五年（737年）蒙归义（唐玄宗赐皮逻阁名）逐河蛮，夺据大和城。后数月，又袭破哶罗皮，取大厘城，仍筑龙口城为保障。（皮逻阁儿子）阁逻凤多由大和、大厘、邆川来往。蒙归义男等初立大和城，以为不安，遂改刱阳苴哶城。"[20] 皮逻阁兼并了其他五诏，建立起南诏国，并于开元二十七年（739年）将都城从蒙舍搬迁到了太和城（又作大和城，今太和村），控制今天云南省的大部分地区。皮逻阁在下关东置赵郡，阁逻凤改为赵州。阁逻凤又筑"大厘城"（今喜洲），及上关的"龙首城"、下关的"龙尾城"，派兵在上、下两关驻守拱卫国都。唐大历十四年（779年），皮逻阁之曾孙异牟寻决定将都城迁至土著居民筑建的古城邑羊苴哶城（亦作阳苴哶城），即今大理旧城。因为当时羊苴哶城还没建好，大理城就作了五年临时的都城。

大理城就是今天的白族古镇喜洲。

20（唐）樊绰. 蛮书. 卷五

唐昭宗天复二年（902年），南诏权臣郑买嗣夺权，建立"大长和国"。南诏天应元年（后唐天成二年，927年），东川节度使杨干贞扶持赵善政建立"大天兴国"。南诏尊圣二年（后唐天成四年，929年）杨干贞自立为王，建"大义宁国"。后晋天福二年（937年），段思平（白族，893—944年）灭大义宁国，建大理国，定都羊苴咩城，为大理太祖。大理国于南宋宝祐元年（1253年），为忽必烈亲征所灭。元至元十一年（1274年），元朝设置云南行省，同时设立大理路及太和县，隶属于云南行省。

明洪武十四年（1381年），明军攻占大理，改为大理府，仍治太和县。洪武十五年（1382年）筑新的府城，即今大理古城。清代沿袭明制。

（二）九重王都

大理作为一个古都，被称为九重王都，在苍山与洱海之间的狭长地带，总共有九座"城"，从南往北分别是龙尾城、太和城、羊苴咩城的南外城、羊苴咩城的内城、羊苴咩城的北外城、三阳城、摩涌城、大厘城和龙首城（图4-32a）。但所谓"城"，不一定是一座城墙围合的城池，而是因地制宜，利用苍山和洱海，可能只是一道城墙，所以城墙有十三四道。护城河也是天然的溪流。这是一个适应自然、利用自然的非常严密的军事防御系统。

唐开元二十七年（739年）南诏王朝建立之后，在苍山与洱海间最狭窄的云弄峰麓和斜阳峰麓建设龙尾城和龙首城。龙首城和龙尾城西边是苍山，东边是洱海，都只有两道城墙，南城墙和北城墙。龙首城在两道城墙之间还有一个瓮城。

太和城分为外城和内城。外城筑有南北两道城墙，两道城墙

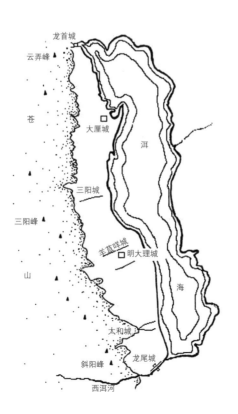

图4-32a　大理城址变迁

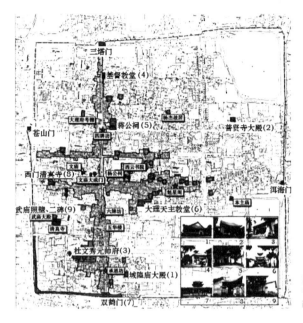

图4-32b 大理古城平面
资料来源：https://baike.baidu.com/item/大理古城/1874828?fr=aladdin

的西端在金刚山顶相连接，南城墙长约3350米，北城墙长约3225米。

羊苴咩城于唐广德二年（764年）至唐兴元元年（784年），由两个王——阁逻凤及其孙子异牟寻建造。羊苴咩城仿照唐长安城，但是又结合了苍山洱海的山川地势，顺其自然，"天人合一"，建造了一个庞大的羊苴咩城系统。羊苴咩城由南外城、内城、北外城三大部分组成。有南外城墙、北外城墙、南内城墙、北内城墙四道城墙，苍山十八溪当中的龙溪、中溪、桃溪和灵泉溪四条溪作为护城河。南外城和北外城也是南诏大理国的王家寺庙园林系统，近内城部分是大量的民居白房。[21]

三阳城位于今大理古城北的银桥镇境内，始筑于南诏时期，为单道防御性夯土城墙，西起苍山三阳峰麓，沿灵泉溪南岸往东至洱海边的西城尾村，全长7000余米，成为大理北边的第二道关隘。[22]

大厘城即喜洲古镇，建于南诏时期，城池建造宏伟，仅次于太和城和羊苴咩城。

（三）明大理城

明代大理城方圆十二里，建有四座城门楼以及四座角楼。城墙四面设有四门，即东

---

21 杨周伟. 西南六朝古都大理与南诏大理国. https://www.wendangxiazai.com/b-0681c2262f60ddccda38a0d3.html
22 大理市文物保护管理所. 三阳城遗址3

门洱海门（又称通海门），南门双鹤门（又称承恩门），西门苍山门，北门三塔门（又称安远门）。城的四角还有角楼，也各有名称：颍川、西平、孔明、长卿。城外有护城河（图4-32b、32c）。

城池的布局为棋盘式，南北城门相对，而东西城门相错，南北三条街，东西六条街，构成了大理城主要道路格局。城市的中心偏西，南北轴线不居中，形成了西重东轻的城市布局。而东西城门相错，是采用了白族建筑中的"东西南北不取中正"的原则。城内房屋皆土木结构瓦顶民居，街道大多由青石板铺设而成，体现了白族建筑风格。大多数街道有引自苍山的清泉水流淌。

崇圣寺西对苍山应乐峰，在三塔之西。其主塔距山门约120米；是南诏国第10代王劝丰右时（824—859年）所建。小塔在主塔之西，与主塔等距70米，南北对峙，相距97米。两塔形制一样，都为10层，高42.4米，为八角形密檐式空心砖塔。崇圣寺毁于清咸丰年间，而三塔却巍然屹立（图4-32d）。

图4-32c 大理古城（自五华楼看三塔）
资料来源：笔者摄

图4-32d 大理崇圣寺三塔
资料来源：笔者摄

第五章 耕读文化——村落

村落是人居最古老最原始的存在形态，大都自发形成，自然发展。可以说，村落的形成、发展这种"没有城市设计者的城市设计"更加丰富多彩，更具独特风采。

"从总体上来看，田园山水、宗族观念、耕读文化成为村落人居发展的主要特色。"[1]村落的设计理念有别于城市：礼乐秩序更多地体现为宗族观念；因地制宜则主要以田园风光、乡土风情显现；而耕读文化更是村落设计所特有的。

"耕读文化"提倡"耕读传家"，"耕为本务，读可荣身"。而这个"本务"由于时代的不同、地域的不同，可以是"耕"，也可能变成"商"。一些商人以商致富后，依旧笃信"耕读传家"、"以读为荣"，以"耕读文化"的理念建设自己的家乡。

大多数村落可以说完全不拘一格，没有刻意的追求。但众多的村落不仅是适应居住者需求的人居环境，也会在不经意间出现艺术精品杰作。

---

1 吴良镛. 中国人居史·第七章博大与充实——明清人居建设·第三节地方人居环境全面兴盛. 北京：中国建筑工业出版社，2014

第一节 山水田园

村落有别于城镇,最主要的就是田园风光。这是自然环境使然,也是一些寓居乡间的文人刻意追求的结果。

一、沧源岩画中的村落

云南沧源岩画分布在佤族聚居区,根据专家们的初步研究分析,这些岩画可能是新石器时代的作品,距今已有3000多年的历史。

岩画在灰色的石灰岩崖壁上赭红色的图画,图案中可辨认出1099个图形,其中人物813个,动物109个,房屋26座,道路15条,各种表意符号37个,还有树木、舟船、太阳、云朵、山峦、大地、手印等图案,多为狩猎和采集场面,也有舞蹈、战争等内容,真实生动地再现了先民们劳动、文化、社会生活的各种场面,构图简练,古朴自然,粗犷奔放。

沿勐董河谷北上可达丁来乡的第二号岩画点有一幅村落图,它画了一个长圆形代表村寨的范围,里面有14座干栏式的房屋,村外还有一座。村寨外画了几根线,大概是表示弯弯曲曲的道路,路上有众多的人,或驱赶猪羊等动物,或肩扛东西,从四面八方云集村寨。寨内有人舂米,可能要举行一次宴会。寨外有一所小房子,高居树上,起看守和瞭望的作用(图5-1)。

村落图生动地描绘了原始村落和谐、淳朴的社会生活。正如老子所描绘的,"小国寡民,……甘其食,美其服,安其居,乐其俗。邻国相望,鸡犬之声相闻,民至老死,不相往来。"[2]

二、文人笔下的田园生活

古代许多文人向往田园生活,直抒他们的耕读文化理想。如陶渊明,他的《归园田居》就写到美好动人的田园风光,在农村生活的舒心愉快;写出了乡居生活的宁静,描绘出一个宁静纯美的乡村天地;也写了他终生归耕的决心。

[2] 老子. 道德经·第八十章
[3] (宋)沈括. 梦溪笔谈·自志

图5-1 云南沧源岩画中的村落图
资料来源：郑锡煌编. 中国古代地图集——城市地图. 西安地图出版社，2005

宋代著名科学家沈括："元祐元年（1086年），道京口，登道人所量之圃，悦然乃梦中所游之地。翁叹曰：'吾缘在是矣。'于是弃浔阳之居，筑室于京口之陲。"京口即今镇江。沈括晚年在梦溪园撰写了科学巨著《梦溪笔谈》。在《梦溪笔谈·自志》中描绘了他这处归隐居所。

"巨木蓊然，水出峡中，停萦杳缭，环地之一偏者，目之梦溪。溪之上耸为邱，千木之花缘焉者，百花堆也。腹堆而庐其间者，翁之栖也。其西荫于花竹之间，翁之所憩壳轩也。轩之瞰，有阁俯于阡陌，巨木百寻哄其上者，花堆之阁也。据堆之崩，集茅以舍者，岸老之堂也。背堂而俯于梦溪之颜者，苍峡之亭也。西花堆，有竹万个，环以激波者，竹坞也。度竹而南，介途滨河，锐而垣者，杏簿也。竹间之可燕者，萧萧堂也。荫竹之南，轩于水潆者，深斋也。封高而缔，可以眺者，远亭也。"[3]

宋代绘画有很多描绘了乡村人居环境，生动而富于田园野趣。

宋徽宗政和三年（1113年）四月，年仅十八岁的王希孟用了半年时间绘成青绿山水画杰作《千里江山图卷》。画面千山万壑，江河交错，烟波浩渺，气势十分雄伟壮丽。巉岩飞泉，瓦房茅舍，苍松修竹，绿柳红花，渔村野渡，水榭长桥，应有尽有。尤其是房舍自身的组合、房舍与树林的匹配、房舍与地形的适应，就是城市设计的杰作。同样，赵伯驹的《江山秋色图卷》也刻画了文人对山水田园的精神追求（图5-2a、2b）。

图5-2a （宋）王希孟《千里江山图卷》中的宋代住宅与村落
资料来源：傅熹年提供. 吴良镛. 中国人居史·第六章变革与涌现——宋元人居建设·第四节文化新气象与人居文化. 北京：中国建筑工业出版社，2014

图5-2b （宋）赵伯驹《江山秋色图卷》中的村落
资料来源：傅熹年提供. 吴良镛. 中国人居史·第六章变革与涌现——宋元人居建设·第四节文化新气象与人居文化. 北京：中国建筑工业出版社，2014

图5-3 呈坎
资料来源：笔者摄

三、呈坎

呈坎，位于安徽黄山东南麓，古名龙溪。唐末，江西南昌府罗天真、罗天秩堂兄弟俩，举家迁入歙县，"择地得西北四十里，地名龙溪，改名呈坎"，并"筑室而居焉"（元张旭《罗氏族谱序》）。呈坎整个村落按《易经》"阴（坎），阳（呈），二气统一，天人合一"的八卦风水理论选址布局。《说文解字》中"呈"的本意是"平也"。"坎"从八卦所定方位看，属西方，从所对应的自然现象看，属水。"呈坎"的真意就是"水西边的平地"。

明代中叶，罗氏先人对古村的众川河进行了整治，使村落处在"枕山、环水、面屏"的理想空间模式环境里，完善了村落结构。呈坎村落整体形态是坐西朝东，村西紧靠葛山、鲤王山，村北有龙山、长春山，村南有龙盘山、下结山，村东紧靠自北向南的众川河，河之东是数千亩的田园。

呈坎被认为是风水宝地。呈坎背后紧靠的来龙山为葛山和鲤王山，高大的葛山与西北方向的黄山山脉连成一气，黄山即是呈坎村的龙脉；村落左边龙山、长春山被视为青龙；村落右边龙盘山、下结山被视为白虎；众川河前是宽阔的平畈，对景是灵金山；龙溪绕村而过，形成了近似阴阳鱼的图形（图5-3）。

呈坎体现了背山面水的"负阴抱阳"理念，是对自然山水的认知、适应和利用。

第二节 乡土风情

因地制宜的设计理念在村落发展中的体现就是乡土风情：适应地域特点，就地取材。

一、庙上村的地坑院

地坑院也叫天井院[4]，是古代人们穴居生存方式的遗留，被称为中国北方的"地下四合院"，"见树不见村，进村不见房，闻声不见人"。河南省三门峡市陕县东凡塬、张村塬和张汴塬三大塬区上有近百个村落的近万座地坑院。塬由厚为50～150米的黄土构成，土质结构十分紧密，抗压、抗震，为挖掘地坑院创造了得天独厚的条件。这三大塬区，处在仰韶文化遗址地区，仰韶文化时期，正是人类穴居文化的成熟阶段。地坑院文字记载最早当属南宋绍兴九年（1139年）朝廷秘书少监郑刚中写的《西征道里记》一书。书中记载河南西部一带的窑洞情况时说："自荥阳以西，皆土山，人多穴居。"并介绍当时挖窑洞的方法："初若掘井，深三丈，即旁穿之。"又说，在窑洞中"系牛马，置碾磨，积粟凿井，无不可者"。

地坑院的建造受传统文化八卦的影响。依据不同的方位朝向和主窑洞所处的方位，地坑院分别被称为东震宅、西兑宅、南离宅和北坎宅。其中，东震宅被认为是最好的朝向。

地坑院大多呈12～15米的长方形或正方形，深七八米。每个院落一般有8孔窑洞，分主窑、客窑、厨窑、牲畜窑、门洞窑和茅厕窑等。主窑多为九五窑，宽3米、高3.1米；其他窑为八五窑，宽2.7米、高2.8米。主窑可见三窗一门，其他窑则二窗一门，茅厕窑和门洞窑则无窗无门。五鬼窑（也叫绝命窑）呈凶性，被认为是全窑院最不好的窑洞，常用来圈养牲口、磨面和放农具杂物。

地坑院落十分静谧。窑洞的窑脸（窑洞的正立面）不但开有窗户，还要用泥抹壁，基座要用青砖垒成。院子四周用一圈青砖砌成，东南角挖成一个四五米深、直径1米的水井，井底垫上炉渣、井口盖上青石板，用于蓄积雨水和排渗污水。此外，在地坑院与地面的四周还要砌一圈青砖青瓦屋檐，用于排泄雨水；而屋

---

4 地坑院（民居）. https://baike.baidu.com/item/地坑院
5 郭亮村. https://baike.baidu.com/item/郭亮村

图5-4　庙上村的地坑院
资料来源：地坑院（民居）. https://baike.baidu.com/item/地坑院

檐上则砌起一道四五十厘米高的拦马墙，可防雨水，可保地面行人安全，也有装饰作用。

地坑院基地一般都选择宅后有山梁大塬的地方，谓之"靠山宅"，意思是"背靠金山面朝南，祖祖辈辈吃不完"。

位于今河南省三门峡市陕县西张村镇的庙上村，现存73座地坑院（图5-4）。

二、郭亮村石头世界

郭亮村[5]位于河南省新乡市辉县市西北60公里的太行山深处，海拔1700米，只有不到百户人家。

东汉末年连年灾荒，太行山区农民郭亮率部分饥民揭竿而起，很快形成了一支强大的农民队伍。朝廷屡次派兵镇压，只因山高路险皆遭失败。后来官府利诱了郭亮手下将领周军率领官兵前来镇压，郭亮因寡不敌众退守西山绝壁。为纪念郭亮，这个悬崖上的山村在建村时便取名郭亮。

郭亮村地处山西和河南两省交界处的密林中，这里秀峰突兀，石径崎岖，

图5-5　郭亮村
资料来源：郭亮村. https://baike.baidu.com/item/郭亮村

溶洞深邃，银瀑悬壁。从沙窑乡汉寨坝顺天梯登崖顶是唯一通往中原的古道。天梯由不整齐的岩石垒起或直接在90度角的岩壁上凿出来的石坑组成。这里的村民世代过着"山顶"的生活。

这是一个石头的世界，浑石到顶的农家庄院，里面是石磨石碾石头墙，石桌石凳石头炕，一切都与石头有说不尽道不清的缘分（图5-5）。

三、丁村

丁村，位于山西襄汾县汾河边，距临汾市35公里。丁村曾发掘出我国历史上旧石器时代的化石，闻名中外。

自明万历年间至清末，历经三百多年经营而形成的聚落，加上城寨、戏台和庙宇，完整呈现北方村落的独特面貌。丁村的道路大体呈正南北、正东西向，横平竖直，有一条东西向主街和许多"丁"字形支路，以"不泄风水"。"四方村落丁字街"是它的空间格局。

在东西向主街和南北向支路交叉口西南角有"天池"，与周边的广场、建筑成为村的中心。东西向道路中部隔路南北有戏台和大庙。西门口有三义庙，北门外有关帝庙。

丁村至今留存的宅院是丁氏家族几十户人家组成的建筑群，多为四合院。建筑朴实无华，端庄大方，舒适幽雅，雕刻成组配套，栩栩如生（图5-6a、6b）。

第二节
乡土风情

223

图5-6a 襄汾丁村民居
资料来源：临汾古村襄汾丁村 www.lvyougl.com/lvyou/331740.html

图5-6b 襄汾丁村平面
资料来源：潘谷西. 中国建筑史（第五版）·第三章住宅与聚落. 北京：中国建筑工业出版社，2004

丁村民居保存至今有33处，从明万历二十一年到民国元年，较完整和典型的有以下4处（按上图编号）：
③明万历二十一年。门楼、正厅、东西厢房、倒座共13间。
②明万历四十年。门楼、正厅、东西厢房共12间。
⑧清康熙二十一年。门楼、正厅、东西厢房共12间。
①清乾隆五十四年。门楼、中厅、后楼、前后院、东西厢房共21间。

第三节 耕读传家

中国古代农耕社会提倡"忠厚传家、诗书继世",村落的发展体现了"耕读传家"的理念。

一、苍坡村

苍坡古村[6]位于浙江永嘉县境内楠溪江上游岩头镇北面大山脚下,原名苍墩。始祖李岑为避战乱从福建长溪迁居于此,五代后周显德二年(955年)开始营建,南宋淳熙五年(1178年),九世祖李嵩邀请国师李时日重新规划,建成以文房四宝为主要形象的村落格局。村落占地200多亩,村民全部李姓。

苍坡背依笔架山,面临楠溪江。苍坡村就是"文房四宝"。进村落大门,一条直线的石板道纵贯全村,全长360米,为笔,正对着西边的三个尖尖的山峰——笔架山;石道中间有一桥,由五块大小匀称的石条搭成,为墨;整座村落占地面积最大的石道两侧的莲池,叫西池,呈长方形,东西长80米,南北宽35米。方方正正,状如砚台,为砚;而布局严谨整齐的民居大宅,宅外纵横的街巷,犹如一幅方格子的大纸。该村历经千年风雨的沧桑,仍保留有宋代建筑的寨墙、道路、住宅、亭榭、祠庙及古柏,以及砌在村落四周的鹅卵石围墙,墙内的老榕树,树下的亭,处处显示出浓郁的古意。

村子的大门一般叫车门,这里却叫"苍坡溪门"。永嘉方言里"车"与"溪"同音。

东池不宽,南北很长,有一百多米。北头的"水月堂"和南头的"望兄亭"述说着两个感人的故事。

"水月堂"建于宋徽宗年间。苍坡李氏八世祖李锦溪、霞溪兄弟情深意切,李锦溪宋宣和二年(1120年)战死沙场,霞溪辞官回乡,在东池北头建"水月堂"居住,"寄兴觞咏,以终老焉"。

"望兄亭"初建于南宋建炎二年(1128年)。亭子外东南方向是苍坡的"同胞村"方港村。方港村头也有一座造型和"望兄亭"一样的亭子,叫"送弟阁",两个亭子隔着阡陌纵横的田野遥遥相望。当年李氏第七世祖李秋山和弟弟李嘉

---

6 陈志华. 南溪江中游古村落. 北京:生活·读书·新知三联书店, 2015
7 陈志华, 楼庆西, 李秋香. 新叶村. 河北教育出版社, 2003

图5-7a　苍坡村平面（左上图）
资料来源：陈志华. 南溪江中游古村落. 北京：生活·读书·新知三联书店，2015

图5-7b　苍坡村（右上图）
资料来源：苍坡古村. https://cn.bing.com/images/

图5-7c　苍坡村仁济庙、望兄亭（下图）
资料来源：陈志华. 南溪江中游古村落. 北京：生活·读书·新知三联书店，2015

木分家后迁居到方港村，兄弟两个感情很好，每每必促膝长谈到深夜，分别时总要送到村口。于是兄弟俩在苍坡村和方港村各建一座亭阁，在亭子里挂上灯笼。每当探望分手后，见到对方亭中亮灯，就知道对方已平安到家。

东池与西池之间，李氏十世祖李伯钧于南宋淳熙七年（1180年）建了仁济庙，供奉平水圣王周凯。周凯能治水患，屡显神异，宋时加爵护国仁济王。仁济庙三面临水，东是东池，西是东西两池之间的小池，南则是连通东西两池的一道渠水。临水的三面都用敞廊，设美人靠。庙里院落也是一池水（图5-7a、7b、7c）。

二、新叶村

新叶村[7]位于浙江省杭州市建德市大慈岩镇，村民多叶姓。南宋嘉定元年（1208年），始祖叶坤从寿昌湖岑畈入赘玉华夏氏，繁衍成庞大的氏族聚落。新叶村西为玉华山，为祖山，北为道峰山，为朝山，村东和村南各有一个小土丘为狮山、象山。新叶村的布局包含着中国传统的天人合一的设计理念。

南宋嘉定十二年（1219年），始祖叶坤之孙——三世祖东谷公叶克诚为村落选定了位置和朝向，在村外西山岗修建了玉华叶氏的祖庙——西山祠堂，并修建了总祠——有序堂，奠定了新叶村的总体格局。之后，以"有序堂"为中心，周围逐步建起了房宅院落。

村里的街巷有上百条之多，这些街巷，宽的近3米，窄的只有80厘米。两侧房子高而封闭，巷子窄而幽深。高大封闭的白粉墙，将一户户人家包围在一个窄小的天井院中，纵横交错的街巷将户与户、房子与房子连成一个有机、有序的整体，构成一幅体现东方神秘文化的立体图像。

新叶村的祠堂数量多，等级层次分明，规格齐全。有序堂是玉华叶氏的总祠，位于村子的北端，它也是新叶村的结构中心。到玉华叶氏第八代时，开始分房派建造分祠，分布在有序堂的左右和后方。西山祠堂是新叶村最早的祠堂，也是玉华叶氏的祖庙，建于元代。崇仁堂是新叶村较高大、较宽敞、较华丽的祠堂，它的规模不但超过了祖庙，也超过了总祠。一般的祠堂只有两进或三进，而崇仁堂则有四进，总进深26米。

新叶的祠堂除了祭祀祖先外，还有很多方面的功能。它的议事厅，是宗族执行私法权力的地方，是举行重要礼仪活动的场所。

新叶村人在创业之初就十分重视子弟读书，有劝学传统。村里开办有私塾、义学，清末还开办了官学堂。在新叶村纵横交错的街巷中，许多街巷的路中间是一块块大石板连接而成，这是为了让读书人足不涉泥，雨不湿靴而专门铺设的，而且每一条石板路都通向学校。

除了私塾、义学，叶克诚还在离村三四公里后来叫做儒源的道峰山北麓建了重乐书院。"儒源，玉华山左，源深十里许，峰峦环绕，重重弯曲，一径中通，地极幽静。"

为了企求文运和丰年，新叶村村口建有一组特别的建筑：抟云塔、文昌阁和土地祠。抟云塔始建于明隆庆元年（1567年），落成于明万历二年（1574年），塔身上下无任何雕饰，造型秀丽、端庄，这是一座风水塔，新叶村人又称之为文峰塔，以企求文运。清同治年间又在塔旁建了文昌阁。后来在北侧，紧贴着文昌阁建了一座土地祠。土地祠企求丰年，文峰塔和文昌阁企求文运，三者在一起，完整地反映了耕读传家的理想和追求。同时，三者组合在一起，很好地体现了和谐统一、对比烘托的城市设计手法，取得了突出的艺术效果（图5-8）。

8 陈志华. 古镇碛口·第三章图版·西湾村. 北京：中国建筑工业出版社，2004

新叶村里居图

新叶村

新叶村祖庙及文昌阁

图5-8 新叶村
图片来源：陈志华，楼庆西，李秋香. 新叶村. 河北教育出版社，2003

三、西湾村

西湾村[8]是晋商建立的村落，同样体现了"耕读文化"的理念。

西湾村位于山西临县碛口镇，距碛口镇一公里左右，临河而建。明崇祯年间，始祖陈师范（先谟）从方山县迁居碛口，利用碛口的商贸条件在当地做搬运工起家，后来开店经营各种物资，成为富商的陈师范在湫水河边紧邻碛口的地方建起了村落。到了清康乾时期，陈先谟的第四代陈三锡开启了碛口的全盛时代。西湾村的起源和当年的水陆码头碛口有着不解之缘。

西湾民居的门楣上，很多镶嵌有石质或木质匾额，如"耕读传家""明经第""恩进士""岁进士"，落款多为清道光、咸丰年间。其实，"岁进士"和"明经进士"等，都不是正式进士，而是给予屡试未第的老秀才的一种安慰。陈家虽因商致富，但仍然"以读为荣"，传承农耕文明的"耕读文化"。

村落建在两座石山中间，坐落在30度的山坡上，依山就势。民居是窑洞式的明柱厦檐高屹台，它正面是明柱厦檐高屹台院，南面是客厅，或者是马棚、厕所、大门。因为顺着山坡修建，下面院子的屋顶，就是上面院子的庭院，层层叠叠，最高处可达六层。整个村落由五条南北走向的竖巷分隔开来。这五条竖巷寓意为金、木、水、火、土五行，代表着陈氏家族的五个支系。每条竖巷里的宅院都可以互相贯通，街街相通，巷巷相通，院院相通。这样既解决村内的横向交通，更有利于突发事件下的快速转移和集体防御。村子的外围建有封闭的村墙，整个村子如同一座壁垒森严的城堡，只在村南段建有三座寓意为天、地、人的大门。五条巷子也是五条排水沟，汇到南侧的2米多宽的排洪沟，再排进湫水河。西湾对外部世界来说是封闭的、内向的，而对于大家庭的生活方式而言是开放的、外向的，折射出对外防御、对内聚合向心的传统心态（图5-9a、9b、9c）。

村落参差错落、变化有致、和谐秀美、浑然天成。

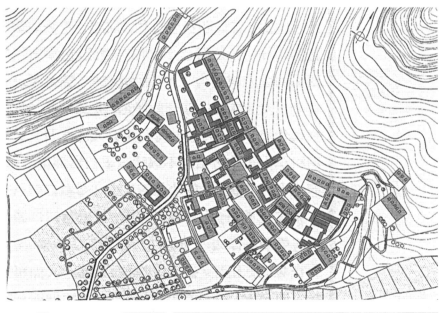

图5-9a　西湾村总平面
资料来源：陈志华. 古镇碛口·第三章图版·西湾村. 北京：中国建筑工业出版社，2004

图5-9b　西湾村建筑
资料来源：陈志华. 古镇碛口·第三章图版·西湾村. 北京：中国建筑工业出版社，2004

第三节
耕读传家

229

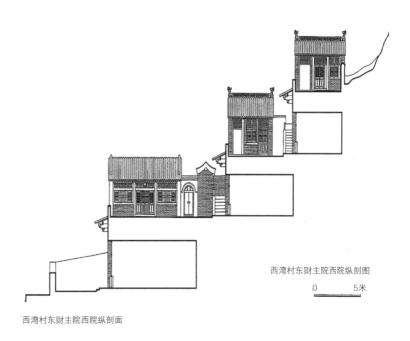

西湾村东财主院西院纵剖图
0　　5米

西湾村东财主院西院纵剖面

图5-9c　西湾村东财主院
资料来源：陈志华. 古镇碛口·第三章图版·西湾村. 北京：中国建筑工业出版社，2004

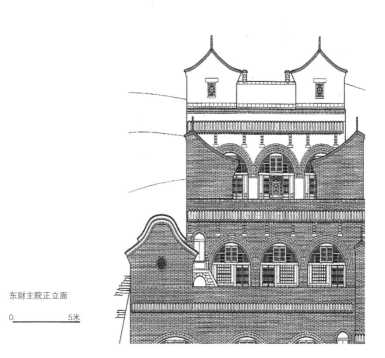

东财主院正立面
0　　5米

图5-10 培田村
资料来源：鸟瞰 https://baike.baidu.com/item/培田；其余为作者自摄

四、培田村

培田村[9]位于福建省连城县西南部，已有500多年历史，全村人都姓吴。

培田村面积13.4平方公里、住户300多家，1000多人。培田村有30幢大宅、21座祠堂、6处书院、4处庵庙道观、2座跨街牌坊，总面积达到7万平方米，分布在1条千米古街上。

培田古村吴姓人非常注重教育，忠厚传家、诗书继世。明成化年间，七世祖吴祖宽伐木割草，盖了"石头丘草堂"，把培田带入学堂时代，重金聘请进士办学，教村里的几个孩子读书写字。吴祖宽创立六田，专门为读书人提供学习经费。每十户建立一个书院。"石头丘草堂"后来改成南山书院。建于清光绪年间的"容膝居"，是专为少女、少妇们学习文化、礼仪和女红的厅堂。墙上还写着"可谈风月"，可以在此讲习与婚姻、生育有关的生理知识。

培田民居的特点是官式气势，古巷深深，宅院齐整。每个院落都有门通往外面，门内是一个独立的单元，所谓"九厅十八井"。九厅，即门楼厅、下厅、中厅、上厅、楼下厅、楼上厅、楼背厅、左花厅、右花厅等9个正向大厅。十八井即五进厅的五井，横屋两直每边五井共十井，楼背厅还有三井，共计"十八井"（图5-10）。

9 郑振满. 福建省连城县古村落. https://baike.baidu.com/item/培田

第四节 聚族而居

聚族而居是时代的产物,也是宗族观念的体现,"礼乐秩序""敬天法祖"理念在村落发展中的反映。

一、客家村落

在两晋至唐宋时期,为躲避战乱,中原汉人被迫南迁至粤赣闽地区,世称客家。客家村落有独特的形制,别具风情。

(一)梅州围龙屋

地处粤东北的梅州客家村落具有典型性。

梅州地区以丘陵为主。客家人为节约耕地,房屋多建在山坡向阳处。

由于移居他地,客家人聚族而居。客家人耕读传家,祠堂也是学堂。梅州客家以围龙屋为居住基本单元,屋后"风水林",屋前"风水塘"是其村落格局。

围龙屋按南北向中轴,东西两边对称,前低后高,错落有序,布局规整。主体形态为"一进三厅两厢一围"。围龙屋不论大小,大门前必有一块禾坪和一个半月形池塘,禾坪用于晒谷、乘凉和其他活动;池塘既是"风水塘",又具有蓄水、养鱼、防火、抗旱、调节气候等作用(图5-11a、11b)。

(二)闽南土楼群

福建南靖、永定也是客家聚居之地,土楼是闽南客家居住的典型形式。村落以祠堂为中心,土楼有圆有方,一般中轴对称,内部形成院落。土楼既根据北方人南迁后的需求,又结合当地自然条件,因地制宜。

客家村落及土楼选址注重风水。一般都背山面水,负阴抱阳,坐北朝南。

南靖土楼

南靖土楼遍布各个村落。土楼大小不一,形状各异,除常见的圆形、方形外,还有椭圆形、斗月形、扇形、曲尺形、八卦形、塔形、合字形、凸字形、

第五章
耕读文化——村落

梅州客家村落

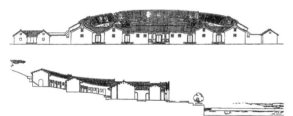

客家围龙屋

图5-11a 梅州客家村落
资料来源：吴良镛. 中国人居史·第七章博大与充实——明清人居建设·第三节地方人居环境全面兴盛. 北京：中国建筑工业出版社，2014

图5-11b 永定土楼承启楼平面、剖面
资料来源：潘谷西. 中国建筑史（第五版）·第三章住宅与聚落. 北京：中国建筑工业出版社，2004

图5-11c 永定土楼承启楼外观、内院
资料来源：笔者摄

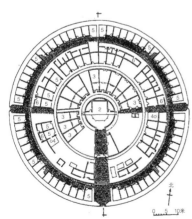

承启楼平面图
(林嘉书、林浩、阎亚宁《客家土楼与客家文化》图)
1.前面；2.祖堂、大厅；3.客厅；4.公井；5.厨房；6.畜舍

承启楼剖面图
(林嘉书、林浩、阎亚宁《客家土楼与客家文化》图)

方圆结合形、马蹄形等等。

书洋镇田螺坑的土楼群，由一方、一椭圆、三圆五座土楼组合而成，气势磅礴，令人震撼。居中的方形步云楼和右上方的圆形和昌楼建于清嘉庆元年（1796），以后又在周边相继建起振昌楼、瑞云楼、文昌楼。五座土楼依山势错落布局，在群山环抱之中，居高俯瞰，像一朵盛开的梅花点缀在大地上，又像是飞碟从天而降，人文景观与自然环境巧妙天成，是民居建筑百花园中的一朵奇葩（图5-12a）。

书洋镇下版村的裕昌楼，建于元末明初（约1368），是目前已知最古老的圆土楼。高5层，18.2米，每层54间，共有房270间，占地2289平方米，建筑面积6358.2平方米。六百多年来，塔身缓缓向南倾斜，斜而不倒。

永定古竹乡高北村承启楼建于清顺治元年（1644年）。土楼圆形，有四环，外圆环平面直径72米，高12.4米。中心为大厅，建祠堂。外圆环底层为厨房、畜圈、杂用；二楼为贮藏；三、四层为卧室。一、二层对外不开窗。祠堂及内环低矮，所以卧室采光、通风良好。全楼有392个房间，3个大门，3口井（图5-12a、12b、12c）。

二、诸葛村

诸葛村[10]，位于浙江省金华市兰溪市西部，是诸葛亮后裔的最大聚居地。

五代十国时期，诸葛亮十四世孙诸葛利任山阴（今绍兴）寿昌县令。其子诸葛青于宋天禧二年（1018年）由寿昌迁到兰溪西陲砚山下。元代中期，二十七世孙诸葛大狮，因原址狭窄，另选兰溪高隆岗，营建村落。

诸葛大狮运用阴阳堪舆学（俗称风水学）知识，按八卦构思，精心设计了整个八卦村的布局：以钟池为核心，八条小巷向外辐射，形成内八卦；村外有八座小山，形成环抱之势，构成外八卦。

诸葛家族秉承先祖教导，"不为良相，便为良医"，他们精心经营中医药业，所制良药，畅销大江南北。诸葛村的大经堂（今中药标本展馆）后厅前金柱上的楹联："丞相子孙勤劳处世，高隆儿女医药传家"便是诸葛家族在中医药业成就的写照（图5-12）。

---

10 陈志华. 诸葛村. 北京：清华大学出版社，2010

上 俯视
下 仰视

图5-12a　南靖田螺坑土楼群（左图）
资料来源：笔者摄

图5-12b　围龙屋（右图）
资料来源：围龙屋. https: // tupian. baike.com/doc/围龙屋

三、土坑村

土坑村位于福建省泉州市泉港区后龙镇中部，湄洲湾南岸，古称"涂坑"。土坑刘氏始祖刘宗孔于明永乐二年（1404年）从莆田迁居土坑。

土坑人崇尚耕读文化，人才辈出。据清代谱牒载，土坑人中榜进士、晋升仕者高达70多人。明清时期土坑村全民经商，经济繁荣。

土坑村诞生过三支海商船队：刘端弘船队拥有二十艘三桅洋船，其长子刘建珍拥有十八艘，其堂兄弟刘端山则有十六艘同类洋船。屿仔壁港也因此成为土坑村的主要海港。

明朝永乐至清代乾隆年间，刘氏后代以祖祠为中心，南北两侧分四排共建40多座古大厝，形成绵延数百米长的壮观古厝群。上坑全民经商，有房子就做生意，古厝的前部为店面，后部为仓库、住宅，形成了"街在古宅、宅在街中"的商业格局。刘氏故居，三进五开间外加三护厝，开阔的大院门口一字排开，14对旗杆石，所以大宅也叫做"旗杆厝"。大厝外加双护厝，共有100个门、99个窗、11个天井，连同砖埕及围墙，占地面积1739平方米，是本地区极为罕见的古大宅。这些古民居大多坐西北朝东南，排列井然有序，冬暖夏凉。每座大厝相距三五十米，便于交通、活动，又通风透气。

11 季士家，韩品峥. 金陵胜迹大全·文物古迹编·杨柳村明清古建筑群. 南京出版社，1993

四、杨柳村

杨柳村在南京江宁龙都，距南京城40公里。村落依山傍水，背靠马场山，面临杨柳湖。自明初开始，这里就有大户人家集中建筑住宅、宗祠，先后形成中杨柳村、前杨柳村和后杨柳村。中、后杨柳村已在太平天国期间毁于战火。

前杨柳村始建于明万历七年（1579年），自明万历年间至清嘉庆年间共建有36个宅院。每个独立的宅院皆有堂号。还有朱、刘、时、赵四姓宗祠。各宅院之间，全部以青石铺路，条石为阶。宅院均为三组纵列、多进，少则三进，多则七进。左、中、右各组之间有贯通前后的"备弄"，专供女眷及佣工行走，也有防火作用。门楼上皆有题额，如"旋马遗规""遵循韦训""出耕入读""居安由正"，等等。

为运输大量建筑材料，专门开挖了一条人工河通秦淮河，在秦淮河畔的竹丝岗的"野埠头"是当时的专用码头。[11]

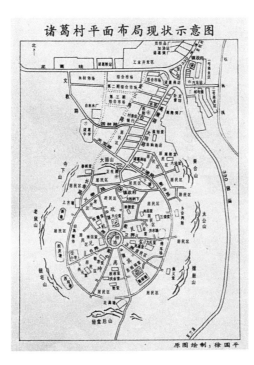

图5-12c　诸葛村
上　平面示意图
中　鸟瞰图
下　钟池

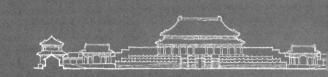

第六章 城市设计手法在特定空间的运用——场所、建筑群

　　场所是人或事所占有的特定建筑群或公共空间活动处所。就城市设计而言，场所是城市设计的一个空间层次，指特定的公共空间活动处所，也指城镇或乡村特定的局部地段；场所也往往是一组建筑群。

　　广场是城镇的"客厅"，是最能体现设计理念、最能展示设计手法的场所。中国古代的宫廷广场更是深刻反映设计理念和综合运用设计手法的最重要的载体。

　　祭祀场所、陵园是一类特殊的场所。由于其不同的功能要求，各自有其自身的"规矩"，布局、建筑风格等也就各不相同。在符合礼仪的前提下，祭祀场所均有其独特的个性。

　　随着理念的变化，里坊演变为街巷，呈现出多彩多姿的设计手法。

　　我国古代城门、桥梁，也可视为另一类建筑群，有杰出的单体设计，也有不少与周边环境融合的城市设计范例。

第一节 公共活动场所

中国古代开敞的公共活动场所相对较少，宫廷广场是封闭的。公共活动场所主要是庙宇、祠堂以及市场等。

城市街巷成为重要的城市生活空间，直到北宋后期，随着封闭里坊制的瓦解，公共活动场所才开始出现。

一、广场

中国古代广场有两种类型：公众活动广场和封闭的宫廷广场。公众活动广场一般在庙宇、祠堂等公共建筑前。城镇还有码头、桥头的集散性广场。宫城或皇城轴线上有官殿前广场或宫门前广场，专供官方举行礼仪活动。

广场不同于绿地，不同于旷野；广场是围合的空间，用来围合的可以是建筑，建筑小品如牌楼、围墙、照壁、栏杆，也可以是绿化；广场不同于院落，不仅规模相对较大，主要是具有公共性。广场既是由建筑物围合而成的场所，也是用来展示建筑物的公共空间。

（一）公众活动广场

公众活动古已有之，主要是祭祀、娱乐、交易等。

随着城市生活的活跃，出现了城市广场，特别是在节日，庙会、集市使庙宇、道观等成为人群、物流集散公共空间。广场成为活动的场所。

我国江南，即使是偏僻小村，也会利用村中小庙设戏台，成为村民活动的中心。戏台面对寺庙大殿，分为上下两层，上层戏台，下层供戏班住榻。两旁两层厢房为看台，围合成中间的广场，供人们站立观戏（图6-1a、1b）。

（二）宫廷广场

中国古代宫廷广场是封闭的，且禁止普通百姓涉足。但宫廷广场是举行官方活动的场所，具有一定的公共性，且规模较大，不同于私密的院落。

1（宋）宋敏求. 长安志·卷六·官室四

图6-1a 乡村戏台平面示意图（笔者记忆中家乡庙宇的戏台）

图6-1b 戏台

魏武邺城在大朝门前南北中轴线御街和东西大道交叉处出现"T"形广场。唐长安宫城正南门承天门前一条宽阔的横街和南北向的御街也形成"T"形广场。"若元正冬至，陈乐，设宴会，赦有罪，除旧布新。当万国朝贡使者、四夷宾客，则御承天门听政焉。"[1]此后，这种"T"形广场成为传统，直至明清北京的承天门（天安门）广场。

不仅如此，为了强化帝王的至高无上的氛围，在宫城中轴线上安排一系列殿前、门前广场，组成一组广场群，形成有机的空间序列。

明清北京城中轴线的广场群就是综合运用规划设计手法的杰出例子（另见第三章第二节）。

二、市

远古时期，可以和需要交换的产品不多，"日中为市，市罢而散"。商品经济的发展，出现固定的"市"。

里坊制把全城分隔为若干封闭的"坊"作为居住区，商业与手工业则限制在一些定时开闭的"市"中。"市"虽然也是一个封闭的"坊"，但作为"市"的坊里面有着生动的生活气息，是民众少有的公共活动场所。成都出土的汉画像砖描绘了东汉"市"的情景：封闭的"坊"，四面各开一门，四条街十字交会，居民熙熙攘攘，中心设亭，监管四周商肆（图6-2a）。

据记载，汉长安有九个"市"，以西北部的东市、西市最大。北魏洛阳东有小市，西有大市，南有四通市。唐东都洛阳设三个"市"：北市、南市和西市。

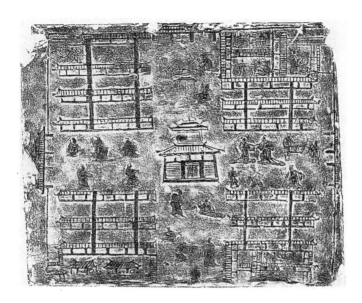

图6-2a 汉画像砖中的"市"（上图）
资料来源：四川省博物馆. 中国博物馆丛书·四川省博物馆，北京：文物出版社，1992. 转引自吴良镛. 中国人居史·第三章统一与奠基——秦汉人居建设·第四节基层人居建设。北京：中国建筑工业出版社，2014

图6-2b 唐长安西市（下图）
资料来源：(西市内店铺示意) 据唐长安城的西市东市. https://zhidao.baidu.com/question/266736322470959885.html

隋唐长安皇城东南和西南设有东、西两市。东市称都会市，由于靠近三大内，周围坊里多皇室贵族和达官显贵宅第，市场经营的商品，多上等奢侈品，主要服务于达官贵人等少数人群，是国内市场。西市称利人市，是大众化、平民化的，有大量西域、日本等国客商，是国际性大市场，可以说是唐代丝绸之路的起点。两市地域各占两坊之地，周边街道比一般坊间道路宽阔，便于商业运输和市民入市前车马的停靠。东市周边道路，北宽120米，东、南、西三面各宽122米。西市平面呈长方形，南北1031米，东西927米，市内有东西和南北两条大街，宽16米，构成"井"字形街道。街两侧均设有水沟，在水沟的外侧还有1米宽的人行道。市周围有夯土围墙，四面各开二门。市内9个区，每区四面临街开店铺，是长安手工业和商业的集中区域。东、西两市实行严格的定时贸易与夜禁制度，设有门吏专管（图6-2b）。

伴随工商业的发展，沿城市大街开店摆摊、经营买卖，坊墙开始被突破，人们的生活方式也发生变化。《宋会要辑稿·食货》记载："（宋乾德三年，965年）四月十三日，诏开封府，令京城夜市至三鼓以来，不得禁止。"宵禁至三更，大大延长了人们的夜生活时间。北宋中期，封闭型的坊市制度已开始崩溃。北宋末年，随着侵街建筑的合法化，夜禁与坊墙一样，失去了存在价值而取消。从此，东京城内普遍出现了"夜市"与"早市"。宋仁宗景祐年间，朝廷决定允许临街开设邸店，宋徽宗时期，开始征收"侵街房廊钱"，对临街开店予以认可并进行管理。

随着封闭里坊制的瓦解，开始出现城市街巷这种生活空间。街和巷成为重要的城市公共活动空间。

第二节 祭祀场所

基于"万物本乎天,人本乎祖"[2]的认知,崇拜自然、祭祀天地、祭祀祖先始终是人类的重大活动。除了"五岳四渎"等自然"文化坐标"外,人工的祭祀场所也成为人居不可或缺的重要组成部分,远古时期就有祭祀活动,出现祭祀场所。(参见图1-4b)。

一、郊坛

六朝时期(222—589年),已逐渐确立在郊外按"天南地北"方位设祭坛以祭天地的祭祀礼制。

随着祭祀活动的增多,祭祀场所也有了不同的类型。

(一)六朝南郊坛

"孙权始都武昌及建业,不立郊兆。至末年太元元年(251年)十一月,祭南郊,其地今秣陵县南十余里郊中是也。"[3]东晋大兴二年(319年)"作南郊,……郭璞卜立之。按《图经》:在今县城东南十八里,长乐桥东篱门外三里。今县南有郊坛村,即吴南郊地。"[4]宋孝武帝大明三年(459年)九月,"移郊兆于秣陵牛头山西,正在官之午地。"[5] "梁南郊,为圆坛,在国之南。高二丈七尺,上径十一丈,下径十八丈。其外再壝,四门。"[6]

(二)六朝北郊坛

东晋咸和八年(333年)"作北郊于覆舟山之阳,制度一如南郊。"[7] "(刘)宋太祖以其地为乐游苑,移于山西北。后以其地为北湖,移于湖塘西北。其地卑下泥湿,又移于白石村东。其地又以为湖,乃移于钟山北原道西,与南郊相对。"[8] "按《通典》:(刘)宋孝武帝大明三年(459年),移北郊于钟

---

2 (汉)戴圣. 礼记·郊特牲第十一
3 (梁)沈约. 宋书·志第四·礼一
4 (唐)许嵩. 建康实录·卷第五晋上·中宗元皇帝. 上海古籍出版社,1987
5 (梁)沈约. 宋书·志第四·礼一
6 (唐)魏征等. 隋书·志第一·礼仪一
7 (唐)许嵩. 建康实录·卷第七晋中·显宗成皇帝. 上海古籍出版社,1987
8 (梁)沈约. 宋书·志第四·礼一
9 (宋)张敦颐. 六朝事迹编类·卷之一总叙门·六朝郊社. 南京出版社,1989
10 (唐)魏征等. 隋书·志第一·礼仪一
11 南京六朝祭坛. http://blog.sina.com.cn/s/blog_7c3326200102vdbi.html
12 (唐)魏征等. 隋书·志第一·礼仪一

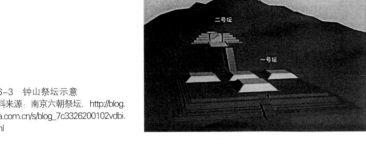

图6-3 钟山祭坛示意
资料来源：南京六朝祭坛. http://blog.sina.com.cn/s/blog_7c3326200102vdbi.html

山北原道西。今钟山定林寺山巅有平基二所，阔数十丈，乃其地也。"[9] 梁"为方坛于北郊。上方十丈，下方十二丈，高一丈。四面各有陛。其外为墙再重。"[10]

近年在钟山主峰之南山腰上，发现一处祭坛遗迹。通过出土文物结合古代文献记载，认为该遗存正是六朝刘宋时所筑的"北郊坛"。[11]遗存位于六朝建康都城东北方12地支的"丑"位上，与位于城东南之"巳"位的南郊坛遥相呼应，体现了我国古代都城祭坛"天南地北"的方位关系。坛体平面呈方形，也与"天圆地方"之说相吻合。祭坛由石墙组成，这些石墙参差不齐，高的3米多，矮的不到1米，但它们都以东、南、西的方向排列，与北侧的山体围成一个矩形的台式建筑。石墙共有5层，每层之间相差几十厘米不等。由南向北、依山而建（图6-3）。

遗址有两座坛，两坛相距约10米，二号坛比一号坛高出23.18米，中轴线比1号坛西偏5米，推测它们具有不同的祭祀功能。《隋书·礼仪志》载，北朝北周"方丘在国阴六里之郊。……神州之坛，……在北郊方丘之右。"[12]唐代也有祭皇地祇及祭神州北郊的礼仪制度。唐代成伯玙的《礼记·外传》记载，"夏至日祭皇地祇于方泽，配以后土；立冬之日祭神州地祇于北郊，配以后稷"。说明或许南北朝时期郊坛就是"双坛"。

祭坛的附属建筑区位于一号坛南面山坡上，顺坡而建，距一号坛南面最下一道坛墙约50米。

二、明堂、辟雍

（一）明堂与辟雍

"明堂"是宗法礼制下都城中最具代表性的标志建筑，"明堂"的设置成为我国古代人居特别是都城规划设计理念的集中体现。

明堂，是古代帝王所建的最隆重的建筑物，用作朝会诸侯、发布政令、秋季大享祭天，并配祀祖宗。古人认为，明堂可上通天象，下统万物，天子在此既可听察天下，又可宣明政教，是体现天人合一的神圣之地。在泰山历代皇帝封禅中，明堂是帝王祭祀活动的重要场所。汉武帝东封泰山时，在泰山设明堂，后又在女姑山（今青岛城阳区流亭街道女姑山）设明堂。

传说黄帝创设"明堂"，夏代叫"世室"，商代叫"重屋"，周代才叫"明堂"。《礼记·明堂位》记载，"武王崩，成王幼弱，周公践天子之位以治天下。六年，朝诸侯于明堂制《礼》作《乐》，颁度量而天下大服。……明堂，天子太庙也。""明堂也者，明诸侯之尊卑也。"[13]"周人明堂，度九尺之筵"。东汉卢植在《礼记注》中说："明堂即太庙也。天子太庙，上可以望气象，故谓之灵台；中可以序昭穆，故谓之太庙；圆之以水似璧，故谓之辟雍。古法皆同一处，汉一分为三耳。"但周以后，明堂的职能渐渐发生变化，到后来主要是天子祭天祀祖的地方。

辟雍亦作"辟廱"。辟，通"璧"。辟雍本来是学校，不是祭祀场所，但辟雍通常与明堂建在一起。在西周，辟雍为天子所设大学，校址圆形，围以水池，前门外有便桥。东汉以后，历代皆有辟雍，除北宋末年为太学之预备学校（亦称"外学"）外，均为行乡饮、大射或祭祀之礼的地方。班固的《白虎通》说："天子立辟雍何？所以行礼乐宣德化也。辟者，璧也，象璧圆，又以法天，于雍水侧，象教化流行也。……《王制》曰：'天子曰辟雍，诸侯曰泮宫。'"[14]

（二）形制

"明堂"的形制，儒家经典没有明确记载，古籍说法不一，历代做法不同。"明堂之制，周旋于水"，辟雍"圆如璧，雍以水"，"明堂外水曰辟雍"，明堂、辟雍往往两者合二为一。汉代以后历代王朝所建明堂，基本上沿袭了汉武帝时的模式，即宫殿上圆下方，四周环水。

隋代宇文恺认为古制明堂，"下为方堂，堂有五室，上为圆观，观有四门"。

古籍《孝经援神契》说："明堂在国之阳，三里之外，七里之内，丙巳之地。"丙巳之地是指东南方。

明堂中方外圆，通达四出，各有左右房……左出谓之青阳，南出谓之明堂，西出谓之总章，北出谓之玄堂（图6-4、图6-5）。

（三）历代明堂与辟雍

历代最高统治者都把创立"明堂"视为从政的一件大事。汉长安明堂、汉魏洛阳明堂、北魏平城明堂和唐东都洛阳明堂遗址已经发现并经考古发掘。北京天坛祈年殿是古代明堂式建筑保存完好的一例。

13 礼记·明堂位第十四
14（汉）班固. 白虎通·卷四·辟雍

图6-4 文献通考明堂图
资料来源：明嘉靖冯天驭刻本《文献通考》(http://shop.kongfz.com/book/18538/)

图6-5 明堂平面
资料来源：王晓明. 吕氏春秋通诠. 江西人民出版社，2010

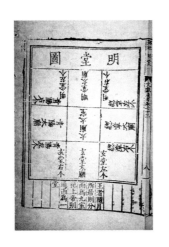
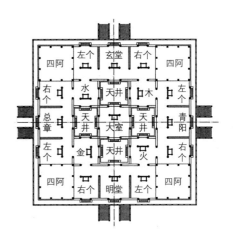

1. 汉长安明堂辟雍

汉平帝元始四年（4年），王莽执政时，在长安城南偏东建成了明堂辟雍。这是我国能找到遗址实体存在的第一座明堂辟雍。辟雍为圆形，四面开门。中部为五室明堂，即按五行排列，中间为太室，代表土，其他四室各代表木、火、金、水。从西汉开始，在儒家"天人合一"的思想影响下，明堂从单纯的祭天，又同时"配飨"祭祀自己就近的列祖列宗。使明堂由过去单纯的自然崇拜，又融进了祭祖活动（图6-6a）。

2. 汉魏洛阳明堂

东汉光武帝建武三年（27年），在洛阳建成了九室的明堂。东汉明堂为"上圆下方，八窗四闼，九室重隅十二堂"。明堂范围为南北长400米，东西宽约396米，四周有墙，墙外有壕沟。其主体建筑的圆形夯筑台基，直径达60多米，夯土厚达2.5米。后来的曹魏、西晋修缮后继续使用。

南朝宋大明五年（461年）夏五月，新作明堂于丙巳之地。

3. 北魏平城明堂

北魏太和十五年（491年）四月由尚书令李冲负责在平城建明堂，冬十月

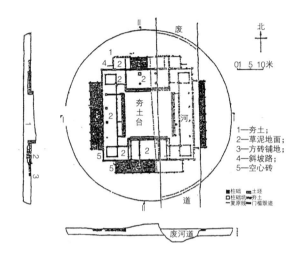

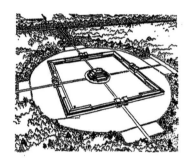

图6-6a 汉长安明堂辟雍
资料来源：潘谷西. 中国建筑史（第五版）·第四章宫殿、坛庙、陵墓. 北京：中国建筑工业出版社，2004

上 遗址平面图
左 复原想象图

成，是一个比东汉洛阳明堂更具综合性的礼制建筑。其功能为祀上帝、祭先祖、朝诸侯、养耆老、育贤才、观星象。平城明堂的位置，在今大同旧城东南的2.5公里柳航里西部。明堂的外部是一个巨大的环形水渠，直径达294米，渠宽6米，深1.4米。环形水渠的中央地表下有正方形夯土台基，厚2米多，边长42米。此中心建筑为明堂所在，其上层就是灵台，周围的环形水渠是辟雍。

隋有建造明堂的计划，宇文恺也有关于明堂形制的设想，但未及施行。

4. 武周明堂

唐太宗时因明堂规制无章可循，终被搁置。武则天执政时期，在洛阳先后建了明堂——万象神宫和通天宫。

15（后晋）刘昫. 旧唐书·卷一百八十三·列传一百三十三·外戚
16（后晋）刘昫. 旧唐书·卷二十二·志第二·礼仪二
17（后晋）刘昫. 旧唐书·卷六·本纪第六·则天皇后武曌本纪
18（宋）欧阳修、宋祁等. 新唐书·卷四·本纪第四·则天皇后武曌本纪

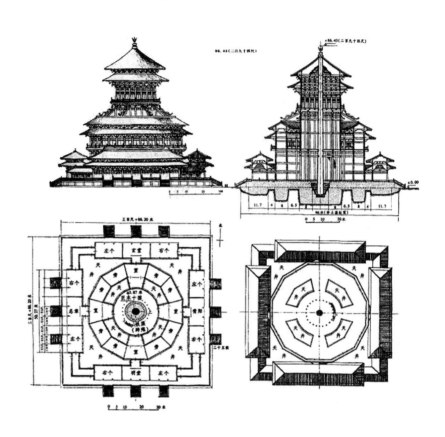

图6-6b 明堂推测图
资料来源：唐洛阳城紫微宫正殿.
https://baike.baidu.com/item/明堂

唐武则天"垂拱四年（688年），拆乾元殿，于其地造明堂"[15]。武则天力排众议，一改周礼明堂建在城南的传统，将明堂建在了宫城紫微宫内，并且作为洛阳城的外朝正衙，呼应 天上心宿星座，"法紫微以居中，拟明堂而布政"。明堂号"万象神宫"，"高二百九十四尺，方三百尺。凡三层，下层法四时，各随方色，中层法十二辰，上为圆盖，九龙捧之。上层法二十四气，亦为圆盖，以木为瓦，夹纻漆之，上施铁凤，高一丈，饰以黄金。中有巨木十围，上下通贯，栭、栌、橕，借以为本。下施铁渠，为辟雍之像，号曰万象神宫。"[16]明堂北的天堂，高五级，以贮大佛像，到第三级就可俯视明堂。唐武则天"证圣元年（695年）春一月丙申夜，明堂焚，至天明而并从灰烬。……万岁登封元年（696年）春三月，重造明堂成。"[17]重修的明堂号曰通天宫，乃是武则天称帝后所建，故称为武周明堂，并于唐武则天神功元年（697年）四月制九鼎安放于通天宫。[18]新明堂（通天宫）是武周时期的宫城正殿。明堂建筑形态上圆下方，体现了天子与天相通、象征四时、十二时辰、二十四气以及四面八方、天人合一、天圆地方等时空观（图6-6b）。

安史之乱中，明堂被叛军和回纥兵两次焚烧，唐宝应元年（762年）彻底损毁。

宋代，"沿隋唐旧制，寓祭南郊坛。"直到北宋末年才议建明堂之事，宋徽宗政和五年（1115年），在总结古制后下诏说："朕益世室之度，兼四阿重屋之制，度以九尺之筵，上圆象天，下方法地，四户以合四序，八窗以应八节，五室以象五行，十二堂以听十二朔。九阶、四阿，每室四户，夹以八窗。"[19] 选址定在了宫城之内，寝宫东南，大庆殿东侧，拆除了秘书省至宣德门以东地段的建筑物，使明堂自成一院，院四周还建有回廊，四边设门：北为平朔门，东为青阳门，南为应门，西为总章门。

5. 北京国子监辟雍

北京国子监辟雍是我国现存唯一的古代"学堂"。国子监是宋、元、明、清国家设立的最高学府和教育行政管理机构，又称"太学""国学"。

北京国子监始建于元大德十年（1306年），明初毁弃，改建北平府学，成为北京地区的最高学府。永乐迁都北京，改北平府学为北京国子监，同时保留南京国子监。在南京的国子监被称为"南监"或"南雍"，而设在北京的国子监则被称为"北监"或"北雍"。

现存北京国子监辟雍位于安定门东南，建于清乾隆四十九年（1784年），由工部尚书刘墉主办。刘墉首先开凿深井，取地下水注入环池，又在环池搭建四座石桥，直通辟雍四门。辟雍平面呈正方形，深广各达五丈三尺，高34米，重檐，四角攒尖，上覆黄色琉璃瓦，建于环池中央的四方高台上，成"辟雍泮水"之制。乾隆夸赞："辟雍建筑复古而不泥古，循名以务实"。还特意写了一篇文章《国学新建辟雍环水工成碑记》，用满、汉两种文字刻在高大的石碑上，矗立在辟雍前东西碑亭中。又将他对古时候天子在辟雍内进行敬老尊贤活动时所谓"三老五更"的认识，写成《三老五更说》一文，也用两种文字，分别刻在石碑的背面。这样两座御碑，相同的内容，也成了国子监碑亭的特色，构成了以辟雍为主，包括东西碑亭、琉璃牌坊的一组皇家建筑群。

集贤门是国子监的大门，门内院子东西设有井亭，东侧的敬持门与孔庙相通（图6-6c、6d）。

19（元）脱脱、阿鲁图等. 宋史·卷一百零一·志第五十四·礼四

第二节
祭祀场所

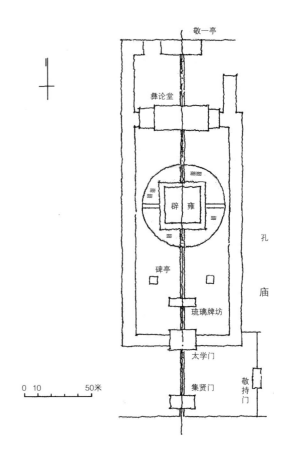

图6-6c　北京国子监总平面

图6-6d　清末太学原貌图
资料来源：收藏于中国历史博物馆

三、祭祀场所系列

坛庙是礼仪的重要载体，在城镇，坛庙是不可或缺的；尤其在主要体现传统设计理念的都城中，逐渐形成祭祀场所系列。

北京有所谓"九坛八庙"。九坛，即社稷坛、天坛、祈谷坛、地坛、朝日坛、夕月坛、太岁坛、先农坛和先蚕坛，这些都是明清帝、后进行各种祭祀活动的地方；八庙系指太庙、奉先殿、传心殿、寿皇殿、雍和宫、堂子（满语神庙）、文庙和历代帝王庙（参见图3-39）。

（一）太庙

帝王祭祀祖先的宗庙称太庙，"左祖右社"，位于宫门前左（东）侧。

北京太庙始建于明永乐十八年（1420年）。

太庙南门称戟门，以门外原列戟120杆作为仪仗而得名。戟门内在中轴线上布置依次为前殿（正殿）、中殿（寝殿）、后殿（祧庙），前殿和中殿建在一个3层的"土"字形汉白玉石台基座上。前殿是皇帝祭祀时行礼的地方，面阔十一间，黄琉璃瓦重檐庑殿顶，为宫殿建筑的最高规格，与太和殿同。殿前有月台和宽广的庭院，东西两侧各建配殿十五间，东配殿供奉历代的有功皇族神位，西配殿供奉异姓功臣神位。中殿供奉历代帝后神位，面阔九间，是黄琉璃瓦单檐庑殿顶。中殿东西两侧各建配殿五间，用以储存祭器。后殿供奉世代久远而从中殿迁出的帝后神位，面阔九间，黄琉璃瓦庑殿顶，形式和中殿基本相同。中殿和后殿之间有墙相隔。

太庙大殿体积巨大，坐于三层台基之上，庭院广阔，安排多重门、殿、桥、河来增加深度感，周围用廊庑环绕，建筑群掩映在大面积柏树林中，气氛庄重、雄伟而肃穆（图6-7）。

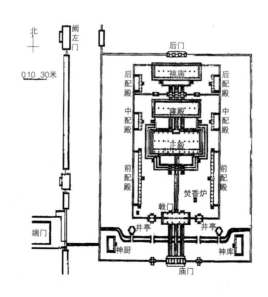

图6-7 北京太庙
资料来源：据潘谷西. 中国建筑史（第五版）·第四章宫殿、坛庙、陵墓. 北京：中国建筑工业出版社，2004

（二）社稷坛

社为土神，稷为谷神。土神和谷神是以农为本的中华民族最重要的原始崇拜物。"土"和"谷"是国家的根本所在，所以，后来"社稷"也借指国家。在我国古代，一直存在着"社稷祭祀"的制度。"左祖右社"，社稷坛位于宫门前右（西）侧。

北京社稷坛建于明永乐十九年（1421年），一直作为明清两代祭祀社稷的场所。每年春秋，皇帝要亲自来此祭社神和稷神。社稷坛最上层五丈见方、铺垫着五种颜色的土壤：东方为青色、南方为红色、西方为白色、北方为黑色、中央为黄色。社稷坛中央有社主石也叫江山石。以五色土建成的社稷坛包含着古人对土地的崇拜，五种颜色的土壤，由全国各地纳贡交来，以表明"普天之下，莫非王土"，社稷坛是古代帝王江山社稷的象征。

社稷坛的主要建筑除社稷坛外，还有拜殿，及戟门、神库、神厨、宰牲亭等。

拜殿，也叫祭殿或享殿，为雨天祭祀而建，没有雨时，均在殿外坛上祭祀。社稷坛的正式宫门——大戟门，简称戟门。三门洞里陈列二十四支大铁戟，共七十二支，插在朱红木架上，排列于宫门左右，是帝王显示威严的一种陈设（图6-8）。

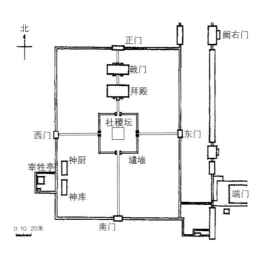

图6-8 北京社稷坛
资料来源：据潘谷西. 中国建筑史（第五版）·第四章宫殿、坛庙、陵墓. 北京：中国建筑工业出版社，2004

（三）天坛、祈谷坛

北京天坛是明清两朝帝王祭天、祈谷和祈雨的场所，包括天坛（圜丘）和祈谷坛，被认为是明清时期的"明堂"。

明永乐十八年（1420年）仿南京形制建天地坛，建成大祀殿。大祀殿下坛上屋，屋即明堂，坛即圜丘，合祭皇天后土。明嘉靖九年（1530年）决定天地分祭，在大祀殿南建圜丘祭天，在安定门外另建方泽坛祭地。嘉靖十三年（1534年）圜丘改名天坛，方泽改名地坛。大祀殿废弃后，改为祈谷坛。嘉靖十七年（1538年）废祈谷坛，于十九年（1540年）在坛上另建大享殿，嘉靖二十四年（1545年）建成。清乾隆十六年（1751年），改大享殿为祈年殿。

天坛有坛墙两重，形成内外坛，坛墙南方北圆，象征天圆地方。主要建筑在内坛，圜丘在南，祈谷坛在北，二坛同在一条南北轴线上，中间有墙相隔。圜丘内主要建筑有圜丘台（祭天台）、皇穹宇（奉神殿、神库与神厨、宰牲亭）等；祈谷坛内主要建筑有祈年门、大祀殿（祈年殿）、东西配殿、皇乾殿、长廊、神库、神厨、宰牲亭等。

皇穹宇位于圜丘坛北，是供奉圜丘坛祭祀神位的场所。始建于明嘉靖九年（1530年），初名泰神殿，嘉靖十七年（1538年）改称皇穹宇，为重檐圆攒尖顶建筑。清乾隆十七年（1752年）改建为镏金宝顶单檐蓝瓦圆攒尖顶。

祈年殿，明嘉靖二十四年（1545年）改为三重顶圆殿，殿顶覆盖上青、中黄、下绿三色琉璃，寓意天、地、万物。清乾隆十六年（1751年）改三色瓦为统一的蓝瓦金顶，定名"祈年殿"，是孟春（正月）祈谷的专用建筑。殿内中间四根柱子代表春、夏、秋、冬四季，里边12根柱子代表12个月，外层的柱子则代表12个时辰。里外柱子24根，代表一年24个节气，再加上代表四季的柱子共28根，代表天上的28星宿。

左 鸟瞰图
下 总平面

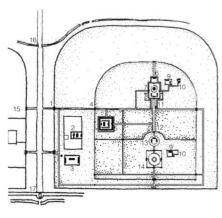

北

0　200米

1—坛西门；2—神乐署；3—牺牲所；4西天门；5—斋宫；6—皇乾殿；7—祈年殿；8—祈年门；9—神厨神库；10—牺牲亭；11—具服台；12—成贞门；13—皇穹宇；14—圜丘；15—先农坛；16—天桥；17—永定门

图6-9　北京天坛

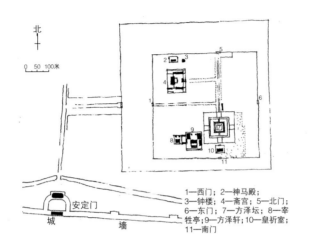

图6-10 北京地坛

1—西门；2—神马殿；3—钟楼；4—斋宫；5—北门；6—东门；7—方泽坛；8—宰牲亭；9—方泽轩；10—皇祇室；11—南门

圜丘西北、祈谷坛西南，有斋宫，供皇帝祭祀前夕斋宿。宫周有两道壕沟，戒备森严。内坛西建有神乐署和牺牲所，提供祭典所用的舞乐和祭品。

全坛所有建筑都掩映在一片柏树绿林丛中。

内坛的圜丘位南，祈谷位北，中间由长360米、宽30米的神道（丹陛桥）连成一个整体。由于丹陛桥面高于两侧地面，丹陛桥临空于一片柏树林之上，增加了祭天的神圣气氛（图6-9，参见图1-17）。

（四）地坛

北京地坛又称方泽坛，始建于明嘉靖九年（1530年），是明清两代帝王祭祀"皇地祇神"的场所。嘉靖十三年（1534）改名地坛。

因坛台周有方形泽渠，故称方泽坛。"天圆地方"，坛平面呈方形。中心坛台分上下两层，周有泽渠，外有坛墙两重，四面各有棂星门。

皇祇室是地坛的主要建筑之一，是供奉皇地祇神和五岳、五镇、四海、四渎、五陵山神位之所。东、西井亭专为方泽坛内泽渠注水和为神厨供水。

斋宫为皇帝祭地时斋宿之所（图6-10）。

（五）日坛

明代初在南京建日月祭坛，迁都后在北京朝阳门外建"朝日坛"，在阜成门外建"夕月坛"。春分祭日，在春分日的寅时（大约在凌晨3点到5点，古称"平旦"）迎日出。秋分祭月，在秋分日的亥时（大约在21点到23点，古称"人定"）迎月出。

北京日坛又名朝日坛，建于明嘉靖九年（1530年），是明清两代皇帝祭祀太阳的地方，太阳在古代称为大明之神。主体建筑日坛是直径10丈的圆形建筑，四周有壝墙（矮围墙），正西白石棂星门，3门4柱，其余三面棂星门，1门

2柱。坛正中有一座方台，叫做拜神台，边长16米，高1.89米，面砌红琉璃砖，象征太阳，清代重修时改为方砖。坛北棂星门外以东，有神库、神厨、井亭，其北为宰牲亭。正北，为祭器库、乐器库等。坛西棂星门外之西北为具服殿及左右配殿。钟楼在北天门内、具服殿东（图6-11）。

（六）月坛

北京月坛即"夕月坛"，建于明嘉靖九年（1530年），是明清两代帝王秋分日祭夜明神（月亮）和天上诸星宿神祇的地方。

月坛位于今北京西城区南礼士路西侧。坛方广四丈，高四尺六寸。面白琉璃，阶六级，俱白石，象征着白色的月亮。内棂星门四，东门外为瘗池，东北为具服殿；南门外为神库，西南为宰牲亭、神厨、祭器库，北门外为钟楼、遗官房。外天门二座；东天门外北为礼神坊（图6-12）。

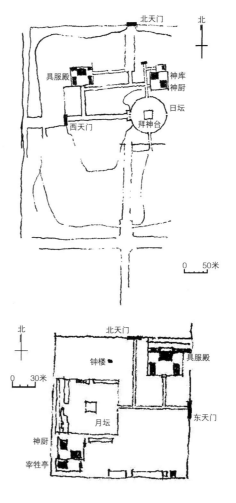

图6-11 北京日坛
图6-12 北京月坛

（七）先农坛、太岁坛

先农坛和太岁坛位于北京外城永定门西北，天坛之西。

先农，远古称帝社、王社，汉代始称先农。魏时，先农为国六神之一（风伯、雨师、灵星、先农、社、稷为国六神）。唐前祭坛曰籍田坛，唐垂拱后改为先农坛。每年开春，皇帝亲领文武百官行籍田礼于先农坛。明清两代，成为国家重要的祭祀典礼。每年仲春亥日皇帝率百官到先农坛祭祀先农神并亲耕（称为籍田礼）。在先农神坛祭拜过先农神后，在俱服殿更换亲耕礼服，随后到亲耕田举行亲耕礼。亲耕礼毕后，在观耕台观看王公大臣耕作。秋天，亲耕田收获后，将谷物存放在神仓院，供北京九坛八庙祭祀使用。

明永乐十八年（1420年），先农坛建于北京南郊，明嘉靖九年（1530年）改建为天神、地祇二坛，后来不断增建。

先农坛的主要建筑有：庆成宫、神厨（包括宰牲亭）、神仓、俱服殿等。

庆成宫明时为山川坛斋宫，清乾隆年间更名为庆成宫，作为皇帝行耕礼后休息和犒劳百官随从之所。

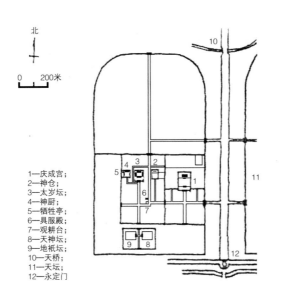

1—庆成宫；
2—神仓；
3—太岁坛；
4—神厨；
5—牺牲亭；
6—俱服殿；
7—观耕台；
8—天神坛；
9—地祇坛；
10—天桥；
11—天坛；
12—永定门

图6-13　北京先农坛

另有坛台四座：观耕台、先农坛、天神坛、地祇坛。这些建筑群与坛台基本都坐落于内坛墙里，仅庆成宫、天神坛、地祇坛位于内坛墙之外、外坛墙之内。另外，内坛观耕台前有一亩三分耕地，为皇帝行籍田礼时亲耕之地。

太岁坛在先农坛内坛北门西南侧，为祭祀太岁、春夏秋冬等自然神灵之所。

"太岁"被认为是一个天体，"太岁"到了哪个区域，就在相应的方位地下有一块肉状的东西，是"太岁"的化身。其实太岁是一种大型黏菌复合体，是介于生物和真菌之间的一种原质体生物，既有原生物特点，也有真菌特点。在中国民间，太岁神秘莫测，具有能在冥冥之中支配和影响人们命运的力量。古人对太岁都非常敬畏，必须在新年开春期间拜祭它，以祈求新的一年平安顺利、逢凶化吉。

太岁坛轴线上从南向北依次为太岁殿、拜殿及东西配殿。太岁殿正殿祭祀太岁神，东西配殿祭祀十二月将神。院外东南侧有砖仿木结构无梁建筑焚帛炉一座，为焚烧纸帛祭文之用（图6-13）。

（八）先蚕坛

蚕神是中国民间信奉的司蚕桑之神。中国是最早发明种桑养蚕的国家。在古代男耕女织的农业社会经济结构中，蚕桑占有重要地位。

明嘉靖九年（1530年）正月，在安定门外建坛祭祀蚕神。后"礼部上言，皇后出郊亲蚕不便，是日召大学士张孚敬令与尚书李时议移之西苑"，乃建先蚕坛于西苑（今北海）。现存先蚕坛建于清乾隆七年（1742年）。

清朝时，每年春季第二个月的已日，由皇后或她派人来此祭祀蚕神。

《金鳌退食笔记》中记载："亲蚕殿，在万寿宫西南（万寿宫在原西安门内迤南）。有斋宫，具服殿，蚕室，蚕馆，皆如古制。蚕坛方可二丈六尺，垒二级，高二尺六寸，陛四出，东西北俱树以桑柘。采桑台高一尺四寸，广一丈四尺。又有銮驾库五间，围墙八十余丈。"[20]（图6-14）

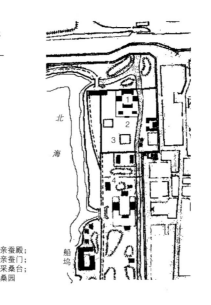

1—亲蚕殿；
2—亲蚕门；
3—采桑台；
4—桑园

图6-14 北京先蚕坛
资料来源：据内务部职方司测绘处.京都市内外城地图. 财政部印刷局，民国5年（1916年）

先蚕坛垣周160丈，正门三楹，左右门各一。入门为亲蚕坛，坛东为观桑台。台前为桑园，台后为亲蚕门，入门为亲蚕殿。殿后为浴蚕池，池北为后殿。殿左为蚕妇浴蚕河，南北木桥二，南桥之东为先蚕神殿，北桥之东为蚕所。先蚕神殿，西向，左右牲亭一、井亭一，北为神库，南为神厨。坛左为蚕署3间，蚕所亦西向，为屋27间。院内殿宇、游廊、宫门、井亭、亲蚕门、墙垣均为绿琉璃瓦屋面。先蚕坛位于西苑，方便了皇后妃嫔等亲蚕；而殿宇、楼廊也成了园林一景，与西苑融为一体。

四、佛堂、祠堂、牌坊

庙宇，供奉神佛或历史上名人的处所。另外还有佛堂，专门用来烧香礼佛。

祠堂是族人祭祀祖先或先贤的场所。中国古代，宗法制度是封建专制制度的基础，而宗祠是宗法制度的物质象征，是体现礼乐秩序设计理念的载体。"君子将营宫室，宗庙为先"[21]。明朝中叶，准许庶民建宗祠。清代，建祠之风大盛。清雍正《圣谕广训》说："立家庙以荐蒸尝，设家塾以课子弟，置义田以赡贫乏，修族谱以联疏远。"此后，家庙被称为"祠堂"。祠堂除了"崇宗祀祖"之用外，平时也利用来办理族人婚、丧、寿、喜等活动。另外，也利用祠堂作为商议族内重要事务的场所，甚至赋予类政府职能。

牌坊是封建社会为表彰功勋、科第、德政以及忠孝节义所立的建筑物。也有一些宫观寺庙以牌坊作为山门，还有的是用来标明地名的。牌坊也可以是祠堂的附属建筑物，昭示家族先人的高尚美德和丰功伟绩，兼有祭祖的功能。

（一）颐和园佛香阁

清乾隆年间在修造清漪园时筑九层延寿塔，至第八层"奉旨停修"，改建佛香阁。清咸丰十年（1860）毁于英法联军，清光绪年间在原址依样重建。佛香阁内供接引佛，每月望朔，慈禧在此烧香礼佛。

佛香阁高41米，下有20米高的石台基。多姿多彩的建筑掩映在绿树丛中；厚重高大的灰白花岗石台座衬托着体型丰富、色彩艳丽的佛香阁；而在围廊和左右两个亭子（东敷华亭，西撷秀亭）对比之下，佛香阁更显得高大；后面的智慧海与佛香阁主从分明，以"从"衬托了"主"；对比、衬托等手法运用得淋漓尽致。

佛香阁建筑群是整个颐和园的主体，背山面水，几乎在园内所有角度都能见到佛香阁的身影（图6-15）。

（二）新叶村的祠堂

位于浙江省杭州市建德市大慈岩镇的新叶村，祠堂很多，规格齐全，等级分明。据《玉华叶氏宗谱·里居图》标识有西山祠堂、有序堂等祠堂13座。祖庙西山祠堂和外派总祠有序堂都建于元代，由三世祖叶克诚（东谷公）主持兴建。[22]

1. 西山祠堂

据《玉华叶氏宗谱》，"东谷翁乃卜地于西山之阳建家庙焉。"西山冈不在村内。明嘉靖十年（1531年），叶文山兄弟主持将其迁到抟云塔北侧，名"万萃堂"。

清初，万萃堂"岁久倾颓，乏人继序"。按风水说法，新址地势太低，"旧基愈于新基"。于是，清

---
20 （清）高士奇. 金鳌退食笔记卷下
21 礼记·曲礼下
22 陈志华，楼庆西，李秋香. 新叶村·祠堂. 石家庄：河北教育出版社，2003

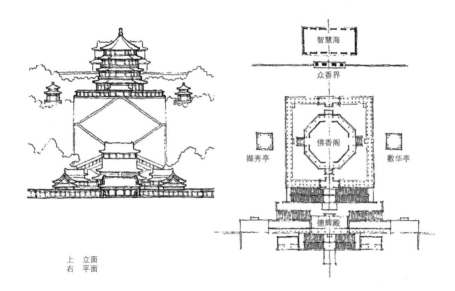

上 立面
右 平面

图6-15 北京颐和园佛香阁

康熙九年（1670年）"仍移于旧处"，并改名西山祠堂，形制与万萃堂同，且复名其中亭为万萃堂。最后一进为七开间的重楼（图6-16a）。

西山祠堂中轴线向北偏东正对着约五公里外三峰山的主峰里大尖。里大尖呈圆锥形，被喻为"母亲"，另外两个较矮的峰向着她，被拟为"孝子"。"孝"是宗族制度的核心内容。

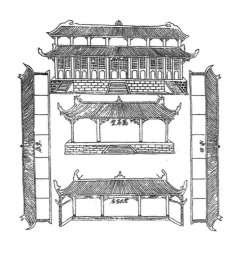

图6-16a 万萃堂（采自玉华叶氏宗谱）
资料来源：陈志华，楼庆西，李秋香. 新叶村·祠堂. 石家庄：河北教育出版社，2003

2. 有序堂

有序堂位于新叶村北端，坐南朝北，是新叶村的结构核心。有序堂主供东谷公的牌位和画像，供奉外宅派前七代先祖牌位（外宅派从第八代起，开始分房派建造分祠）。

有序堂初建和明代重建时规模都很小。清嘉庆十二年（1807年）开始，历时三年，将祠堂扩建成三进，并有戏台。戏台在门屋明间，面向祀厅。两厢及院落为男子看戏场所，妇女在祀厅的前金柱之后观看。

由于风水原因，有序堂大门开在左侧，有朝北敞开的门台。北墙外立有三对功名旗杆。凡得举人者可立一对。举人旗杆上一个斗，进士两个（图6-16b）。

（三）晋祠

山西太原晋祠创建于西周，是为纪念晋国开国诸侯唐叔虞（后被追封为晋王）及母后邑姜而建，也就是唐姓的起始祠堂，可以说是中华唐氏的总祠堂。北齐文宣帝将晋阳（今太原）定为别都，于北齐天保年间（550—559年）扩建晋祠。宋太平兴国年间（976—983年），在晋祠大兴土木。宋仁宗赵祯于天圣年间（1023—1032年），追封唐叔虞为汾东王，并为唐叔虞之母邑姜修建了规模宏大的圣母殿，并修建了鱼沼飞梁。此后，铸造铁人，增建献殿、钟楼、鼓楼及水镜台等，这样，以圣母殿为主体的轴线形成，原来居于正位的唐叔虞祠，坐落在旁边，处于次要位置了。

晋祠不同于一般祠堂，是一组宗祠园林建筑群。晋祠主要轴线上布置有圣母殿、鱼沼、献殿、金人台、水镜台。晋祠现存最早的主体建筑圣母殿四周围廊，是中国宋代建筑的代表作；殿前宋代建筑鱼沼飞梁，造型奇特，是中国现存唯一的古代木结构十字形桥梁建筑；金代建筑献殿，结构稳固，梁架轻巧，既为大殿，又巧似凉亭；金人台共有四尊铁人，西南隅的那尊铸于宋绍圣四年（1097年）；水镜台是明清戏台，前部为卷棚歇山顶，面向圣母殿，三面开敞，后部为重檐歇山顶，演戏时作为后台（图6-17a、17b）。

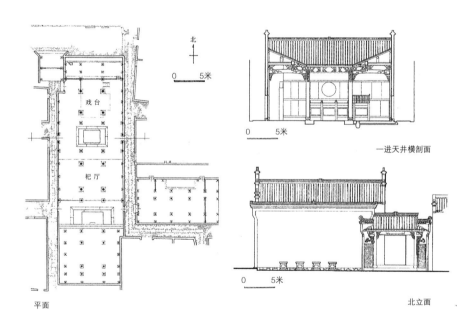

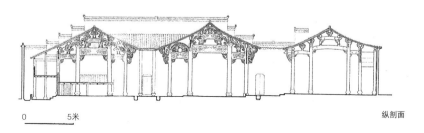

图6-16b 有序堂
资料来源：据陈志华，楼庆西，李秋香. 新叶村·祠堂. 石家庄：河北教育出版社，2003

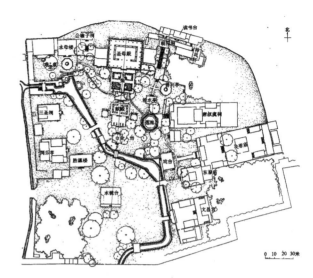

图6-17a 晋祠总平面
资料来源：潘谷西. 中国建筑史（第五版）·第四章宫殿、坛庙、陵墓. 北京：中国建筑工业出版社，2004

图6-17b 晋祠圣母殿
资料来源：笔者摄

（四）棠樾牌坊群和女祠

棠樾村位于今安徽省黄山市歙县，以牌坊群和专设女祠而闻名于世，7座牌坊以忠、孝、节、义的顺序相向排列，分别建于明代和清代，以旌表棠樾人的"忠孝节义"。

村名"棠樾"二字，来源于《诗经甘棠》篇周贤吕台伯的故事。台伯推行文王政令，深入民间在一棵甘棠树下办公，甚得民心。因而把"棠阴"一词喻为"德政"，棠樾的"樾"字，即指树阴而言。为了纪念隋末鲍安国佐助他的妻舅汪华起义保卫六州，唐太宗封汪华为越国公、忠烈王，汪华被奉为神灵，村村建汪王庙，所以也有人将村名写作"唐越"。

南宋建炎年间，在徽州府任"文学"职官的鲍荣看到棠樾环境很好，便在棠樾村坪头建了一所别墅——掌书园，还把早逝的妻子、孺人葬在一园内，即今村中之鲍氏始祖墓园。鲍荣的曾孙鲍居美，将全家从徽州府西门河西搬到棠樾。

元代学者鲍元康在村北龙山建慈孝堂，供奉宋末元初鲍宗岩、寿逊父子，表彰鲍氏父子遇盗争死事迹。堂有多进，相当于家庙，这是棠樾鲍氏第一座祠堂。元代村中的建筑，主要围绕始祖墓园而建，有墓西的"慈孝之母"，墓北的鲍同仁蒙古文状元坊，墓东的大和社、西畴书院等。

元、明之际，棠樾村人进行了大规模的水系改造。棠樾来自灵山之水分为两条，一条自东山、槐塘而来，过村北流入模路塘；另一条去村西沿灵山山脉至西沙溪，此为村中主要水源。元至正年间，鲍佰源倡导族人截流筑成"大姆坝"，灌溉田600余亩，确保了棠樾农田旱涝保收，同时引水入村，沿村南环绕如带。前后街有水圳，先入地下，后显露。又引模路塘水绕村东，两股水去骢步亭汇合，流至七星墩义善亭水口。明永乐年间重建大姆坝，并在大姆坝下掘出了一连串的山塘水库。村西北山上的德公塘是一个周遭用条石砌筑成的大水库，保证了大旱时村中的农用水。

棠樾鲍氏支祠始建于明嘉靖年间，为16世祖象贤公建于西畴书院旧址，称"西畴祠"，为崇祀祖登仁郎庆云公（排行万四）而建，故又名"万四公支祠"，这是棠樾鲍氏的祖祠，名"敦本堂"。清嘉庆年间，将支祠重建一新，又于左侧修葺"文会"，创建"世孝祠"（崇祀南宋以降的鲍氏孝子）。同时又整修了"大和社"及水口牌坊林园、"三元庵"等古迹。因支祠只奉男主，未附女主，鲍启运别出心裁，于大和社对面，坐南向北构筑了"女祠"—清懿堂，崇祀女主。故"敦本堂"俗名"男祠"。

棠樾牌坊群建造时间跨度长达四百年，明代3座，清代4座。但建筑风格浑然一体，形同一气呵成。棠樾牌坊群全部采用石料，高大挺拔、恢宏华丽、气宇轩昂，坐落在村头大道上。牌坊并没有按建造时序先后排列，而是以"忠、孝、节、义、节、孝、忠"为顺序，表达了封建社会"忠孝节义"的伦理道德观。

慈孝里坊，明永乐十八年（1420年）为旌表宋末处士鲍宗岩、鲍寿逊父子而建；鲍象贤尚书坊，明天启二年（1622年）建，旌表鲍象贤镇守云南、山

第二节
祭祀场所

东有功；鲍灿孝子坊，明嘉靖初年建，旌表明弘治年间孝子鲍灿；鲍文渊妻节孝坊，因旌表鲍文渊继妻吴氏"节劲三冬"、"脉存一线"，建于清乾隆三十二年（1767年）；鲍文龄妻节孝坊，建于清乾隆四十九年（1784年），额刻"矢贞全孝"，"立节完孤"；鲍逢昌孝子坊，清嘉庆二年（1797年）为旌表孝子鲍逢昌而建；清嘉庆年间棠樾鲍氏家族已有"忠""孝""节"牌坊，独缺"义"字坊，求皇帝赐建，清嘉庆二十五年（1820年）建乐善好施坊，旌表鲍漱芳和其子鲍均行善。

骢步亭建于清乾隆、嘉庆年间，位于牌坊群中间，为一座路亭，四角攒尖式，翼角飞翘，灵巧精致。门额上有清朝著名书法家邓石如题"抱步亭"3个篆字。这座小方亭不仅为行人休息提供了方便，更起到了画龙点睛的作用，使建筑空间显得生动，建筑形象更加丰富，为牌坊群增色不少。

整组牌楼布置在一条弯曲的道路上，从功能上说，是为了使棠樾村由祠堂顺畅地转向山脚下的大路；而这一弯曲，使七座牌楼逐一展现，极大地丰富了艺术欣赏效果（图6-18a、18b、18c）。

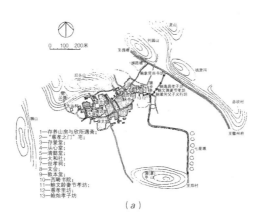

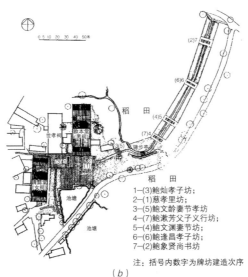

图6-18a 清代棠樾村复原平面图
资料来源：据潘谷西. 中国建筑史（第五版）·第三章住宅与聚落. 北京：中国建筑工业出版社，2004

图6-18b 棠樾村口总平面
资料来源：据潘谷西. 中国建筑史（第五版）·第三章住宅与聚落. 北京：中国建筑工业出版社，2004

图6-18c 棠樾牌坊群
资料来源：笔者摄

（五）潮州牌坊街

广东潮州自古人才辈出，潮州牌坊街体现了潮州深厚的文化底蕴。

据有关史籍记载，潮州曾有牌坊91座，其中太平路39座，其他街巷44座，其余在金山、韩山、湘子桥；此外，乡镇尚有57座，因此被誉为"牌坊城"。而集中于太平路的牌坊，多为横跨路面的四柱三门，规模较大，鳞次栉比，被誉为"牌坊街"。太平路长1742米，平均约45米就有一座牌坊。

太平路的39座石牌坊，建于明代的34座，建于清代的5座，最早的建于明正德十二年（1517年），是为御史许洪宥建的"柱史"坊，最迟的建于清乾隆五十年（1785年），是为直隶总督郑大进建的"圣朝使相"坊。

潮州的牌坊，"宫保尚书坊"和"六贤坊"为木结构，"世旌节孝坊"和"秋台坊"为砖砌，余均为石结构。这些牌坊，"二柱一门或四柱三门，以石雕凿成歇山顶、柱、梁及各小件，架上三叠牌楼，匾额两旁，有的加配石刻镂雕'双龙戏珠'或'龙凤卷草'之类装饰，柱边加设石狮或石鼓插柱础。匾额题字及对联，多为名家手笔。"

这些石牌坊有着不同的文化内涵，或表彰科考状元，或赞扬忠孝节义，有状元坊、榜眼坊、尚书坊、柱史坊、大总制坊、四进士坊、七俊坊以及八十八岁中进士的木天人瑞坊、父子兄弟俱中进士的科甲济美坊、金榜联芳坊等等。"十相留声坊"，是纪念唐朝时任潮州刺史的韩愈、宋代的文天祥等十位宰相，他们都曾来到潮州，将中原文化带进潮州，为此而立坊纪念（图6-19）。

（六）许国牌坊

许国牌坊是牌坊中很特殊的一座。

明万历皇帝为嘉奖内阁重臣歙县人许国决策云南平叛功勋，特别恩赐在其家乡古歙城中建造一座牌坊。许国（1527—1596年），徽州歙县人，明嘉靖、隆庆和万历三朝重臣。明万历十二年（1584年），因平定云南边境叛乱有功，又晋升为少保，封武英殿大学士。

牌坊建于徽州府衙东门迎和门（今阳和门）内。一般牌坊均为一座四柱，而许国牌坊由两座三间四柱三楼牌坊和两座单间双柱三楼牌坊组合而成，平面呈11.54米×6.77米的长方形，高达11.4米。

匾额题字为著名书画家董其昌书写（图6-20）。

第二节
祭祀场所   265

图6-19 潮州牌坊街
资料来源：摄于1920年代末，由汕头美璋照相印制，陈传忠收藏。
http://sbaike.baidu.compic潮州牌坊街

图6-20 许国牌坊
资料来源：笔者摄

第三节 陵园

我国很早就出现集中的墓葬区。商代墓葬不起坟。两周时代江南宁镇地区、钱塘江流域等地有土墩墓这种墓葬形式，以平地（或设坑）埋葬，在其上起封堆土，外形略呈馒头状，一墩多墓。春秋战国时期，普遍存在封土起坟的墓葬制。秦始皇陵不仅有高大的坟台，而且仿照生前的宫殿建造陵园。汉袭秦制。为了有利于守护和祭祀，也为了加强中央集权制度，在长安外围设"陵城"。唐太宗李世民昭陵"因山为陵"。明代开始了以人工圆形"宝顶"取代方形土堆。

一、秦始皇陵

秦始皇陵位于西安城东五公里，南依骊山，北临渭水。建于秦王政元年（前247年）至秦二世二年（前208年），历时39年。丞相吕不韦、李斯等先后负责营建，少府令章邯等监工。

"秦始皇帝葬于骊山之阿，下锢三泉，上崇山坟，其高五十余丈，周回五里有余"[23]。"秦始皇大兴厚葬，营建冢圹于丽戎之山，一名蓝田，其阴多金，其阳多玉。始皇贪其美名，因而葬焉。"[24]

秦始皇陵东侧有一道人工改造的鱼池水。"水出丽山东北，本导源北流，后秦始皇葬于山北，水过而曲行，东注北转。始皇造陵取土，其地污深，水积成池，谓之鱼池也。在秦皇陵东北五里，周围四里。池水西北流，径始皇冢北。"[25]

秦始皇陵有内外两重城垣，有高8—10米的城墙。

陵园的内城呈矩形，周长3840米，北墙有2门，东、西、南3墙各有1门。内城南半部为封土所在，封土呈阶梯形，底近似方形，东西长345米，南北宽350米，顶部平坦，高76米。阶梯形封土主轴线东西向，坐西向东。阶梯形封土主轴线东西向，坐西向东。位于封土之下的地宫，相当于秦始皇生前的"宫城"。内城北半部为附属区，西为附属建筑区，东是后宫人员的陪葬墓区。

23（汉）班固. 汉书·卷三十六·楚元王传第六
24（北魏）郦道元. 水经注·卷十九渭水
25（北魏）郦道元. 水经注·卷十九渭水

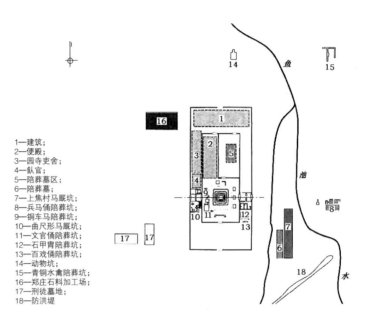

图6-21 秦始皇陵平面
资料来源：https://baike.baidu.comitem秦始皇陵

1—建筑；
2—便殿；
3—园寺吏舍；
4—饮官；
5—陪葬墓区；
6—陪葬墓；
7—上焦村马厩坑；
8—兵马俑陪葬坑；
9—铜车马陪葬坑；
10—曲尺形马厩坑；
11—文官俑陪葬坑；
12—石甲胄陪葬坑；
13—百戏俑陪葬坑；
14—动物坑；
15—青铜水禽陪葬坑；
16—郑庄石料加工场；
17—刑徒墓地；
18—防洪堤

外城呈矩形，周长6210米，四面各有一门。墓葬区在南，寝殿和便殿建筑群在北。

内、外城之间有葬马坑、珍禽异兽坑、陶俑坑；外城垣之外的地区有三处修陵人员的墓地、砖瓦窑址和打石场等，北边有陵园督造人员的官署。还有马厩坑、人殉坑、刑徒坑等，包括举世闻名的兵马俑坑，范围广及56.25平方公里（图6-21）。

秦始皇陵"依山环水"，对后代建陵产生了深远的影响，以后历代陵墓基本上都继承了这个建陵思想。

秦始皇要求死后也同活着一样处理政务和饮食起居，陵的内、外城布局象征着咸阳的皇城和宫城。陵园首次将祭祀用的寝殿建在墓地，将"寝"建到了陵墓的一侧。

二、茂陵

茂陵是汉武帝刘彻的陵墓，位于今陕西省西安市北约40公里处，兴平县南位乡茂陵村，建于汉建元二年（前139年）至汉后元二年（前87年）间。

陵园呈方形，分为内外两城，四周环以围墙。据《关中记》载："汉诸陵皆高十二丈，方一百二十步。惟茂陵高十四丈，方一百四十步。""周回三里"。茂陵封冢为覆斗形（方锥台状），由黄土层夯积筑而成，经实测，高46.5

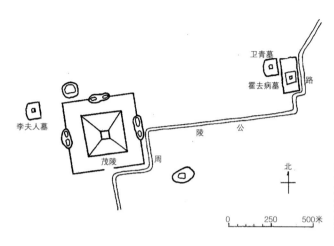

图6-22 汉茂陵
资料来源：潘谷西. 中国建筑史（第五版）·第四章宫殿、坛庙、陵墓. 北京：中国建筑工业出版社，2004

米，顶端东西长39.25米，南北宽40.60米。底边长：东边243米，西边238米，南边239米，北边234米。围墙东西长431米，南北宽415米，墙基宽5.8米，四面的正中开辟有门。周匝有护垣，占地面积178755平方米。四面有阙门，四隅有角楼。

茂陵的四周遍布嫔妃、宫女、功臣贵戚的陪葬墓，其中有李夫人、卫青、霍光、霍去病等人的陪葬墓（图6-22）。

三、乾陵

乾陵位于今陕西省咸阳市乾县县城北部6公里的梁山上，为唐高宗李治与武则天的合葬墓。唐高宗弘道元年（683年），武则天任命吏部尚书韦待价负责乾陵工程，次年八月李治下葬。唐神龙二年（706年）5月，唐中宗李显下令将武则天葬入。

唐太宗李世民昭陵开创了"因山为陵"的葬制。乾陵发展、完善了昭陵的形制。

乾陵陵域内分陵墓与寝宫两大部分，寝宫部分以宫室之制建朝与寝，寝宫位置不详。

陵墓部分整体布局仿唐长安城，有内外两重城垣，其南北主轴线长达4.9公里。内城城垣环于主峰四周，南北长1450米，东西各长1582米和1438米，总面积约230万平方米，大体呈正方形，西南角微内收。四边正中置门，东为青龙门，南为朱雀门，西为白虎门，北为玄武门，四门之外有包砖土阙。外城城垣位于南侧第二道门阙外，走向与内城城垣大体平行，两者间距约220米，为唐代帝陵中首次发现的双重城垣。神道长约4公里，南端前后设三道门阙，象征长安的3座宫门，3对土阙相间隔的区域分别比附长安城的皇城、宫城和外郭城。

乾陵主陵利用梁山的天然地形营建。梁山原有三峰，北峰最高，南侧两峰较低，东西对峙，地宫位于北峰下。第一道门阙在山下神道最南端。第二道门阙建于高约40米的南二峰上。自此沿神道向北，两旁是翁仲，包括华表、翼马、鸵鸟（朱雀）各1对，仗马及牵马人5对，执剑的侍臣10对。再北是碑1对，东为无字碑，西为述圣记碑。碑以北为第三道门阙，是进入陵域的标志。门阙内左右排列当时臣服于唐朝的外国君王石像（蕃酋像）61座，像的背面刻有国名和人名。蕃酋像北面即内城南门朱雀门，门外置石狮、石人各1对，门内有祭祀用的主要建筑献殿；献殿之北为地宫，高踞于陵园最北。墓门在梁山主峰东南坡中腰处，有隧道直通山腹玄宫。

陵园的东南部、第一道门和第二道门之间的东部，分布王公大臣的陪葬墓十七座。从献殿前第一对石阙往南陈列石人马之处，比拟百官衙署，石人马象征着仪卫之制；第三对阙在陪葬区之南，如果有城墙的话，可将陪葬区包括在内，这个区域可比拟长安城的坊里（图6-23）。

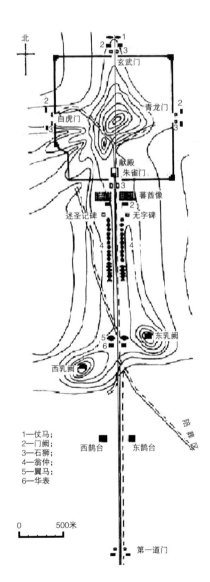

图6-23 唐乾陵
资料来源：据国家文物局，陕西文物地图集．西安地图出版社，1998

四、明孝陵

明太祖朱元璋的陵墓——孝陵位于南京紫金山独龙阜玩珠峰,建于明洪武十四年(1381年)至明永乐三年(1405年)。朱元璋和马皇后合葬于此。朱元璋以孝陵为核心,把紫金山的西部地区划为陵区。山南为皇家墓地,北麓为功臣附葬区。明孝陵工程浩大,气势雄伟。为保护陵墓而建的红墙周长达45华里。这一地区的70所南朝时期寺院有一半被围入禁苑之中。陵内植松10万株,养鹿千头,每头鹿颈间挂有"盗宰者抵死"的银牌。为了保卫孝陵,内设神宫监,外设孝陵卫。

明孝陵由三部分组成:陵前道路、神道和陵区。从下马坊到大金门为陵前道路;由大金门到文武坊门前的御河桥为神道;由御河桥经文武坊门到明楼、宝城、宝顶为止为陵区。

明孝陵的布局是尊重自然,顺应山水形势的杰作。朱元璋、刘基等人吸取中国古代"天人合一"的传统思想,赋予独龙阜玩珠峰以深刻的文化内涵:独龙阜东、西两侧各有一小山;南为前湖;北为玩珠峰,象征青龙、白虎、朱雀、玄武四象。正前方有梅花山作为"前案",远处有天印山表示"远朝"。[26]陵东、南两面有溪流自东北向西南流淌。山清水秀的自然环境与明孝陵建筑群协调和谐,浑然一体,使自然环境更富有文化底蕴,使人文景观更具有自然风貌。

明孝陵的神道是曲折的,绕过孙陵岗(今梅花山)。曲折的轴线,延长了神道的长度,使之深藏不露;绕过山岗,不随意变更自然地形,达到人文建筑和自然环境高度和谐统一(图6-24)。

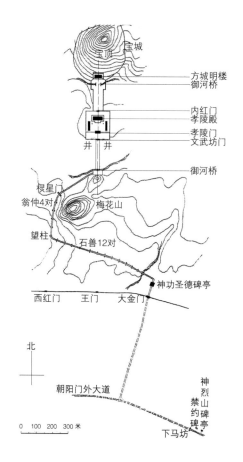

图6-24 明孝陵总平面
资料来源:潘谷西. 中国建筑史(第五版)·第四章宫殿、坛庙、陵墓. 北京:中国建筑工业出版社,2004

第三节 陵园

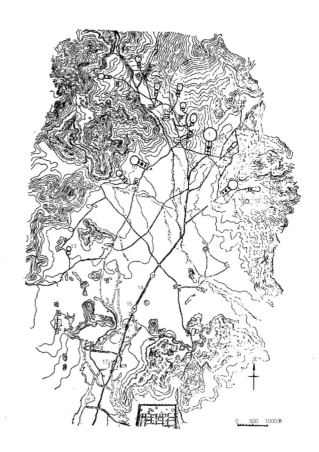

1—长陵；2—献陵；3—景陵；4—裕陵；5—茂陵；6—泰陵；7—康陵；8—永陵；9—昭陵；10—定陵；11—庆陵；12—德陵；13—思陵；14—石象生；15—碑亭；16—大红门；17—石牌坊

图6-25 明十三陵
资料来源：潘谷西.中国建筑史（第五版）.第四章宫殿、坛庙、陵墓.北京：中国建筑工业出版社，2004

五、明十三陵

明十三陵坐落于北京昌平天寿山麓，总面积一百二十余平方公里。十三陵地处东、西、北三面环山的小盆地之中，群山环抱，陵前有小河曲折蜿蜒，南部入口两侧各有一座山丘，意为双阙。自明永乐七年（1409年）作长陵，到明朝最后一帝崇祯葬入思陵，先后修建了十三座皇帝陵墓、七座妃子墓、一座太监墓，埋葬了十三位皇帝、二十三位皇后、二位太子、三十余名妃嫔、两位太监。

十三座陵墓以长陵为中心，分布在山坡上，自成陵园，而最终汇于总神道。总神道纵贯陵园南北，全长7公里，由石牌坊、大红门、碑楼亭、石象生、龙凤门等组成。最南是石牌坊，坊北1公里是陵园大门——大红门，门内是碑亭，亭北是石望柱、12对石兽、6对石人，再北是龙凤门（图6-25）。

26 贺云翱，王前华，廖锦汉."世界遗产"明孝陵二论.南京大学文化与自然遗产研究所

第四节 里坊、街巷

封闭的里坊一直是中国古代城市的主要生活居住形态。随着经济社会的变迁，街和巷成为重要的城市生活空间。其中街更具有公共性。

一、里坊与街巷

里坊制始于西周时期的闾里制度，把全城分隔为若干封闭的"里"作为居住区，商业与手工业则限制在一些定时开闭的"市"中。汉代的棋盘式街道将城市分为大小不同的方格，形成里坊制的最初形态。开始是坊市分离，规格不一。坊四周设墙，中间设十字街，每坊四面各开一门，晚上关闭坊门。市的四面也设墙，井字形街道将其分为九部分，各市临街设店。里坊制的极盛时期在三国至唐。东汉末年魏武邺城全城作棋盘式分隔，居民与市场纳入这些棋盘格中组成"里"。诗人白居易曾用诗生动地描述了里坊制下长安城整齐划一的概貌："百千家似围棋局，十二街如种菜畦。"棋盘式的街道的街景是单调的。只有在作为"市"的坊里面才有生动的生活气息。

北宋初期，里坊制仍被沿用。但伴随工商业的发展，至北宋中期，封闭型的坊市制度已全面崩溃。商业的经营方式和城市的空间格局向开放型转变，形成许多繁华热闹的商业街与新型的服务和娱乐行业（如浴堂、茶坊、勾栏等），开放的街巷制取代了封闭的里坊制。同时，城市也出现竞相侵占街道开设商铺的"侵街"现象。汴京甚至出现"甲第星罗，比屋鳞次，坊无广巷，市不通骑"[27]的局面。宋仁宗景祐年间，朝廷作出决定，允许临街开设邸店。宋徽宗时期，开始征收"侵街房廊钱"，对这一现象予以认可并进行管理。

（一）《清明上河图》展现的街巷

随着封闭里坊制的瓦解开始出现城市街巷这种生活空间。街和巷成为重要的城市生活空间。街与巷又有所区别，街具有公共性，巷则更具邻里生活性。从南宋临

27 （宋）杨侃. 皇畿赋

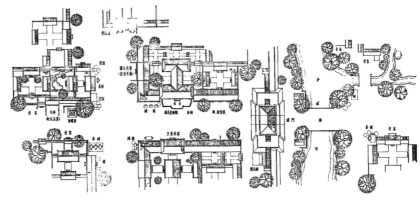

图6-26a 清明上河图局部

图6-26b 清明上河图局部平面复原图

资料来源：吴良镛. 中国人居史·第六章变革与涌现——宋元人居建设·第五节商业贸易发展与人居建设. 北京：中国建筑工业出版社，2014

安的市井街巷开始，北京的胡同、上海的里弄，等等，均承载着各自时代的生活记忆，形成了独特的场所魅力。北宋画家张择端的《清明上河图》展现了街巷界面进退有序，高低错落有致的生动街景（图6-26a、26b）。

（二）福州"三坊七巷"

福州自汉始，城市由北向南扩展，整个布局，以屏山为屏障，于山、乌山相对峙，以南街为轴线，两侧成坊成巷，逐步形成三坊七巷。

"三坊七巷"这一街区开始形成于唐王审知罗城。罗城南面以安泰河为界，政治中心与贵族居城北，平民居住区及商业区居城南。城南轴线两边，分段围墙，逐渐形成以南后街为轴线的"非"字形结构的街区三坊七巷。"三坊七巷"

图6-27 南京城南街巷肌理

的轴线南后街是福州主要的商业街，西起杨桥路口，南至吉庇路达澳门桥，全长1000米左右。它的东侧七巷，西侧三坊，由北到南商贾云集。宋代定下坊巷之名，明清时代形成今天建筑格局。"三坊"是：衣锦坊、文儒坊、光禄坊；"七巷"是：杨桥巷、郎官巷、安民巷、黄巷、塔巷、宫巷、吉庇巷。

在"三坊七巷"街区内，坊巷纵横，石板铺地，白墙瓦屋，曲线山墙；不少还缀以亭、台、楼、阁、花草、假山，融人文、自然景观于一体。"谁知五柳孤松客，却住三坊七巷间"，三坊七巷人杰地灵，历代众多著名的政治家、军事家、文学家、诗人从这里走向辉煌，如林则徐、沈葆桢、严复、陈宝琛、林觉民、林旭、冰心、林纾等。

二、街巷肌理与界面

肌理除由城镇的整体格局的因素决定外，其形成还由于自然因素如山脉、河流的走向。因而各个城镇肌理各具特色。肌理记录着城镇有机更新的脉络，生长发展的历史，反映的是城镇的特征。南京老城南因为弯曲的秦淮河而形成独特的街巷肌理（图6-27）。

吴敬梓在《儒林外史》中对南京的街巷有多处描述："城里几十条大街，几百条小巷，都是人烟凑集，金粉楼台。城里一道河，东水关到西水关足有十里，便是秦淮河。水满的时候，画船箫鼓，昼夜不绝。……那秦淮到了有月色的时候，越是夜色已深，更有那细吹细唱的船来，凄清委婉，动人心魄。"

《世说新语》中，有一段东晋丞相王导之孙、书法家、东亭侯王珣与人的对话，讲了街道曲折的道理："宣武（桓温）移镇南州，制街衢平直。人谓王东亭曰：'丞相初营建康，无所因承，而制置纡曲，方此为劣。'东亭曰：'此丞相乃所以为巧。江左地促，不如中国；若使阡陌条畅，则一览而尽。故纡余委曲，若不可测。'"[28]

北宋以前，封闭的里坊，其界面所呈现的街景是单调的。封闭的里坊制的瓦解开始出现城市街巷这种生活空间。街道是具有通行功能的通道，又是一个提供社交场所的公共开放空间。

街道景观成为城市景观的重要组成部分，体现了城市的特色和活力。街道界面是街道景观的主要载体，表现为立面上高低错落有致、平面上前后进退有度。

三、水网地区的街巷

水网地区河道纵横，湖荡罗列，城市有其独特的形态，尽显江南特色。

绍兴城不仅包括了府山、塔山和蕺山，也以密如蛛网的河道，形成河网水系。一条南北向的主干，其余多为东西向的较短的河流。"河道贯城乡，水巷通家门"（图6-28）。

南京沿秦淮河两岸临水的住宅称"河房"。前门面街，后窗临水。可以欣赏秦淮河的桨声灯影，也可从河中的船上购物。明代吴应箕的《留都见闻录》说："南京河房夹秦淮河而居。绿窗朱户两岸交辉，而倚槛窥帘者亦自相辉映。夏月，淮水盈漫，画船箫鼓之游至于达夜，实天下之丽观也。"[29]（图6-29a）

有的河房还有"水门"，是除临街正门外的另一出入口，可从河上的小船经水门进出，如夫子庙钞库街38号（今李香君故居陈列馆）（图6-29b）。

28（刘宋）刘义庆. 世说新语·言语第二
29（明）吴应箕. 留都见闻录·卷下·河房. 南京市秦淮区地方史志编纂委员会，南京市秦淮区图书馆，1994

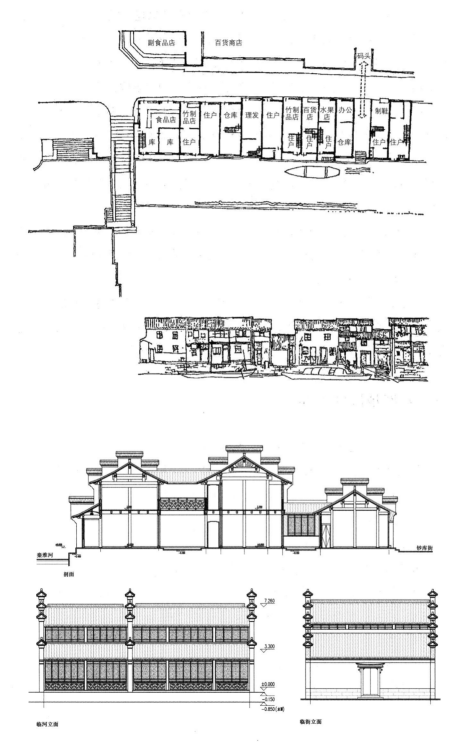

图6-28 绍兴一河一街
资料来源：小江桥商业街一带建筑群（赵炳时、陈保荣调查绘制）．吴良镛．建筑城市人居环境・从绍兴城的发展看历史上环境的创造与传统的环境观念，石家庄：河北教育出版社，2003

图6-29a 南京秦淮河河房（棋峰试馆）
资料来源：叶菊华提供，李凌霄绘

图6-29b　南京秦淮河河房水门
（钞库街38号）

第五节 城门、石桥

我国古代城门、桥梁不仅有杰出的单体设计，更有不少与周边环境相融合的城市设计实例。

一、城墙城门

在冷兵器时代，城墙是重要而有效的防御手段，往往与城壕、城门一起组成防御体系。城墙也不是简单的一道墙，而是适应周边环境有着巧妙的设计。

（一）马面

为了加强防御能力，城墙每隔一定的距离就突出矩形墩台，以利防守者从侧面攻击来袭敌人，这种城防设施，俗称为"马面"。"马面，旧制六十步立一座，跳出城外，不减二丈，阔狭随地利不定，两边直觑城角。"[30]

马面这个名称，首先见于《墨子》中的"备梯"与"备高临"二篇，其中所说的"行城"即"马面"。早在新石器时代，一些城址就已经出现马面了。最早的马面实物，见于陕西榆林神木石峁遗址。

北魏洛阳城的北墙广莫门西侧马面，平面大体呈方形，凸出城墙外侧11.7米（约相当于城墙厚的三分之二），正面宽度约13米。

夏都统万城的马面间距50~100米，分布在城墙四周。南城墙修得格外严密，马面是空心的，中建有仓库，通过梯子上下出入。统万城的马面是一个融作战、军需、军械为一体的平战两用堡垒。

南京明代城墙依山傍水，多弯曲转折，呈不规则形，容易组织侧防，因此，南京明代城墙不设马面。

（二）羊马墙

南唐都城城墙外、城壕"内卧羊城，阔四丈一尺，皆杨吴顺义中所筑也"[31]。羊马墙是在城壕与城墙之间修筑的一周矮墙，平时羊马墙里面可以放养羊、马、牛等家畜；

30（宋）陈规. 守城录·守城机要
31（元）张铉. 至正金陵新志·卷之一地理图·旧建康府城形势图考. 南京文献·第十号. 南京市通志馆，民国36年
32（宋）陈规. 守城录·守城机要
33（宋）曾公亮. 武经总要·前集·卷十二守城
34（宋）孟元老. 东京梦华录·卷一·东都外城
35 杨国庆、王志高. 南京城墙志·第四章明城墙营建与布局. 南京：凤凰出版社，2008

战时可以与大城互相呼应,利用它作为一道简易的防线,以加强城墙的守御能力。"盖羊马城之名,本防寇贼逼逐人民入城,权暂安泊羊马而已。""遇有缓急,即出兵在羊马墙里作伏兵,正是披城下寨,仍不妨安泊羊马。不可去城太远,太远则大城上抛砖不能过,太近则不可运转长枪。"[32]

(三)瓮城

许多城池设有二道以上的城门,形成"瓮城"。北宋《武经总要》中,第一次出现关于瓮城的记述:"其城外瓮城,或圆或方。视地形为之,高厚与城等,惟偏开一门,左右各随其便。"[33]北宋东京城依照这一原则设置了瓮城。《东京梦华录》记载"城门皆瓮城三层,屈曲开门,唯南薰门、新郑门、新宋门、封丘门皆直门两重,盖此系四正门,皆留御路故也。"[34]

明朝的南京应天府、中都凤阳府、北京顺天府,以及府、州、县级地方城市,以及长城山海关、嘉峪关等关城,均设置了瓮城。大同镇及其卫所左云、右玉都有瓮城、月城,还有翼墙(参见图4-7、图4-8)。

二、南京瓮城

明南京都城13座城门,均为明洪武年间所筑,于洪武十九年(1386年)基本定型、洪武二十六年(1393年)得到朝廷的确认。城门多数设有瓮城。[35]

明南京城的瓮城,根据不同位置的具体情况,灵活应变,巧妙设计,类型多样、规模巨大、形态各异,可谓集瓮城形制之大成。内瓮城和内、外瓮城结合的形制,为明初南京城墙首创。因为南京城墙呈不规则形,依山傍水,真正直线段不长,各段城墙间容易组织侧防,可以起到外瓮城的作用,而内瓮城设置在城门的内侧,有条件设置藏兵洞,这是外瓮城所难以做到的。正阳门不仅有内瓮城,也有外瓮城。而太平、金川、钟阜、仪凤、定淮诸门未见构筑瓮城,因为这些地段城墙更形曲折,或周边岗垄可以作为制高点加强城门的防御能力(图6-30)。

(一)聚宝门

聚宝门(今中华门),瓮城城堡东西宽118.5米,南北长128米,占地面积约1.5万平方米,设计巧妙,结构完整。有四道城墙隔成三道瓮城。城门高

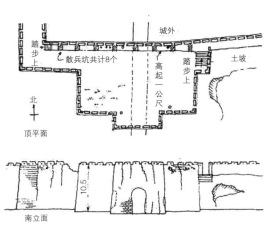

鸟瞰
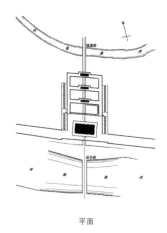
平面

21.45米，各门均有双扇木门和可上下启动的千斤闸。城堡内有藏兵洞27个，战时用以贮备军需物资和埋伏士兵。东西两侧设马道用于运送军需物资，将领亦可策马直登城头。

聚宝门平面呈平行四边形。这是由于都城的南墙与都城中轴线并不垂直，聚宝门的南北向城墙平行都城中轴线，而东西向城墙平行都城的南墙（图6-31）。

图6-30 明南京城太平门
资料来源：南京市城墙损坏情况调查表（1954年8月3日），南京市城建档案馆

图6-31 聚宝门
资料来源：鸟瞰引自南京市明城垣史博物馆编. 城垣沧桑——南京城墙历史图录. 北京：文物出版社，2003

（二）通济门

通济门扼守于内外秦淮河的分界处，门的东北为皇城，西南则是居民区和商业区，为南京咽喉所在。

通济门为船型内瓮城城门，取同舟共济之意。通济门内部结构极其繁复，其形状在中国绝无仅有，一座城楼，两条上城马道和人行道，三座瓮城，四道门垣皆为拱券瓮城宽约90米，周长约690米，均为条石砌筑（图6-32a、32b）。

（三）神策门

神策门是南京城唯一只有外瓮城的城门，而且瓮城平面完全按地势呈不规则形，瓮城门与主城门错位开设。

第五节
城门、石桥

281

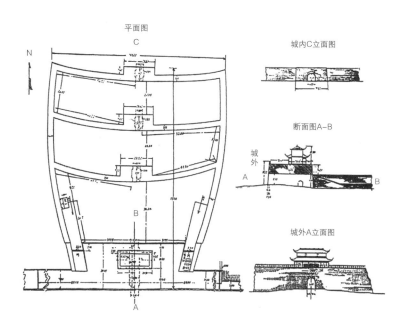

图6-32a　南京通济门平面、立面、断面
资料来源：郭湖生. 中华古都. 台北空间出版社，2003

图6-32b　南京通济门鸟瞰
资料来源：朱偰. 金陵古迹名胜影集. 商务印书馆，民国25年（1936年）

清晚期，南京成为太平天国的天京。清军攻打天京时，神策门外瓮城被毁。清军占领南京后，神策门瓮城得以修复（图6-33）。

（四）正阳门

正阳门（今光华门）是明南京城的正门，在皇城的中轴线上。据《陆师学堂新测金陵省城全图》，正阳门既有内瓮城，也有外瓮城，这是城墙建筑史上独一无二的（图6-34）。民国初年误称正阳门为洪武门，图中"洪武门"应为"正阳门"。

（五）石城门

石城门（今汉西门）由于位于城墙转角处，瓮城的南墙就是都城的城墙，可谓因地制宜（图6-35）。在瓮城的第二瓮南侧有古井一口，供守城士兵取水。

图6-33 神策门
资料来源：照片引自:朱偰. 金陵古迹名胜影集. 商务印书馆，民国25年（1936年）

图6-34 正阳门
资料来源：陆师学堂新测金陵省城全图，1908

（六）东水关

除13座城门外，南京明城墙两次跨秦淮河，一次跨金川河，各设有东水关、西水关和北水关。

南京东水关和西水关均设有水闸、桥道和藏兵洞，可以控制秦淮河出入城的水量，作为桥梁供人行走，又是防御工事。东水关大小33个券洞，分3层，每层11个洞。上面两层22个为藏兵洞，向城外一侧封堵。下面一层11个洞通

图6-35　石城门（上图）
资料来源：（清）莫祥芝，甘绍盘等.
同治上江两县志·两县城内图第十三

图6-36　东水关（下图）
资料来源：南京市明城垣史博物馆编.
城垣沧桑——南京城墙历史图录. 北京：
文物出版社，2003

水，每个涵洞设有3道门，前后两道为防止敌人潜水进城的栅栏门，中间一道用绞关可以闭合，以控制水位。11个涵洞的中间一洞稍大，以活动铁栅替代固定铁栅，以通舟楫（图6-36）。[36]

三、绍兴石桥

中国古代桥梁，单体设计有着杰出的作品，如隋朝李春设计的赵州安济桥等等，不仅结构合理，造型也很优美；而很多桥梁与所在地段的关系既适应功能需要，又因地制宜，与环境融为一体，极具特色。绍兴河网密布，各式桥梁众多，集我国古石桥之大成。

（一）类型与形态

据统计，清光绪十九年（1893年）所绘《绍兴府城衢路图》城市面积7.4平方公里，有

36　杨国庆，王志高. 南京城墙志·第四章明城墙营建与布局·第三节京城. 南京：凤凰出版社，2008

图6-37a　门前小桥（左上图）
资料来源：笔者摄

图6-37b　山溪小桥（右上图）
资料来源：陈从周，潘洪萱. 绍兴石桥·3园林石桥. 上海科学技术出版社，1986

图6-37c　纤道桥（左下图）
资料来源：陈从周，潘洪萱. 绍兴石桥·1名桥. 上海科学技术出版社，1986

图6-37d　裸拱桥（右下图）
资料来源：陈从周，潘洪萱. 绍兴石桥·6石桥检锦. 上海科学技术出版社，1986

桥229座，平均每平方公里有31座桥，世所罕见。

　　绍兴石桥类型繁多，形态各异，丰富多彩。结构形式有梁式、拱式，有梁、拱组合的；平面有直的、斜的、弧形的，有三叉甚至四叉、五叉的；落坡结合地形，处置自如；有的桥与建筑结合在一起，如亭桥、廊桥，桥与戏台结合，庙建在桥上。[37]最简单的门前小桥则只有一块雕凿平整的石板；山间小溪上的小桥即使有护栏，也无任何雕饰，造型极其简洁；而纤道桥、"裸拱桥"注重实用，朴实自然（图6-37a、37b、37c、37d）。

　　绍兴石桥文化底蕴深厚，有过许多名人轶事。如唐末钱吴越王平乱后回朝接受朝拜的"拜王桥"，王羲之为老婆婆扇上题字的"题扇桥"，陆游"伤心桥下春波绿"的"春波桥"，等等。

（二）名桥

1. 八字桥

　　绍兴八字桥始建于南宋嘉泰年间（1201—1204年），南宋宝祐四年（1256年）重建，"两桥相对而斜，状如八字，故得名"。

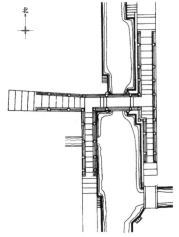

图6-38a 八字桥（上图）

图6-38b 八字桥平面（右图）
资料来源：据陈从周、潘洪萱. 绍兴石桥·1名桥. 上海科学技术出版社，1986

八字桥位处三河三路的交叉点，桥呈东西向，为石壁石柱墩式石梁桥，三向四面落坡，落坡下再设二桥洞，解决复杂的交通问题。桥高5米，净跨4.5米；桥面宽3.2米，桥东西长27米；桥下有纤道；桥东的南北向落坡长各为12.4米、17.4米，桥西的南向落坡长为14米，西南落坡长17米。西端南面的踏跺跨越小河，建一孔洞（图6-38a、38b）。[38]

2. 太平桥

绍兴太平桥在绍兴柯桥，跨越萧绍运河。建于明万历四十八年（1620年），清乾隆六年（1741年）和清道光五年（1825年）相继重建。现存桥建于清咸丰八年（1858年）。

太平桥由一孔石拱桥和八孔石梁桥组成，全长40米。拱桥在南，为通航主孔，净跨8.4米，桥宽3.5米，拱脚内侧铺设有石板纤道。南端经平台分东、西两面下坡。拱桥的北面连接着梁桥，靠南面的三孔较高，渐次降低，净跨3～4米。梁桥北端与船码头相接。大船只进拱桥，小乌篷船可进梁桥分流。设计别具匠心（图6-39）。

---

37 陈从周、潘洪萱. 绍兴石桥·概说. 上海科学技术出版社，1986
38 陈从周、潘洪萱. 绍兴石桥·1名桥. 上海科学技术出版社，1986

3. 三接桥

绍兴三接桥位于绍兴坡塘鲍埠村,为一桥跨三河的特殊梁桥,在三叉河口交汇处中心用一个主桥墩三条桥面向三个方向伸展,联接三岸。其中一桥下设双孔,净跨为2个3米,另二桥为单孔,净跨分别为4米、2.5米,桥宽2米(图6-40)。

三接桥大约建于清末。

4. 古虹明桥

绍兴古虹明桥,又名合义桥,位于今绍兴柯桥福全镇徐山村徐山大江和徐山门前江交汇处,清嘉庆六年(1801年)重建。多跨、曲折石梁桥,分三段,全长58米。主段五跨,跨径依次为4.8、6.0、8.3、5.0和5.2米,桥宽1.3米。桥上除刻有重建年份外还刻有"匠人劳作友造"字样。桥之所以建成这样,一种说法是建桥者选择河床浅处建桥,故有如此形态(图6-41)。

太平桥

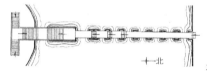

←北　　太平桥平面

平面示意图

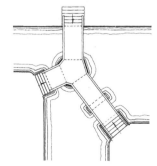

图6-39 太平桥
资料来源:陈从周、潘洪萱. 绍兴石桥·1名桥. 上海科学技术出版社,1986

图6-40 三接桥
资料来源:据陈从周、潘洪萱. 绍兴石桥·1名桥. 上海科学技术出版社,1986

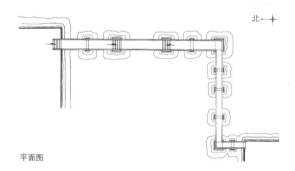

图6-41 古虹明桥
资料来源：据陈从周、潘洪萱. 绍兴石桥·1名桥. 上海科学技术出版社，1986

平面图

（三）房桥

桥梁有时会附加一些其他功能。房桥是指一种与房屋建筑如廊、亭、戏台、庙宇、民居组合在一起的桥梁。

1. 则水牌村化龙廊桥

化龙廊桥位于今绍兴越城区则水牌村，建于清乾隆十八年（1753年），清道光二十九年（1849年）重修。化龙廊桥以桥为承重基础，房建在桥上（图6-42）。则水牌这个古地名，原意为"测水牌"，在这里测量古鉴湖下游水位。

2. 钟堰头庙桥

绍兴钟堰头本是一处古代的水利工程，堤上建有一座庙，即钟堰庙。庙前有一座戏台，戏台前、后及右侧都临水，只有左侧一面靠岸。看戏的人一部分在空地上，另一部分则在水面船上。

有的庙跨河而建，是庙也是桥（图6-43）。

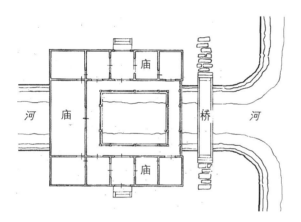

图6-42 化龙廊桥（上图）
资料来源：陈从周、潘洪萱．绍兴石桥·6石桥检锦．上海科学技术出版社，1986

图6-43 庙桥平面示意图（中图）
资料来源：陈从周、潘洪萱．绍兴石桥·6石桥检锦．上海科学技术出版社，1986

图6-44 咸宁桥（下图）
资料来源：陈从周、潘洪萱．绍兴石桥·6石桥检锦．上海科学技术出版社，1986

3. 咸宁桥

咸宁桥在绍兴柯桥迎驾村，建于清嘉庆七年（1802年）。

桥系单跨石梁桥，有三拼石梁铺设而成，呈南北向横跨在迎驾桥直江上，桥面宽1.7米，桥身总长15米，桥高2.55米。离桥西3米处建有水上戏台一座（现存四根石柱）。北端桥堍东侧边墙刻有"清嘉庆七年咸宁桥捐碑记"字样。在东侧栏板侧面中间位置刻有"桥上看戏，女人不准，八社公禁"字样，反映了当时男尊女卑的封建陋习（图6-44）。

主要参考文献

[1] 吴良镛. 中国人居史. 北京：中国建筑工业出版社，2014.
[2] 吴良镛. 中国建筑与城市文化. 北京：昆仑出版社，2009.
[3] 潘谷西. 中国建筑史（第五版）. 北京：中国建筑工业出版社，2004.
[4] 董鉴泓. 中国城市建设史（第三版）. 北京：中国建筑工业出版社，2004.
[5] 贺业钜. 中国古代城市规划史. 北京：中国建筑工业出版社，1996.

后记

本书是在吴良镛先生《中国人居史》的启示下写作的。《中国人居史》有很多关于我国古代城市设计的论述和案例，某种意义上说，《中国人居史》也是一部中国古代城市设计史。

吴先生对本书的写作始终给予关注和支持，最后为本书题写了书名。

董鉴泓先生主编的《中国城市建设史（第三版）》、潘谷西先生主编的《中国建筑史（第五版）》和贺业钜先生的著作《中国古代城市规划史》是本书的主要参考文献，本书引用了其中很多内容，恕不一一注明。

还有些资料取自网络，本书尽可能将出处标注清楚，但恐难完全如愿，请予谅解。

本书不是对中国古代的城市设计的全面阐述，更不是城市设计史。中国古代创造了很多杰出的城市设计范例，本书只是选取了部分实例，不一定是最合适的；更可能是挂一漏万。

本书插图中徒手画的平面、立面等（主要是北京的）除注明者外，是笔者当年研究生学习期间收集的资料和"学习总结""毕业论文"中的插图，想不到50几年后又用上了。

衷心感谢清华大学建筑与城市研究所武廷海教授、东南大学建筑学院阳建强教授、南京工业大学建筑学院赵和生教授对本书书稿提出了许多中肯的意见。

尤其要感谢南京历史文化名城研究会给予本书的出版以很大的帮助，张嵩年会长、童本勤秘书长始终对本书的出版给予支持，童本勤女士也对书稿提出了宝贵的意见，副秘书长王宇新先生以近古稀之年为本书的出版辛勤奔忙。

孟金玲是本书稿的第一个读者和评论者。她是我们家庭的主心骨，由于她的辛勤操劳，使我能全身心投入写作。

苏则民
2019年5月

图书在版编目（CIP）数据

营邑立城　制里割宅：中国古代的城市设计／苏则民著．—北京：中国建筑工业出版社，2019.6
ISBN 978-7-112-23399-1

Ⅰ.①营… Ⅱ.①苏… Ⅲ.①城市规划－建筑设计－研究－中国－古代 Ⅳ.①TU984

中国版本图书馆CIP数据核字（2019）第040682号

责任编辑：石枫华　兰丽婷
书籍设计：张悟静
责任校对：姜小莲

营邑立城　制里割宅
——中国古代的城市设计
苏则民　著

*

中国建筑工业出版社出版、发行（北京海淀三里河路9号）
各地新华书店、建筑书店经销
北京锋尚制版有限公司制版
北京中科印刷有限公司印刷

*

开本：787×1092毫米　1/16　印张：19¼　字数：325千字
2019年9月第一版　2019年9月第一次印刷
定价：88.00元
ISBN 978-7-112-23399-1
(33692)

版权所有　翻印必究
如有印装质量问题，可寄本社退换
（邮政编码100037）